5G 이동통신 입문

4차 산업혁명의 대동맥

전창범 지음

홍릉과학출판사

머리글

본 책은 5G 이동통신이 무엇인지, 그리고 이에 필요한 기술 및 5G 이동통신으로 파생되는 서비스들을 확인해 보는 장이다.

급변하는 통신 및 IT 기술의 발전으로 도래하고 있는 4차 산업혁명으로 인해 우리의 삶은 좀 더 편리해지고 점점 진화되는 새로운 서비스를 계속 누릴 수 있게 되었다. 하지만 한편으로는 새로운 기술에 대한 이해 및 비즈니스 전략 변화에 대한 부담 혹은 불안감이 커지는 것도 사실이다. 5G가 나온다는 소식에 혹자는 4G에서 무늬만 바뀌는 새로운 마케팅 용어가 아니냐고 한다. 하지만 5G 이동통신의 등장은 단순히 4G의 무선 구간에서의 기술 개선을 이루는 것 이외에도 4차 산업혁명과 맞물려 우리 삶의 여러 방면에서 큰 변화를 가져다 줄 변혁적인 계기가 될 것이므로, 해당 기술 분야에 종사하는 당사자들뿐만 아니라 그렇지 않은 분들도 먼저 이에 대해 이해가 필요하고 향후 어떤 방향으로 기술 및 서비스가 진화하는지에 대한 흐름을 잡는 것이 향후 개인이나 조직의 전략 수립 및 연구 개발에 도움이 될 것이다.

특히 5G 이동통신을 이해하는 데 매우 중요한 요소로 차세대 무선접속 기술인 NR(New Radio) 이외에 클라우드 컴퓨팅을 들 수 있다. 기존의 이동통신이 3G, 4G로 진화하는 시기마다 무선접속 기술의 변화가 이러한 진화의 주요 원동력이었다고 한다면, 이번 4G에서 5G로의 진화에는 클라우드 컴퓨팅의 역할이 매우 클 것이다. 즉 클라우드 컴퓨팅이 통신 인프라 기술에 접목되어 변화를 가속하게 될 것이기에 클라우드 컴퓨팅에 대한 이해가 매우 중요하다고 할 수 있다. 하지만 해당 기술은 분야가 방대하고 찾아보아야 할 자료들이 다양하므로 체계적으로 습득하기가 쉽지 않다.

그리고 본 서는 주로 5G 이동통신으로의 진화와 이를 위한 기반 기술 이외에, 이를 통해 4차 산업혁명에 어떤 영향을 끼치게 될지에 대해서도 다루고 있다. 1G부터 다가오는 5G까지 각 세대를 넘어서는 순간마다 있었던 그 진화의 원동력에 대해 먼저 살펴보고 4G에서 5G로 넘어가는 진화의 주요 요인인 클라우드 컴퓨팅에 대해 기저에 해당하는 인프라부터 상위 애플리케이션까지 한눈으로 보며, 또한 5G 이동통신의 기지국과 단말 간의 무선구간에는 어떠한 기술들이 적용될지에 대해 살펴볼 것이다. 즉 본서를 통해 독자 여러분은 5G의 기본 요건을 확인하는 것부터 시작하여 5G로 진화해 가는 길에 있는 클라우드 컴퓨팅의 역할과 무선 기술의 진화에 대해 살펴볼 수 있다. 특히 클라우드에 대해 생소한 분들을 위해 Telco 클라우드의 인프라부터 상위 통신 애플리케이션 워크로드까지 수직적인 구성 및 역할에 대해 어렵지 않게 설명하려고 노력하였다.

또한 본 서를 통해 ICT(정보통신기술)에 대한 지식이 없는 독자들도 쉽게 현재 해당 기술의 트렌드를 이해하고 향후 이러한 기술들이 어떤 방향으로 전개 될지 그 큰 흐름을 예측할 수 있는 안목을 키울 수 있을 것이다. 이로써 IT 및 5G 이동통신 시대의 기술 변화를 이해하고 이에 대해 어떻게 대처할지에 대한 길을 쉽게 확인할 수 있을 것이다. 아울러 ICBM (IoT, Cloud, 빅데이터, Mobile) 기술과 5G 이동통신의 연계가 어떻게 되는지 파악하고, 디지털 트랜스포메이션을 선도하는 클라우드 및 5G 이동통신의 기술들을 확인하여 기술 및 사업 전략을 새로 수립하고 대처해 갈 수 있도록 돕고자 한다. 그리고 이동통신 분야 이외의 IT 분야에 종사하는 분들도 본 책을 통해 5G 이동통신 및 Telco 클라우드를 어렵지 않게 정리할 수 있을 것이다. 각 장의 구성은 다음과 같다.

먼저 1장에서는 5G의 의미가 무엇인지 생각해 본다. 5G 이동통신이 단순히 무선 구간의 기술 진화로써만 이루어지는 것이 아니라, 바로 IT와의 결합이 본 진화의 주요 요인이라는 사실을 확인해 본다. 아울러 5G 이동통신이 4차 산업혁명의 주요 기술인 ICBM (IoT, Cloud, 빅데이터, Mobile)과 어떠한 연관을 갖고 이로 인해 변화될 우리의 삶의 모습에 대한 기대되는 점들을 살펴본다.

2장에서는 클라우드의 기본 개념에 대해 살펴본다. 클라우드 컴퓨팅의 기본적인 이해를 통해 그 다음에 이어질 Telco Cloud를 준비해 본다.

3장에서는 5G까지 가기 전 1G부터의 이동통신 역사를 살펴볼 것이다. 아무리 최신 기술이라도 결국 초기 기술의 설계 철학을 어느 정도 담고 있다. 이전 기술에 대해 간단히 살펴봄으로써 5G를 더 쉽게 이해할 수 있는 디딤돌이 될 것이다.

4장에서는 현재 4G LTE 기술에 대한 이해를 다각도로 돕기 위해 현장 관점에서 몇 가지 무선 관련 주요 개선 이슈들을 뽑았고, 이에 대한 방안들을 정리해 보았다. 본 장을 통해 5G의 무선 기술의 바탕이 되는 4G 무선 기술을 ICIC, MIMO, 핸드오버와 호 수락제어, 스케줄링, VoLTE 등의 실무적인 관점에서 이해해 본다.

5장에서는 5G 이동통신의 속성인 Telco 클라우드와 그 핵심 요소인 NFV와 SDN에 대해 확인한다. 5G로 가는 여정을 등산에 비유한다면 특히 NFV는 산 중간에 있는 베이스캠프에 비유할 수 있겠다.

6장에서는 클라우드 컴퓨팅의 인프라에 대해 설명한다. 특히 차세대 클라우드 인프라에 해당하는 Rack Scale Design을 살펴보며 향후 클라우드 인프라의 진화에 대해서도 확인해 본다. 아울러 오픈스택에 대해서도 살펴보고, 5G Telco 워크로드의 형태로 존재하는 가상머신과 컨테이너에 대해 알아본다.

7장에서 현재 언급되고 있는 5G 이동통신의 요구 조건을 구현하기 위한 주요 무선 기술인 NR을 이해해보고, 코어 네트워크의 주요 진화점에 대해 살펴본다.

8장에서는 4차 산업혁명의 대동맥 역할을 하게 될 5G 이동통신 네트워크를 바탕으로 구현될 가상현실(VR) 기술, IoT, 커넥티드카 빅데이터 등에 대해 언급한다.

본 책이 독자들에게 5G 이동통신으로 가는 큰 변화를 이해하여 5G를 활용하기 위한 길잡이가 되고, 5G 이동통신 네트워크를 만들기 위한 기반 기술로서의 클라우드 컴퓨팅을 한눈에 볼 수 있는 설계도가 되었으면 한다. 그리고 5G 이동통신 네트워크의 무선 구간에는 NR을 통해 어떠한 기술적 진화가 있을지, 4차 산업혁명을 위해 5G가 어떻게 쓰이게 될지에 대한 안내도가 되어 독자 여러분이 5G를 전반적으로 이해할 수 있는 프레임을 갖게 되는데 도움이 되길 기대해 본다.

5G 이동통신은 완성된 것이 아니다. 계속 진행 중이고 새로운 변화가 이어질 것이고 본 책이 쓰여진 시점에 비해 독자 여러분이 읽는 시점이 표준상 업데이트가 되어있을 것이다. 이에 맞추어 본 책의 지속적인 보완을 위해 혹 내용상의 오류가 있다면 독자 분들의 조언을 부탁드린다.

5G 이동통신은 각 산업별로 미치는 영향이 크기에, 본 책의 독자는 다양한 분야에 종사하는 분들이 될 것이다. 기존에 통신 분야에서 종사하지 않은 독자들은 본 책의 기술적으로 조금 깊이 들어가는 부분 등은 천천히 읽으셔도 좋을 것 같다.

그리고 5G 이동통신이라는 분야의 용어 중 영어로 통용되는 것들이 많이 있다. 본 책에서는 가급적 우리말로 표기하였지만, 영어로 의미를 더 살릴 수 있는 경우 영어도 병기하였음을 밝힌다.

아울러 본 책에 수록된 그림들 중에, 이미 다른 분들이 만든 좋은 그림들을 허락 받고 출처를 밝혀 인용한 것들이 있다. 해당 그림들을 인용할 수 있도록 허락해 주신 모든 분들께 이 지면을 통해 다시 한 번 감사드린다.

마지막으로, 이 책의 완성을 위해 검토해주신 저자의 은사이신 연세대학교 김동구 교수님과, 에릭슨LG의 동료 분들께 깊이 감사드린다.

2018년 3월

저자 전창범

차 례

CHAPTER 4 4G LTE 상용망에서의 기술 개선

CHAPTER 5 5G 네트워크를 위한 NFV와 SDN의 이해

CHAPTER 6 5G 네트워크를 받쳐주는 클라우드 인프라의 진화

CHAPTER 7 5G 이동통신의 주요 기술

CHAPTER

1

5G 이동통신 시대와 4차 산업혁명

1.1 2002 한일 월드컵-3G / 평창 동계올림픽-5G

2002년 5월 30일, 온 국민이 열광했던 FIFA 한일 월드컵 2002의 개막식이 서울 상암 경기장에서 열렸었다. 당시 프랑스와 세네갈의 개막전이 있었는데 많은 사람들의 예상과 다르게 세네갈 팀이 이전 대회 우승팀이었던 프랑스 팀을 1-0으로 격파하는 이변이 발생했다. 당시 필자도 해당 경기에서 세네갈 선수가 그라운드 위에 눕는 자세로 골을 넣고 팀원들과 둥글게 돌며 특이하게 세레모니를 하던 모습이 기억난다. 하지만 필자에게 더욱 기억에 남는 것은 그 자리에 필자의 직장에서 연구 개발된 3세대 비동기식 IMT-2000 시스템으로 IMT-2000서비스가 시연되었던 것이다. 개막식 도중 갑자기 상암 경기장 지붕에서 WCDMA 폰을 든 '디지털 메신저'가 줄을 타고 내려오면서 경기장 모습을 폰카메라로 촬영하고 관객들과 영상 통화를 했다. 당시 비동기 IMT-2000으로 불렸던 3세대 광대역 코드 분할 다중 접속(WCDMA) 서비스가 세계 최초로 선을 보이는 순간이었다. 이 장면은 세계 각국에서 모여든 월드컵 특별 취재팀의 타전으로 실시간 세계에 보도됐다. 우리 정보통신 산업의 우수성을 세계에 알리고 우리 기업들이 글로벌 시장의 주역으로 도약할 수 있는 전기가 마련되었었다고 할 수 있다.

그리고 2018년 2월, 평창 동계올림픽. 우리나라는 이를 통해 세계 최초로 5세대 이동통신을 시연하여 역시 우리 정보통신 산업의 탁월함을 각인시켰다.

그럼 평창 동계올림픽 때는 무슨 5G 서비스가 세상에 선을 보이게 되었을까? 다음 그림을 보면 대략 그 내용을 파악할 수 있다.

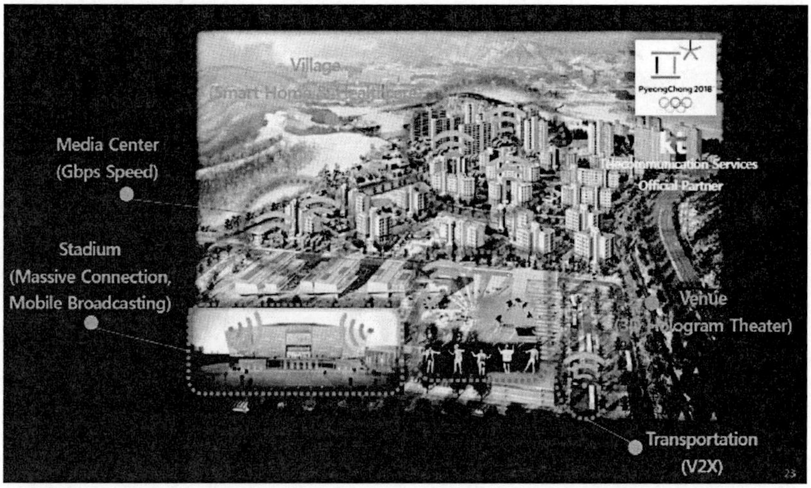

❙ 그림 1.1 ❙ 평창 올림픽을 통해 보여준 5G(출처 : KT, 5G 비전포럼)

위의 평창 올림픽 단지 조감도에서 보듯이, 다양한 5G 서비스가 준비되었다. 먼저 그림 상단의 선수촌에서는 스마트홈 서비스와 선수들의 헬스케어 서비스가 제공되었다. 그리고 좌측의 미디어 센터에서는 세계 각국의 기자들이 본국으로 대용량 미디어 정보를 빠른 시간에 송부할 수 있도록 Gbps 속도의 무선통신이 지원되었다.

그리고 좌측 하단의 경기장에서는 많은 관람객들이 동시에 접속해서 경기중계를 보거나 듣게 되고, 필요에 따라 경기 장면들을 업로드할 수 있는 대용량 트래픽(Traffic) 처리가 가능하였다. 공연장에서는 3D 홀로그램으로 다양한 공연을 선보이게 될 것이고, 교통수단에는 V2X(vehicle이 다른 개체와 접속하여 통신할 수 있도록 한다. 이를 통해 교통 시스템의 효율화가 가능해 진다. 특히 올림픽 및 월드컵과 같은 국제 스포츠 이벤트의 개/폐막식과 같은 행사가 열리는 대형 경기장에서 많은 관중을 대상으로 새로운 이동통신 서비스를 이상 없이 운영한 경험은 통신 사업자나 제조사의 입장에서는 좋은 레퍼런스가 될 수 있다.

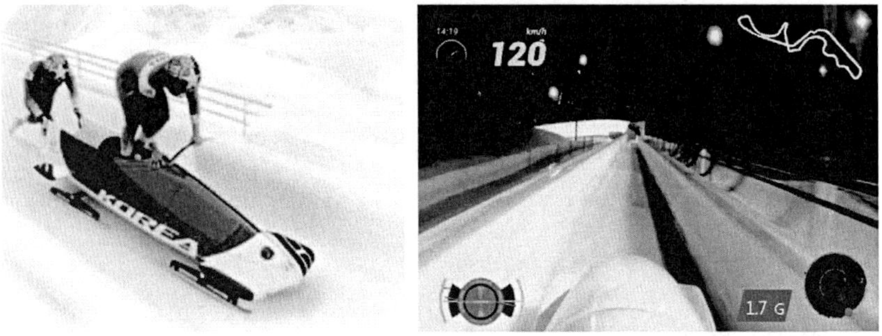

▌그림 1.2▐ 5G 실감미디어-싱크뷰
(출처 : 과학기술정보통신부, 한국정보화진흥원, KT-평창ICT올림픽 가이드북)

그 외에 우리나라 과학기술정보통신부는 5G, 사물인터넷, 초고화질(UHD), 인공지능, 가상현실 등을 체험할 수 있는 'ICT 올림픽 체험관'을 평창에 설치 및 운영하여 가상현실 및 증강현실의 기술력을 전 세계에 과시하는 기회로 삼았다.

이렇듯, 5G 시범 서비스는 금번 평창 올림픽을 통해 선을 보이게 되고 이어서 2020년 일본 도쿄 하계 올림픽, 2022년 중국 베이징 동계올림픽에서 더욱 발전된 모습으로 드러나게 될 것이다.

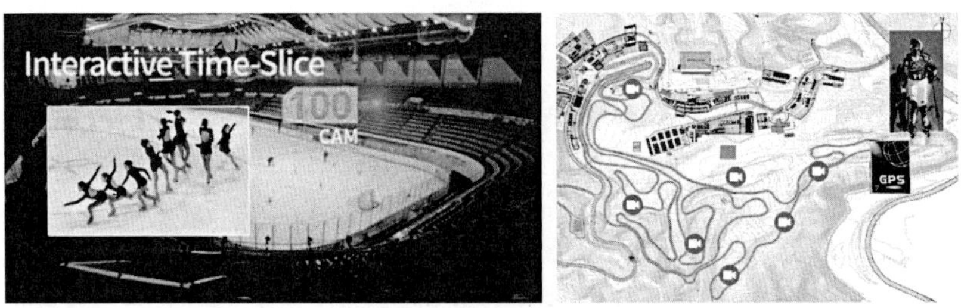

▌그림 1.3▐ 5G 실감미디어-인터렉티브 타임슬라이스와 옴니 포인트 뷰
(출처 : 과학기술정보통신부, 한국정보화진흥원, KT-평창ICT올림픽 가이드북)

조금 더 구체적으로 평창 동계올림픽의 5G 서비스를 위한 그동안의 준비 과정을 살펴보면, 2016년에 이미 시청자가 경기장에 있는 것과 같은 360도 전방위 영상을 볼 수 있는 옴니 포인트 뷰 서비스, 크로스컨트리와 같은 장거리 레이싱 경기장을 3D 가상현실 세계로 구현했다. 이 가상의 공간에서 실제 선수들의 경기가 펼쳐지는데 사용자는 특정 선수를 선택해 해당 선수의 경기 장면을 실시간 전송받을 수 있는 옴니 포인트 뷰, 선수의 움직임이나 경기 중 결정적 순간을 입체적으로 표현하여 시청자가 선수의 동작을 하나하나 세부적으로 확인할 수 있는 타임슬라이스, 즉 시간 구획(time slice) 기능, 그리고 선수 및 심판 시야 등 새로운 시각에서 생방송을 시청할 수 있는 싱크뷰(sync view) 등의 서비스가 준비 완료되었었다.

그리고 2017년 3월에는 150 km/h 정도의 속도로 진행되는 봅슬레이 경기를 선수 시점에서 보여줄 수 있는 서비스를 준비하는 등 동계 올림픽 각 경기 종목을 더욱 실감나게 즐길 수 있는 지원 기술들이 등장했다.

이와 같이 봅슬레이와 같은 속도감 있는 경기에서 시청자가 원하는 선수 시점의 영상을 선택해 마치 실제로 선수가 된 듯한 생동감 있는 경기 체험이 가능한 싱크뷰 라든지, 쇼트트랙, 피겨 스케이팅, 하프파이프 경기가 열리는 경기장 곳곳에 설치된 카메라를 통해 제공되는 영상을 바탕으로 사용자가 원하는 선수의 경기 모습을 보고 싶은 각도에서, 다양한 경기 시

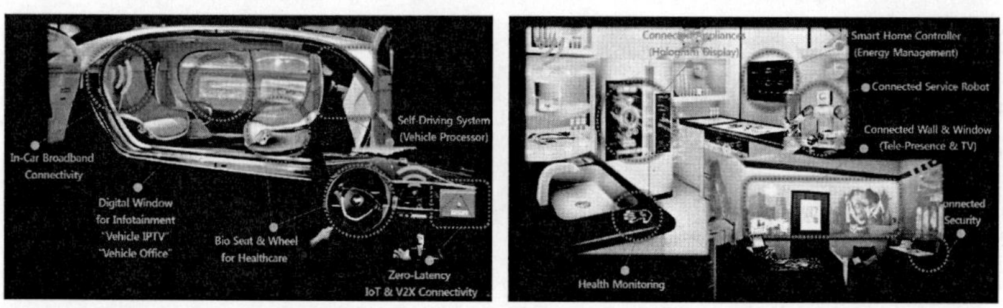

| 그림 1.4 | 5G 이동통신 기반의 커넥티드카와 스마트홈(출처 : KT, 5G 비전포럼)

점에 따라 자유자재로 시청할 수 있는 플라잉뷰(Flying View), 타임슬라이스 등의 기술로 외국에서 온 올림픽 참관객들에게 우리나라의 5G 리더십을 각인시킬 수 있었다.

위의 그림은 스마트홈 서비스와 V2X를 위한 스마트카의 모습이다. SF영화에서 봐왔던 것들이 이제는 생활 속에서 친숙하게 다가오게 될 것이다.

1.2 5G는 무엇인가?

5G는 fifth generation, 즉 5세대에 해당되는 차세대 이동통신 규격을 가리키는 단어이다. 5G 이동통신은 진화된 모바일 및 연결된 사회를 구현하는 엔드투엔드 생태계라고 할 수 있다. 그럼 그 이전 세대의 이동통신에 비해 5G 이동통신에는 어떠한 변화가 있을까? 전송속도와 이동성만 강조된 4G 이동통신 시스템에 비해, 5G는 광대역을 활용한 전송속도 향상 이외에 고신뢰/초저지연성을 제공하여 사용자 경험품질 뿐만 아니라 연결성이 크게 향상되며, 안정성이 요구되는 다수 사물과의 통신으로 확대가 가능하게 된다. 특히, 5G는 수백 MHz의 초광대역폭을 지원할 수 있는 28GHz 대역과 같은 초고주파 대역의 활용을 가능하게 한다.

이런 특징으로 인해 4G보다 매우 빠른 속도로 데이터를 전송할 수 있고, 데이터 전달 지연시간이 매우 짧게 단축되어 기존의 모바일 온라인 게임을 지원하는 수준을 넘어 지연시간에 매우 민감한 상호작용 애플리케이션을 위한 서비스가 가능해진다. 뿐만 아니라 현재 4G보다 매우 더 많은 가입자를 수용할 수 있게 된다. 이를 통해 더 많은 가입자들이 UHD(Ultra high-definition)급 미디어를 모바일 환경에서도 편리하게 사용할 수 있고 IoT를 더 적은 비용에 적은 전력소모와 단축된 지연 시간으로 수행할 수 있게 될 것이다.

그럼 5G의 방향을 NGMN(Next Generation Mobile Networks)에서는 어떻게 볼까? NGMN은 이동 통신 사업자, 공급 업체, 제조업체 및 연구 기관들이 모인 이동 통신 협회이다. 2006년 주요 이동 통신 사업자가 차세대 무선 네트워크를 위해 후보 기술을 평가하는 공개 포럼으로 설립되었다. 기술 및 사용자 편의성 증대를 위한 로드맵을 통해 향후 모바일 광대역 네트워크의 성공적인 상용 출시를 보장하는 것이 NGMN의 목적이라고 할 수 있다. NGMN은 이동 통신 사업자가 필요로 하는 것을 일관된 관점에서 제공함으로써 표준 조직을 보완하고 지원한다. NGMN에서 얘기하는 5G는 완벽한 모바일 및 연결된 사회를 가능케 하는 종단 간(end-to-end) 생태계이다. 아래 그림을 보면 NGMN이 5G에서 필요한 기술 요건과 그에 맞는 서비스를 어떻게 매핑하였는지 확인할 수 있다. 상단에는 ITU에서 정의된 5G의 3가지 서비스 방향이고, 아래는 각각에 맞게 기술 요건 및 유즈케이스들을 기술하였다.

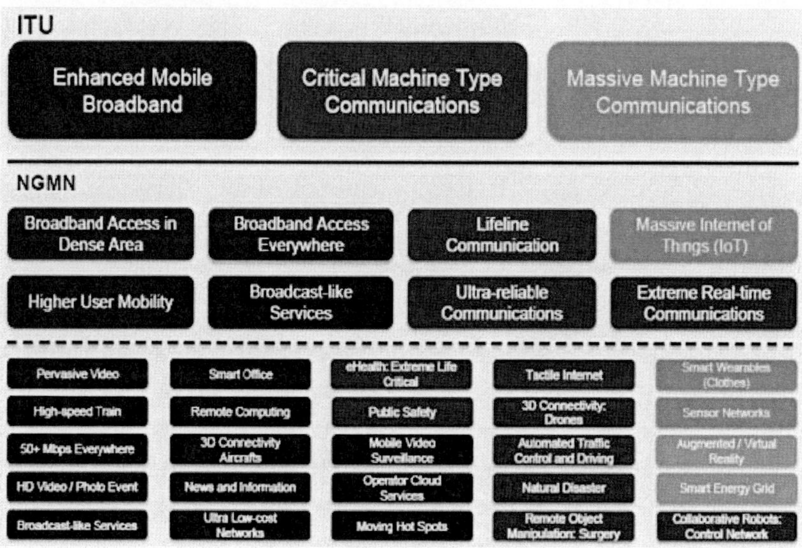

그림 1.5 5G 예상 서비스(출처 : ABI research, Feb.2016)

그럼 현재에도 4G LTE가 잘 사용되고 있는데 왜 5G가 나오게 되었을까? 다음과 같은 최근 몇 년간 ICT(Information and Communications Technology)의 5가지 트렌드를 보면 그 배경을 간략히 이해할 수 있다.

1. **모바일 데이터 트래픽의 폭발적인 증가** : 최근 몇 년간 전 세계에서 만들어진 데이터의 양이 현재 전 세계 모든 데이터의 90%에 해당한다는 통계가 있다. 그만큼 데이터의 증가속도는 계속 빨라지고 있는데, 큰 대역폭을 요구하는 새로운 단말들과 서비스들은 계속해서 나오게 될 것이다.
2. **네트워크에 접속된 디바이스들의 급격한 증가** : 네트워크에 접속한 가입자, 사물, 데이터, 그리고 각종 프로세스 등 다양한 컨넥티드 디바이스들이 증가하고 있다.
3. **모든 것은 클라우드 위에 올린다.** : 기존의 다양한 비즈니스들이 클라우드 기반의 융합 서비스로 전환되고 있다. 클라우드는 뒤에 언급되겠지만 큰 변혁의 중심에서 All-IT 네트워크로 가는 견인차 역할을 하고 있다.
4. **임장감 높은 미디어 서비스들의 활성화** : UHD+, 3D, 홀로그램 등 매우 현실적으로 느껴지는 (Hyper-realistic) 미디어 기술이 진보하면서 관련 서비스들의 수준도 나날이 높아지고 있다.
5. **빅데이터 분석을 통한 지식 서비스 진화** : 이런 ICT 변혁에서 생성되는 데이터들을 분석하면서 새로운 가치를 창출하는 지식들이 서비스로서 제공되고 있다. 특히 사용자의 상황을 잘 파악하여 그에 적절한 지식을 제공하는 서비스들이 계속 나오게 될 것이다.

그럼 5G 이동통신 시대에는 어떤 서비스들이 나올지 '5G 포럼'에서 언급된 내용을 토대로 알아본다. 5G 이동통신을 통해 4세대 이동통신의 서비스와 성능을 넘어 유용한 정보 제공이 가능해질 뿐 아니라, 현실과 가상의 경계를 넘나드는 서비스 제공 및 기존 서비스의 향상, 새로운 서비스의 실현이 가능하게 될 것으로 기대된다.

첫째로는 몰입형(Immersive) 서비스를 들 수 있다. 사용자가 실제처럼 느낄 수 있는 서비스를 의미한다. 예를 들면 현재의 가상현실(Virtual Reality)보다 더욱 진화하여 사용자가 실제 세계에 있는 것처럼 착각을 불러일으킬 정도로 몰입이 강한 서비스를 들 수 있다. 그리고 증강현실(Augmented Reality)도 마찬가지이다. 참고로 가상현실과 증강현실의 가장 큰 차이점은 그 주체가 '실제'냐, 아니면 '허상'이냐 이다. 가상현실은 인공기술을 토대로 현실과 유사하지만 현실이 아닌 환경이나 상황을 컴퓨터로 만들어 그것을 사용하는 사람이 마치 실제 주변 환경과 상호작용하고 있는 것처럼 만들어 주는 기술이다. 반면에 증강현실은 실제 세계에 3차원 가상 물체를 겹쳐 보여주는 기술로 현실 세계에 실시간으로 부가정보를 갖는 가상 세계를 합쳐 하나의 영상으로 보여준다. 그밖에 매우 실감나게 보이는 대용량 콘텐츠 스트리밍 서비스도 5G 이동통신 시대에 활성화될 서비스이다.

두 번째는 지능형(Intelligent) 서비스이다. 사용자를 잘 파악하여 맞춤형으로 서비스를 제공한다. 사용자 중심(user-centric) 컴퓨팅 서비스를 예로 들 수 있다. 이것은 사용자가 언제 어디서나 접속할 수 있는 정보와 디바이스로 구성된 유비쿼터스 시스템으로 제공될 것이다.

세 번째는 편재형(Omni-Present) 서비스이다. 사용자 입장에서는 마치 사용자 자신이 서비스에 둘러싸여 있는 것 같은 느낌을 받게 된다. 예를 들면 사물인터넷(IoT) 기반 서비스를 들 수 있는데, 이는 스마트 빌딩 혹은 스마트 도시와 같이 사용자가 속해 있는 공간 어디에서나 사용자가 편리한 서비스를 받을 수 있게 된다.

네 번째는 자율형(Autonomous) 서비스이다. 사용자 입장에서는 자신이 필요한 것을 알아서 도와주는 것처럼 느끼게 된다. 예를 들면 로봇 기반 서비스, 스마트 교통 서비스, 드론 기반 서비스 등을 들 수 있다. 드론 기반 스마트 교통 서비스를 예로 들면, 드론을 통해 교통 현황을 실시간으로 파악하는 커넥티드카와 같은 서비스가 여기에 해당한다. 드론이 항공 촬영 영상을 전송해 오면 커넥티드카와의 실시간 통신을 통해 운전자가 필요한 정보를 얻고 스마트 주행을 실시할 수 있게 된다. 이를 통해 주행 시 전방 도로에 사고나 공사가 있을 경우 차선을 안전하게 변경한다든지, 현재 주행 위치에서 목적지까지의 전반적인 교통 상황을 파악함으로써 더욱 효율적인 운행이 가능해진다.

다섯 번째는 공공형 서비스이다. 재난/재해 감시, 응급 서비스 등이 이에 해당한다. 5G 시대에는 공공의 안전을 위한 통신의 기능이 더욱 강화되어 재난/재해의 예방 및 유사시 신속한 지원이 이루어지게 될 것이다.

1.3 5G 서비스 구현에 필요한 기술 요건들

그럼 이러한 5G의 서비스들을 가능케 하는 기술의 요건은 무엇일까?

먼저 첫 번째, 몰입형 서비스의 경우 대표적인 예로 가상현실/증강현실과 MCS(Massive Contents Streaming)를 들 수 있다. 두 서비스 모두 매우 높은 데이터 전송속도(Ultra high Data rate)가 보장되어야 한다. 특히 가상현실/증강현실의 경우 대용량의 데이터가 빠른 속도로 전송되어야 사용자가 실감나는 가상/증강 현실을 체험할 수 있게 된다. 거기에 초저지연시간(Ultra low latency)도 같이 보장되어야 한다. 만약 지연시간이 적절히 짧지 않을 경우 사용자 입장에서는 가상현실/증강현실을 체험하는 중 어지러움과 같은 부자연스러움을 느끼게 될 수 있다. 즉 자연스러운 가상현실/증강현실이 되기 위해서는 짧은 지연시간이 매우 중요한 요소이다.

두 번째, 앞서 언급한 사용자 중심 컴퓨팅 같은 지능형 서비스의 경우 필요한 기술요건으로 초저지연이 보장되어야 한다. 그래야 사용자 입장에서는 실시간으로 필요한 정보를 받는다는 느낌이 들 수 있다. 덧붙여 비용 측면에서도 효과적이어야 한다.

세 번째, 편재형 서비스의 경우 IoT가 대표적인 예인데, 대용량 트래픽까지 필요한 경우는 드물겠지만 많은 디바이스들이 단일 셀에 접속 가능해야 한다. 1 km^2 당 최대 1,000,000개의 디바이스들이 접속 가능해야 한다.

네 번째, 스마트 교통/운송, 드론, 로봇 같은 자율형 서비스의 경우 고신뢰성(High Reliability)이 보장되어야 하고 아울러 초저지연시간 조건도 필요하다. 만약 이런 조건들이 보장되지 않는다면 서비스 중 위험한 사고가 발생할 가능성이 높아진다.

마지막으로 재난/재해 감시, 응급 서비스와 같은 공공형 서비스의 경우에도 고신뢰성(High Reliability)과 초저지연을 필요로 한다. 특히 재난/재해 감시의 경우 원격지나 사람이 접근하기 어려운 지점에는 디바이스의 배터리를 교체하는 것이 어렵고, 다양한 감시 센서들이 장시간 동작해야 하므로 높은 에너지 효율성(High energy efficiency)과 같은 조건이 필요하게 된다. 그리고 높은 에너지 효율성을 보장하기 위해서는 배터리 성능 및 디바이스 자체의 저전력 설계가 중요하고, 아울러 네트워크와 디바이스 간의 시그널링은 가급적 줄이는 방향으로 가는 것이 좋다.

앞에서 NGMN이 얘기하는 5G 이동통신의 서비스에 대해 확인하였는데, ITU(국제전기통신연합)에 정의하는 5G 이동통신의 기술 요건 기준을 살펴보도록 하겠다. 아래 그림과 같이 최대 전송속도의 경우 20 Gbps를 목표로

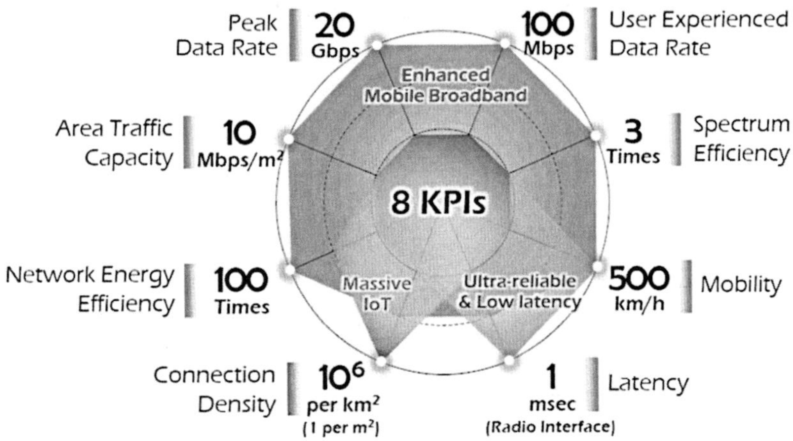

그림 1.6 5G 이동통신의 8가지 주요 기술요건 기준(출처 : ITU-R, Recommendation ITU-R M.2083)

하고 있다. 하지만 실제 가입자가 체감하는 속도는 적어도 100 Mbps를 보장하는 것으로 하고 있다. 그리고 요구하는 스펙트럼 효율성은 4G LTE 대비 3배이다. 이 조건은 3G에서 4G로 바뀔 때에도 동일한 스펙트럼 효율성 조건이었다. 이런 높은 데이터 전송 속도(throughput)와 관련하여 어떤 사람은 5G에서 제공될 초고속 데이터 서비스에 대해 만약 대용량 파일 다운로드 시 파일을 잘못 고르는 실수를 하게 되면 한 달 치 데이터 요금이 모두 소진되는 것 아니냐고 한다. 그만큼 기존 서비스들은 5G를 통해 더욱 빨라질 것이며, 이렇게 대용량 데이터를 짧은 시간에 보낼 수 있도록 해주는 big pipe를 통해 기존에 제약으로 불가했던 서비스들이 가능해 질 것이다.

네 번째는 이동성(Mobility)이다. 현재도 300 km/h 고속철도에서 통화를 하는 데 거의 문제가 없지만, 5G에서는 500 km/h의 이동 속도에서도 문제없이 통화할 수 있을 것이다.

다섯 번째는 지연 시간(Latency)이다. 무선 구간에서의 지연 시간을 의미하는데, 현재 LTE에서 호접속 시 20 ms 정도의 지연 시간이 발생하는 것에 비해 5G 이동통신에서는 단축된 시간으로 1 msec를 기준으로 하고 있다. 이런 조건은 MTC(Mission Critical Communication)를 가능하게 해 준다. 예를 들면 앞에서 언급한대로 가상현실의 경우 지연 시간(latency)이 일정 수준 보장되지 않으면 사용자가 어지럼증을 느낄 수 있는데 5G 이동통신의 적은 지연 시간(latency)은 가상현실을 이 네트워크에 연결하더라도 좀 더 자연스럽게 만들어 줄 수 있다. 뿐만 아니라 자율주행 자동차의 경우 지연시간(latency)이 길다면 운행시 늦은 반응속도로 사고의 위험이 더욱 커지게 되지만 5G 이동통신 네트워크에 연결하여 이러한 위험을 줄이려고 하는 것이다.

여섯 번째는 접속 밀도(connection density)이다. 기준 면적에 최대 몇 개의 디바이스들이 접속할 수 있느냐에 대한 기준이다. 5G 이동통신에서는 다양한 종류의 많은 IoT 디바이스들이 네트워크에 연결된다. 이런 디바이스들을 수용할 수 있는 기준으로는 1 km^2 당 1,000,000개의 디바이스가 접속 가능해야 한다. 참고로 2020년에는 전 세계 인구가 76억 명, 네트워크에 접속되는 디바이스의 수는 470억 개가 될 전망이다. 이렇게 사용자 및 디바이스의 숫자가 증가하는 만큼 5G 이동통신 네트워크의 수용량은 맞춰 주어야 하는 것이다.

일곱 번째, 네트워크 에너지 효율성이다. 기존 4G 대비 100배의 에너지 효율성이 요구되는데 특히 많은 IoT 디바이스들이 배터리 기대 수명을 10년이라고 감안한 기준이라고 할 수 있다.

여덟 번째, Area traffic capacity이다. 이것은 단위면적당 기지국의 용량(capacity)을 의미하는데 최소한 1제곱미터만 10 Mbps가 보장되어야 한다.

이상 8가지의 5G 서비스 요구 조건 및 그 기준을 확인해 보았다. 이 중에 겹치는 부분도 있지만, 고속 이동성(high speed mobility)과 초저지연

(Ultra low latency)은 MTC(Mission Critical Communication)에 필요한 조건이라고 할 수 있고, 접속 밀도(Connection Density)는 대량 접속(Massive Connectivity)조건에 필요한 조건이라고 할 수 있다. 그밖에 다른 조건들은 eMBB(enhanced Mobile Broadband) 조건, 즉 빅 파이프(big pipe)를 보장해주는 기본 요구사항인 것이다.

그밖에 5G 이동통신에서 고려해야 할 기술요건으로는 무선구간에서 개선되어야 할 것들이 있다. 5G 이동통신은 기존 4G LTE와 호환이 되는 무선 접속기술과 새로운 무선 기술 모두를 포함하게 된다. 그리고 5G스펙트럼은 더 많은 대역폭 확보를 위해 기존의 스펙트럼 이외의 새로운 스펙트럼으로 밀리미터파 대역이 언급되고 있다. 그 중에 주로 28 GHz 대역이 많이 언급되었다. 그리고 5G의 측정 및 공유 연구를 위해 새로운 무선 채널 모델이 필요하고 그동안 논의되어 왔다. 특히 밀리미터파의 경우 파장이 매우 짧아 전파 도중 공기 중의 습기, 장애물 등의 영향을 받기 때문에 이를 보완할 전파 모델(propagation model)에 대한 연구가 필요하다.

1.4 All-IP를 넘어 All-IT 네트워크로

3G때만 하더라도 All-IP 네트워크가 향후 네트워크의 비전이었다. All-IP 네트워크는 음성, 영상, 데이터 등 각종 신호 및 트래픽이 인터넷 프로토콜(IP) 기반으로 통합되는 네트워크인데 이것은 기존에 서킷 스위칭(Circuit Switching)으로 처리되는 음성신호도 패킷 스위칭(Packet switching)으로 전환되는 것을 의미하게 된다. 그런데 5G 이동통신 네트워크는 네트워크와 IT의 융합으로 네트워크 인프라 자체가 통신 지향 데이터센터 위에 EPC, eNB 등의 네트워크 기능들이 가상화되어 구현된 All-IT 네트워

크로 진화하게 될 것으로 보인다. 이것은 기존의 통신 영역과 IT 영역의 경계가 계속 허물어진다는 것을 의미하는데, 그 배경을 살펴볼 필요가 있다.

기존의 3G의 이동통신 기술은 WCDMA와 같은 디지털 이동통신이었고, 위에서 언급한 회선 스위칭(circuit switching) 기반의 서비스가 주를 이루었다. 그리고 3G 이동통신까지의 주체는 이동통신 사업자나 제조사였다. 그런데 4G로 넘어오면서 All-IP 기반의 LTE 네트워크가 구축되면서 주체로는 기존의 이동통신 사업자 이외에도 OTT(Over The Top)나 스마트폰 업체들이 포함되게 되었다. 여기서 OTT는 over the top의 약자로, 인터넷을 통해 방송 프로그램·영화·교육 등 각종 미디어 콘텐츠를 제공하는 서비스를 말한다. "top"은 셋톱박스를 의미한다. 초기에는 셋톱박스 기반 인터넷 동영상 서비스를 의미했지만 이제는 PC 스마트폰 등을 통한 동영상 서비스를 아우르는 의미로 사용하고 있다.

그러면 5G 이동통신을 향해 가면서 새로 등장할 주체들은 무엇이 있을까? 바로 IT업계, 자율 주행차로의 진화를 이끄는 자동차 업계, AR/VR 업계, 헬스케어 관련 업계 등의 버티컬 산업계가 5G 이동통신 네트워크 인프라 기반의 융합 서비스를 발굴하고 제공하는 중요한 역할을 맡게 될 것으로 보인다. 특히 5G 이동통신의 All-IT 네트워크로 진화하는 길목에 Telco와 IT가 융합되는 전환이 이루어지는데 그 경계가 허물어지는 큰 요인 중의 하나로 클라우드를 들 수 있다. 왜냐하면 클라우드 기반구조(Cloud Infrastructure)가 바로 5G 진화의 지향점인 All-IT 네트워크의 기반이 될 것이기 때문이다. 그럼 이러한 클라우드 기반구조의 속성을 살펴보기로 한다.

All-IT 네트워크에는 서로 이질적인 Telecommunication의 요구사항과 IT의 요구사항이 모두 요구된다. 기존 IT 영역에서 요구되는 클라우드 인프라스트럭처의 속성으로는 여러 가입자가 리소스를 공유하여 사용하고 다양한 애플리케이션이 구동되는 환경, 가상화된 환경, 클라우드의 기본 속성인 탄력성(Elasticity, 즉 필요에 맞게 컴퓨팅 리소스를 가져오고 불필요한 리소스는 바로 회수) 및 사용자가 필요에 맞게 셀프 프로비저닝(self-provisioning) 가능, 엔터프라이즈급 지원 등을 들 수 있다. 하지만 All-IT 네트워크에서는 이 정도 수준을 넘어서, 다음과 같이 Telco에서 요구되는 속성들을 갖추어야 한다. 즉 실시간 telco 애플리케이션에 대한 완전한 지원, 텔코 급(Telecom grade)을 충족시킬 수 있는 높은 안정성/신뢰성 등이 지원되어야 한다. 뿐만 아니라 OSS(Operation Support System) 지원, 인프라에 대한 보안지원, 중앙 집중 데이터센터 이외에 지역별 분산 배치도 가능해야 한다.

그리고 All-IT 네트워크에서 가상화를 사용하면 얻을 수 있는 장점을 정리하면 다음과 같다.

- 개방되고 서로 호환이 가능한 프레임워크를 만들 수 있다.
- 더 많은 다양한 애플리케이션이 나올 수 있는 토대가 된다.
- 가상화를 통해 리소스의 확장/축소가 용이해 진다.
- 하드웨어 리소스를 애플리케이션 워크로드에 최적화하여 제공할 수 있다.

All-IT 네트워크에서는 이러한 Telco와 IT의 속성이 모두 지원되어야 하며 이것을 가능케 하는 것이 바로 분산형 텔코 클라우드(Telco Cloud)라고 할 수 있다. 기저에 해당하는 Infra는 집중 혹은 분산형 데이터센터로 구성되고 해당 데이터센터에는 다양한 테넌트(tenant)들이 자신의 성능에 최적화된 vPOD(virtual Performance Optimized Datacenter)를 할당 받아 자신의 워크로드를 돌리게 된다. 그리고 이런 데이터센터와 서비스 사용자 간의 네트워크는 SDN(Software Defined Networking)으로 연결되어 네트워크의 제어를 스마트하게 할 수 있다. 덧붙여서 클라우드 매니저가 있어서 오케스트레이션(orchestration) 및 관리를 효율적으로 수행한다.

그런데 여기서 기존의 Telecommunication과 IT 분야의 차이점을 생각해 볼 필요가 있다. Telco 기술의 흐름을 주도하는 주요인이 표준화(standardization)라면, IT에서는 비즈니스가 주요인이라고 할 수 있다. 더욱 비즈니스의 맞춤형으로 기술도 발전하게 된다는 것이다. 한편, 기업의 구매 입장에서 본다면 Telco에서는 목적 중심의 종속된 하드웨어와 SW를 구매하는 형태이지만, IT에서는 컴포넌트와 솔루션 중심으로 구매가 이루어진다고 볼 수 있다. 그리고 고객에게 공급하는 방식의 경우 Telco에서는 제조사가 통신 사업자에게 직접 공급을 하게 되지만, IT의 경우 주로 간접 채널을 통해 소비자에게 공급이 이루어지는 편이다.

그럼 이러한 All-IT 5G 이동통신 네트워크를 만들어 가기 위한 길은 무엇일까? 5G 이동통신의 코어 네트워크, 무선 접속 네트워크 기능들은 민첩성, 효율성 및 속도 등을 갖추어야 한다. 그런데 NFV(Network Function Virtualization)가 이러한 속성들을 충족시킬 수 있는 좋은 방안이다. 5장에서 자세히 설명하겠지만, NFV는 제조사가 제공하는 기존 네트워크 기능들을 완전히 가상화 시켜주며, 다른 사이트 간에도 네트워크 기능을 배포할 수 있게 하고, 기본 자동화 기능도 제공한다. 이를 통해 5G 이동통신의 다양한 네트워크 기능들을 손쉽게 효율적으로 구현할 수 있게 된다. 그런 의미에서 NFV는 5G로 향하는 중요한 이정표가 된다.

그럼 NFV의 장점은 어떻게 될까? 다음과 같이 정리해 볼 수 있다.

- 개방성과 상호호환성
- 적은 리스크로 혁신적인 서비스를 가능하게 함.
- 투자비용, 운영비용을 줄이고 ROI(투자자본수익률)를 개선할 수 있다.
- 시장 적시 대응성(Time to Market)도 높일 수 있다.

- 매우 유연하다.

그럼 먼저 NFV로 상용 서비스를 적시에 시작하고 OPEX를 낮추면서 민첩성을 높이게 하는 NFV를 구현하는데 당면 과제는 무엇이 있을까?

1. **기존 네트워크에 NFV를 통합** : 통신 사업자가 기존 장비에 대한 재투자를 할 필요가 없도록 NFV는 기존 네트워크에서 작동하도록 조정되어야 한다. 예를 들어 이미 배치된 물리적 네트워크 기능과 새로운 Telco 데이터 센터의 VNF(Virtualized Network Function) 사이에서 SCTP나 분리된 VLAN과 같은 네트워크 기능 제공이 가능해야 한다. 또한 전통적인 형태의 PNF (Physical Network Function)와 VNF 간 서로 동등한 기능이 보장되어야 한다.
2. **하이브리드 네트워크에 대한 서비스 보증** : OSS(Operation Support System) 및 BSS(Billing Support System)도 NFV와 함께 작동하도록 조정되어야 한다.
3. **캐리어급(Carrier Grade) 제품** : 출시되는 모든 서비스는 이동통신 서비스를 지원하는데 부족함이 없는 상용 품질을 보장해야 한다. 예를 들어 통신서비스 중 로드가 많이 걸리는 고부하 상황에서도 NFVI (Network Function Virtualization Infrastructure) 및 VNF(Virtualized Network Function)의 구성 요소의 견고성과 안정성이 보장되어야 한다.

이러한 당면 과제를 잘 극복하는 것이 향후 5G 이동통신 네트워크가 4차 산업혁명의 대동맥으로서 역할을 잘 감당할 수 있는 요인이 될 것이다.

참고로 T-SDN, 네트워크 슬라이싱, 높은 수준의 자동화 및 지능형 액세스 등도 5G 이동통신 네트워크의 구성 요소로 포함될 것이다.

1.5 4차 산업혁명과 5G 이동통신 네트워크

몇 년 전부터 4차 산업혁명 혹은 디지털 트랜스포메이션(Digital Transformation)이라는 말이 많이 회자되고 있다. 이 4차 산업혁명은 무엇을 의미하는 것일까? 앞서 1차, 2차, 3차산업혁명은 무엇을 의미하는지 살펴볼 필요가 있다.

1760년대 제임스 와트에 의해 증기기관이 발명되면서 기계에 의한 생산의 시대가 1차산업혁명의 시기이다. 그때 많은 철도가 건설되고, 증기기관을 응용한 기계들이 등장하게 되었다.

그리고 2차산업혁명은 19세기 후반부터 시작되었다고 볼 수 있다. 당시 전기의 활용이 비약적으로 증가하고 생산 조립 라인이 활성화되며 대량 생산이 가능해졌다.

그 다음 3차산업혁명은 1960년대 반도체와 메인프레임에 의해 촉발되었다. 그 흐름이 1970년~80년대의 PC의 보급으로 이어졌고 1990년대에는 인터넷이 보급되고 많은 인터넷 사이트들이 생겨나면서 정보화 사회로 전개되었다고 할 수 있다.

4차 산업혁명은 완전히 새로운 개념은 아니지만, 3차산업혁명을 계승하여 디지털 기술이 더욱 정교하고 통합적으로 진화한 것이다. 즉 모든 기술이 융합하여 물리학, 디지털, 생물학 분야가 상호 교류하는 시대를 의미한다. 원래 독일에서 인더스트리 4.0(Industry 4.0)으로 시작되어 제조업 중심의 공장자동화에 IoT와 빅데이터를 접목하는 방향으로 진행되기 시작했는데 각 국가별로 자체 전략을 갖고 추진되고 있다. 주요 원동력이 되는 기술로는 IoT, Cloud, 빅데이터, Mobile 혹은 머신러닝(Machine Learning) 등을 들 수 있으며 이 네 가지 기술의 약자를 모아 ICBM이라고 부르기도 한다(약어는 같지만 대륙간 탄도미사일(Inter-Continental Ballistic Missile)

과는 다른 의미이다).

4차 산업혁명은 또한 물리세계와 가상세계의 강력한 결합이라고 할 수 있다. '4차 산업혁명 인사이트'(연세대학교 임일 교수 저, 2016)라는 책에서는 우리의 세계를 가상과 물리의 공간으로 나누어 각 공간별 특징을 규명하는데, 이 가상성과 물리성은 명확한 차이가 있다. 예를 들면 가치의 원천은 물리성의 경우 물리적인 물품 자체가 되는데, 가상성의 경우 물리적인 매체에 실려 있는 가상의 정보가 된다. 처리(복사)비용이나 저장비용은 물리성의 경우 양에 비례하고 변동이 적은데, 가상성의 경우 0에 수렴하게 된다. 수요의 경우 물리성은 양이 크게 늘어나도 다 사용하기 어렵지만, 가상성의 경우 양이 늘어나면서 새로운 수요가 만들어 진다. 또한 물리성의 경우 결합을 고려해 보면 결합 자체가 불가한 것은 아니지만 한계가 존재한다. 하지만 가상성의 경우 결합의 가능성이 무한하며 결합하면 새로운 가치가 만들어 지는 특징이 있다.

이렇게 서로 다른 가상성과 물리성이 기존보다 더욱 강력하게 결합하는 것이 바로 4차 산업혁명의 본질이라고 할 수 있다. 그동안 가상성과 물리성의 결합은 이루어져 왔지만, 4차 산업혁명을 통해 더욱 강력히 결합하게 될 것이다. 그럼 가상성과 물리성이 강력히 결합한다는 것은 어떤 의미가 있을까? 현실의 정보는 정보화(encoding)되어 가상공간에서 처리된다. 그리고 이렇게 처리된 정보는 다시 물리적인 세상에 영향을 미친다. 예를 들면 구글의 알파고, 에어컨 온도조절, 재고 관리 등을 들 수 있다.

그리고 가상성이 큰 정보처리 기술이 빠르게 발전하면서 정보처리 결과가 물리적인 세상에 미치는 영향이 커졌다. 한 가지 더 생각할 것은, 이렇게 현실의 정보가 더 많이 정보화될수록(즉 가상화 될수록) 더 많은 일이 가능해지고, 이러한 현상이 바로 4차 산업혁명의 시대에 주변에서 볼 수 있는 것이 된다.

그럼 우리나라의 4차 산업혁명은 어떻게 전개되고 있을까? 아래 그림은 미래창조과학부에서 그린 청사진인데, 4차 산업혁명의 핵심을 지능 정보기술을 활용한 새로운 가치 창출로 보고 있다. 모바일 디바이스나 센서 등으로 연결된 모든 사물로부터 데이터를 수집하는 것이 첫 단계인데 여기에는 IoT 기술과 Mobile 기술이 필요하다. 즉 연결된 사물들로부터 많은 데이터를 수집하게 되는 것이다. 이렇게 데이터 수집의 대상이 되는 사물들은 CCTV, 가전제품, 기반시설 등 고정된 지점에 있는 것뿐만 아니라 커넥티드카, 모바일폰 등 이동하는 것들도 포함한다. 이를 통해 앞에서 언급한 물리성이 가상성으로 전환되고(만물의 데이터화) 다이내믹하게 변경되는 사항들은 실시간으로 업데이트된다.

[표 1.1] 물리성과 가상성의 비교

	물리성	가상성
가치의 원천	물리적인 물품 자체	물리적인 매체에 실려 있는 가상의 정보
처리(복사)비용	양에 비례하고 변동이 적다.	0에 수렴한다.
저장비용	양에 비례하고 변동이 적다.	0에 수렴한다.
수요	양이 크게 늘어나도 다 사용하기 어렵다.	양이 늘어나면서 새로운 수요가 만들어진다.
결합	결합이 가능하지만 한계가 있다.	결합의 가능성이 무한하며 결합하면 새로운 가치가 만들어진다.

(출처 : 4차 산업혁명 인사이트, 임일 교수)

그 다음, 이 데이터들은 정보처리능력 고도화로 모든 기술의 필수적 인프라인 클라우드 상에 모이게 되고 빅데이터로 처리된다. 그러면서 데이터 축적 및 분석이 강화되어 정확하고 효율적인 의사 결정을 가능케 한다.

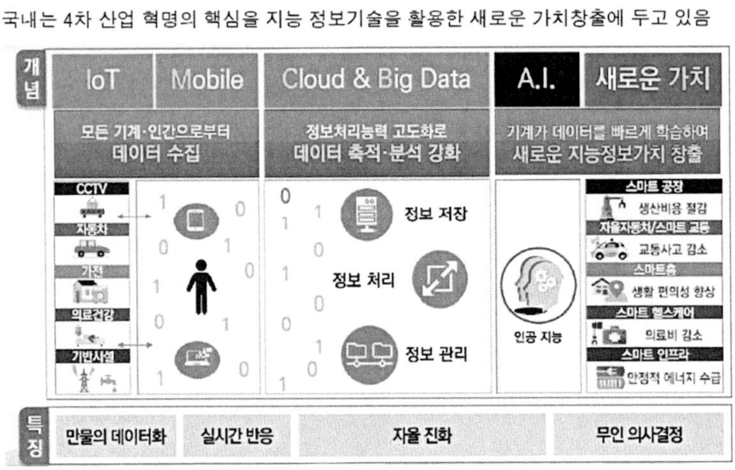

❙그림 1.7❙ 4차 산업혁명 주요 기술들(출처 : 미래창조과학부)

그 다음 단계는 인공지능이다. 기계가 머신러닝/딥러닝을 통해 데이터를 빠르게 학습하여 새로운 지능정보 가치를 창출하게 되는 것이다. 예를 들면 인공지능이 공장에 적용되어 스마트 팩토리가 되고 생산 공정 비용이 절감될 수 있다. 커넥티드카에 적용되면 안전운행을 지원하게 되며, 가정의 가전제품에도 적용되어 생활 편의성이 향상될 수 있다. 그리고 이러한 모든 과정은 가급적 자동화된 무인 의사결정으로 지원된다.

이렇듯 4차 산업혁명을 통해 다양한 분야에서 지능정보 가치가 창출되고 우리의 삶과 비즈니스에 혁신적인 변화를 일으키게 될 것이다.

1.5.1 4차 산업혁명을 이끄는 기술들

4차 산업혁명의 속성은 물리성과 가상성의 강력한 결합이라고 하였다. 그러면 이렇게 결합이 이루어지면서 어떠한 기술들이 등장하게 되는지 확인해 보자. 4차 산업혁명의 기술들은 다음과 같이 3가지 분야로 나누어 볼 수 있다.

*1. **물리적 기술** : 앞에서 언급한 물리성에 해당하며, 물질, 에너지에 관련된 기술로서 자율주행차와 같은 무인운송수단, 3D 프린팅, 첨단 로봇공학 등이 이에 해당한다. 각 분야별 세부 기술들에 대해 살펴보자.

- 무인운송수단으로는 커넥티드카 이외에도 드론, 항공기 등이 있으며 여기에 인공지능과 빅데이터 기술이 접목된다.
- 3D 프린팅을 통해서는 맞춤형 생산 및 생산과 운송의 기능이 하나로 포함된 원격 공장이 가능해진다.
- 로봇공학은 생체모방형 로봇으로 발전하게 될 텐데, 향후 윤리적으로나 심리적으로 문제가 발생될 수 있다.
- 신소재는 재생 가능하며 친환경, 재활용 스마트 소재로 나오게 될 것이다.

2. **디지털 기술** : 가상성에 해당하며 정보를 다룬다. 사물 인터넷(IoT), 블록체인 및 비트코인 같은 새로운 금융거래 기술 등을 들 수 있다. 또한 우버나 에어비앤비와 같은 공유 경제도 본 영역에 해당한다. 그

| 그림 1.8 | 5G 이동통신 서비스와 4차 산업혁명
(출처 - 아마존 드론 :https://techcrunch.com/2015/03/30/canada-proves-fertile-ground-for-amazon-drone-delivery-tests/
우버 홈페이지 뉴스룸 :
https://newsroom.uber.com/pittsburgh-self-driving-uber/Guardian Graphics)

리고 디지털 플랫폼을 통해 인터넷상에서 거래 및 서비스 제공으로 각종 비용감소 및 시간적 지역적 제약 해소가 가능해 진다.

3. **생명공학 기술** : 인간 유전체 프로젝트, 합성 생물학, 유전자 조작-치료 가위기술 등을 들 수 있다. 특히 유전체 지도에 대해서는 향후 제작비용 절감으로 많은 사람들이 자신의 유전체 지도를 갖게 되고, 이를 통해 자신의 유전자 특성을 파악하여 향후 걸릴 수 있는 질병을 예측하여 선제적으로 예방할 수 있는 시대가 열릴 것이라 기대하고 있다. 이와 같이 유전학을 통해 유전자 분석 비용을 줄이고 소요 시간을 감소시키는 방향으로 기술이 발전하고 있다. 또한 바이오프린팅을 통해 인공 피부 뼈, 조직 생산이 가능해진다.

그런데 이러한 4차 산업혁명의 분야별 주요 기술들이 실현되기 위해 무엇보다도 ICT 기술(Information and Communication Technology)이 매우 중요하다. 왜냐하면 4차 산업혁명의 환경은 정보통신 기술인 ICT를 중심으로 모든 사람, 기기, 산업, 국가가 연결되어 새로운 가치를 창출하는

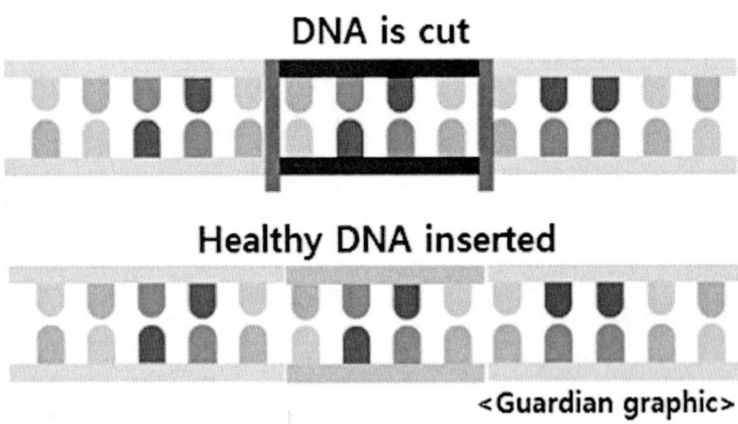

▌그림 1.9▐ 다양한 4차 산업혁명 기술–생물학(출처 : Guardian Graphic)

초연결 사회(Hyper-connected Society)라는 속성을 갖기 때문이다. 예를 들어 SNS 사용자가 2013년 기준 17억3천만 명에서 2017년 기준 25억5천만 명으로 늘어났고, 세계 ICT 융합 시장의 크기도 2013년 기준 1조6700만 달러에서 2017년에는 3조 달러로 늘어나게 되었다. 그리고 인터넷에 연결되는 사물의 수는 2013년 대비 2017년에 260억 개로 10배가 되고 2020년에는 총 470억 개의 디바이스들이 네트워크에 접속하게 될 것으로 전망하고 있다. 이런 초연결 사회의 기반이 바로 All-IT 네트워크 5G 이동통신이 될 것이고, 이 5G 이동통신 네트워크가 지원하는 환경에서 IoT, Cloud, 빅데이터, AI가 ICT 산업의 성장을 견인하게 될 것이다.

그렇다면 이러한 ICT 기술이 산업과 결합되면 어떠한 변화가 생기게 될까? 의료 부문의 경우, 원격진료나 원격로봇수술이 보편화 되고 AI 기반 진료도 확대될 것이다. 특히 IBM의 왓슨과 같은 슈퍼컴퓨터들이 방대한 유전자 서열 데이터를 이용해 환자에게 가장 적합한 치료법을 파악할 수 있다. 그리고 IoT 기반의 헬스케어와 빅데이터로 환자의 질병을 사전 진단하여 의료 비용을 절감하고 의료 서비스 품질을 높일 수 있게 된다.

운송 분야에 있어서는 드론이 택배를 전달한다든지, 무인트럭들이 군집운행을 이루어 운반 작업을 진행하는 것들이 가능해 진다. 특히 자율주행을 위해서는 5G 이동통신 네트워크에 연결된 커넥티드카가 되어야 한다. 그리고 3D 프린터로 원격지에서 필요한 것을 직접 생산하는 것이 가능해 진다. 실제로 우주정거장에서 수리를 위한 부품이 필요할 때 우주정거장에서 즉석으로 필요한 부품을 생산함으로써 지상에서 로켓을 발사하여 해당 부품을 우주정거장으로 보낼 필요가 없게 된 경우도 있었다.

금융의 경우 인터넷뱅킹 및 보험, 인터넷 주식거래가 이미 이루어지고 있다. 핀테크(FinTech)라는 용어가 사용되고 있는데, Finance(금융)와 Technology(기술)의 합성어로, 금융과 IT의 융합을 통한 금융서비스 및 산업의 변화를 의미한다. 이를 통해 수수료를 절감할 수 있다. 특히 이러한 금융서비스를 이동통신을 통해 받을 경우, 금전에 관계된 것이므로 네트워크의 높은 신뢰성이 더욱 중요해진다.

유통의 경우, 온라인 마켓으로 생산자와 소비자의 거리가 더욱 가까워지고, 배송의 소요 시간을 줄일 수 있게 된다. 교육의 경우 이미 보편화된 온라인 강의가 더욱 서로 상호작용하며 발전하게 된다. 이미 사이버 대학이 단순히 동영상 강의만 제공하는 것이 아니라 원격이지만 같은 클래스에 존재하는 것처럼 서로 대화하고 교류하는 형태의 교육을 진행하고 있다. 향후에는 5G 이동통신 네트워크 기반으로 하여 가상현실이 적용된 원격교육도 가능해 질 수 있다. 이렇듯 4차 산업혁명 시대의 5G 이동통신은 4세대 이동통신의 서비스와 성능을 넘어 유용한 정보를 제공할 뿐만 아니라 현실과 가상의 경계를 넘나드는 서비스를 제공하고 기존 서비스의 향상, 새로운 서비스의 실현을 가능하게 할 것이다.

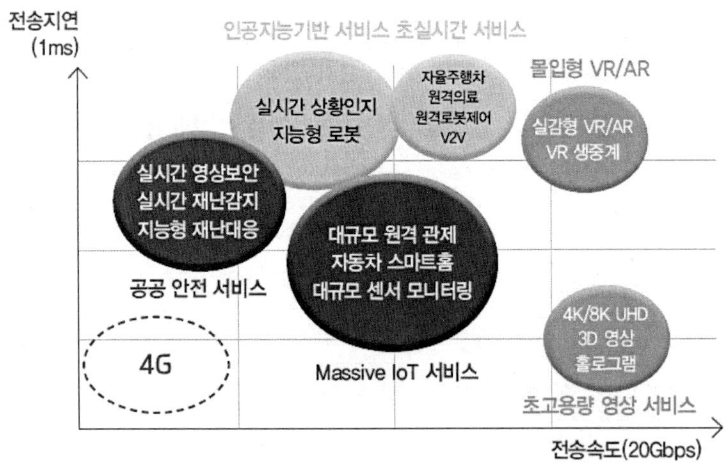

그림 1.10 5G 이동통신 네트워크가 지원할 4차 산업혁명 관련 주요 서비스
(출처 : 2017년 ICT 10대 주목 이슈, KT경제경영연구소/한국인터넷진흥원/ROA Consulting)

CHAPTER

2

5G 네트워크 이해를 위한 클라우드 기초

본 장에서는 4차 산업혁명의 주요 기술 중 하나이면서 5G 이동통신 네트워크를 구현하는 인프라로서의 클라우드에 대해 살펴본다. 클라우드 컴퓨팅에 대한 이해가 있어야 5G 이동통신 네트워크가 어떻게 만들어 지는지 더 잘 알 수 있다. 특히 기존 이동통신에서 세대가 바뀔 때에는 주로 무선 접속 기술에서의 변화가 컸었는데, 5G 이동통신에서는 클라우드가 차지하는 비중이 제법 크다고 할 수 있다. 먼저 클라우드 컴퓨팅이 무엇인지 알아보고, 클라우드 컴퓨팅의 속성 및 구성요소를 확인하며, 어떠한 클라우드 표준 기관들이 있는지 살펴보도록 한다. 이를 통해 5G 이동통신 네트워크의 기저에 해당하는 클라우드를 이해할 수 있게 된다.

2.1 클라우드 컴퓨팅이란?

클라우드가 널리 도입된 배경에 대한 이해를 돕기 위해, 현재 IT 관련 경제의 트렌드가 어떤지 잠시 살펴보기로 한다. 먼저 전 세계 데이터의 90%가 최근 2~3년 사이에 만들어졌다는 조사 결과가 있는데 데이터의 증가는 계속 가속화되고 있다. 그리고 최근 2년 간 비즈니스 네트워크 도입 증가율이 40%에 육박하였다. 즉 폐쇄적인 사일로 형태의 비즈니스 인프라의 연결이 가속화되고 있는 추세이다. 게다가 이미 2014년에 글로벌 기업들 업무의 51%가 클라우드 환경에서 처리되었다고 한다. 또한 앞에서 언급한대로 많은 디바이스들이 네트워크에 접속되어 초연결사회로 변화해 가고 있다. 이런 트렌드를 보면 데이터 중심의 경제가 네트워크로 연결되어 클라우드 환경에서 움직이고 있는 것이다. 이렇듯 클라우드는 우리가 생각한 것보다 더 빠르게 우리의 삶에 직간접적으로 영향을 주고 있는 것이다.

클라우드에 들어가기에 앞서 가상화와 클라우드에 대한 구분이 필요하다. 얼핏 들으면 가상화와 클라우드가 동일한 것으로 생각하기 쉬울 텐데 어떤 차이가 있는지 확인해 본다.

➤ 가상화와 클라우드

전통적인 서버는 아래 그림 좌측과 같이 하드웨어 위에 OS와 애플리케이션이 올라가는 형태였다. 그리고 이런 형태의 개발이 완료되면 기능시험, 전체 제품시험을 거쳐 제품 패킹에 들어가게 된다. 하지만 가상화는 아래 우측 그림과 같이 주로 X86 서버에 Host OS가 설치되고 그 위에 하이퍼바이저가 설치된다. 이 하이퍼바이저를 통해 추상화(abstraction)되는 과정을 거쳐 상위에 애플리케이션이 올라가고 그 해당 애플리케이션을 구동하기 위한 게스트 OS(Guest OS)가 설치된다. 여기에 North bound(위쪽 경계부분) API와 South bound(아래 경계부분) API(Application Programming Interface)는 개방된 형태로 제공된다.

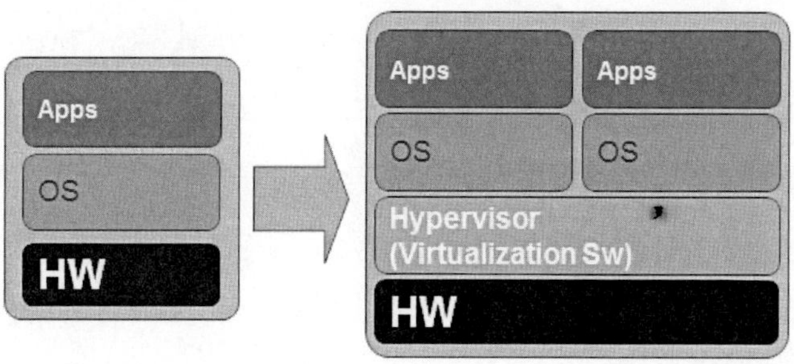

| 그림 2.1 | 가상화 개념도

그럼 가상화와 클라우드 컴퓨팅에는 어떤 차이가 있을까? 먼저 가상화는 앞에서 언급한대로 프로세싱 리소스(CPU, 메모리, 스토리지, IO/transport 네트워크 등)를 분할하는 기술로서 같은 하드웨어 위에서 다른 OS와 애플리케이션을 실행할 수 있게 해준다. 즉 하이퍼바이저를 통해 단일 하드웨어에 단일 OS라는 종속성을 해결한 것이다. 일종의 논리적인 파티셔닝 기술이라고 할 수 있다. 이 하이퍼바이저는 상위 OS나 애플리케이션에 대한 컴퓨팅, 스토리지, 네트워크와 같은 기능들을 관리해 주는 역할을 한다.

반면 클라우드 컴퓨팅은 다음과 같이 정의할 수 있다. 하드웨어, 소프트웨어 등의 각종 ICT 리소스를 통신망에 접속하여 서비스로 이용하는 방식이다. 클라우드의 정의에는 이 '서비스'라는 말이 핵심이라고 할 수 있다. 클라우드 컴퓨팅을 이해하기에 좋은 비유가 하나 있는데 전력을 사용하는 것을 들 수 있다. 예를 들어 어느 공장이 있다고 하자. 이 공장이 전력을 사용하는데 만약 자가 발전기만 있어서 전력을 자체 조달하고 외부로부터 공급을 받지 않는다고 할 경우 어떤 일이 발생할까? 먼저 자가 발전기를 도입할 때 공장의 최대 전력 사용량을 기준으로 자가 발전기 용량을 산정하고 그에 맞는 발전기를 구매하여 설치하여야 한다. 이 경우 초기 구매비용이 많이 들었음에도 불구하고 공장이 항상 최대 전력을 사용하는 것이 아니기 때문에 자가 발전기의 활용도는 저조하게 된다. 하지만 해당 공장이 전력회사로부터 전력을 공급받게 된다면 필요한 만큼만 실시간으로 사용하기 때문에 쓴 만큼 비용을 지불하게 되고, 자체 발전기를 투자할 필요도 없게 된다(물론 실제 공장에는 비상시에 사용할 자가 발전기를 갖추고 있다. 평소에는 전력회사를 통해 전력을 공급받고 정전 등의 상황 발생 시 자가 발전을 하게 되는데 이런 모습은 뒤에서 언급할 하이브리드 클라우드와 연관시켜볼 수 있다). 아무튼 이를 통해 대규모 발전 설비를 구축할 필요도 없고 저렴한 요금으로 안정적이고 고품질의 전력을 공급받을 수 있게 된다. 뿐만 아니라, 전력 설비의 운용·관리·보수에서도 해방될 수 있고 전력 수요 변동에 유연하게 대응할 수 있다.

이런 전력의 예를 클라우드 컴퓨팅과 연관시켜 보면 다음과 같이 생각할 수 있다. 전력회사의 발전소를 데이터 센터라고 하고 네트워크를 통해 클라우드 서비스 가입자 혹은 기업이 필요한 컴퓨팅 리소스들을 사용하게 된다. 이렇게 되면 서비스 가입자나 기업이 시스템에 대한 투자를 할 필요가 없고 저렴한 요금으로 필요한 만큼의 컴퓨팅 리소스를 사용할 수 있게 된다. 이로 인해 역시 설비의 운용·관리·보수에서 해방될 수 있고 자체 수요 변동에도 유연하게 대처할 수 있게 된다.

다시 가상화와 클라우드의 관계를 생각해 보면, 가상화는 네트워크 상의 리소스들을 통합하여 클라우드 컴퓨팅을 가능하게 해주기 위한 클라우드 인프라를 구축하는 데 사용되며, 클라우드 컴퓨팅을 지원한다.

이제 좀 더 자세히 클라우드 컴퓨팅의 정의를 살펴보도록 한다. 미국의 NIST(National Institute of Science and Technology)에서 2011년도 출간물에 정의된 바는 다음과 같다. 클라우드 컴퓨팅은 구성 가능한 컴퓨팅 리소스들의 공유 풀에 편리하고 주문형으로 네트워크 접속을 가능하게 하는 모델이다. 컴퓨팅 리소스는 예를 들면 네트워크, 서버, 스토리지, 애플리케이션, 그리고 서비스 등을 의미한다. 그런데 조건은 최소한의 관리나 서비스 공급자의 개입으로 신속하게 컴퓨팅 리소스가 제공되어야 하고 해당 리소스가 불필요할 경우 역시 신속하게 리소스 할당을 해제하여야 한다. 이런 클라우드 모델을 통해 가용성이 증대될 수 있다. 클라우드에는 5가지 본질적인 특성과 3가지 서비스 모델, 그리고 4가지 배포 모델로 구성되어 있다.

배포 모델은 인프라스트럭처, 액세스 수준 및 관리 측면에서 클라우드 자체가 제공하는 추상화 수준에 따라 정의된다.

2.2 5가지 본질적인 특성, 3가지 서비스 모델, 그리고 4가지 배포 모델

먼저 클라우드 컴퓨팅의 5가지 본질적인 특성에 대해 살펴본다.

1. 주문형 셀프서비스(On–demand self–service) : 사용자가 원하는 형태로 주문을 하게 되면 그 다음부터는 운영자의 개입 없이 자동으로 서비스가 제공된다. 클라우드는 운영자의 수고를 덜어준다.
2. 리소스 풀링(Resource pooling) : 컴퓨팅 리소스를 풀 형태로 구성하여 사용자가 필요로 하는 만큼 가져가고, 사용이 완료되면 그 리소스들을 다시 풀에 반납하여 다른 사용자들과 공유하게 된다.
3. 신속한 탄력성(Rapid elasticity) : 클라우드 사용자가 서비스를 이용하는 중, 컴퓨팅 리소스에 대한 수요가 증가할 경우 바로 추가 공급이 가능해야 한다. 그리고 수요가 감소할 경우에는 역시 신속하게 리소스 회수가 이루어 질 수 있다.
4. 측정되는 서비스(Measured Service) : 가치 있는 것은 정량화될 수 있어야 한다는 말이 있다. 클라우드의 또 하나의 속성은 사용자가 받은 서비스가 계량화될 수 있어야 한다는 것이다. 이것을 통해 전체 클라우드 인프라의 사용률 등의 KPI 모니터링이 가능하게 되고 클라우드 사용자에 대한 과금이 가능할 수 있다.
5. 어디서나 네트워크 접속 가능(Broad Network Access) : 클라우드는 한마디로 말한다면 네트워크 상의 가상서버라고 할 수 있다. 고립된 형태로 존재하는 것이 아니라 언제 어디서나 사용자가 접속할 수 있어야 한다. 그리고 네트워크 용량도 충분히 지원되어야 한다. 만약 네트워크 접속이 불가하다면 클라우드를 사용할 수 없게 된다.

그리고 클라우드에는 아래와 같이 3가지 서비스 모델이 있다.

1. Software as a Service(SaaS)는 사용자에게 응용 SW를 제공하는 서비스로서, 흔히 사용하는 웹메일이나 ERP 등의 SW를 클라우드 상에서 서비스로 제공하는 형태이다.

   소비자는 응용 프로그램을 사용하지만 실행 중인 운영 체제, 하드웨어 또는 네트워크 인프라는 제어하지 않는다. 이것은 아마도 조직 또는 사용자가 클라우드 솔루션을 구현하기로 결정할 때 채택될 수 있는 가장 쉬운 모델 중 하나일 것이다. 소비자는 프로세싱 파워, 스토리지, 네트워크와 같은 "기본적인 컴퓨팅 리소스"를 사용한다.
2. IaaS(Infrastructure as a Service) : IaaS는 IT 인프라 자체를 제공하는 것이다. 서버, 스토리지, 네트워크 등을 직접 구매하여 구축할 필요 없이 필요한 만큼만 주문하여, 필요한 성능에 최적화된 데이터센터를 클라우드 상에 구축하는 형태이다. IaaS 소비자는 운영 체제, 스토리지, 배포된 응용 프로그램 및 방화벽 및 로드 밸런서와 같은 네트워킹 구성 요소를 제어할 수 있지만 그 아래의 클라우드 인프라는 제어할 수 없다.
3. Platform as a Service(PaaS)은 IaaS보다 좀 더 위로 올라가 개발환경을 제공받는 것이다. 구글의 런타임 엔진(Run time Engine) 등을 예로 들 수 있다. 이를 통해 집중적으로 리소스가 필요한 개발 기간에만 해당 개발 환경을 이용할 수 있어 클라우드 인프라 구축에 드는 비용을 절약할 수 있다.

   소비자는 자신의 응용 프로그램에 호스팅 환경을 사용한다. 소비자는 환경에서 실행되는 응용 프로그램을 제어하지만 실행 중인 운영 체제, 하드웨어 또는 네트워크 인프라는 제어하지 않는다. 플랫폼은

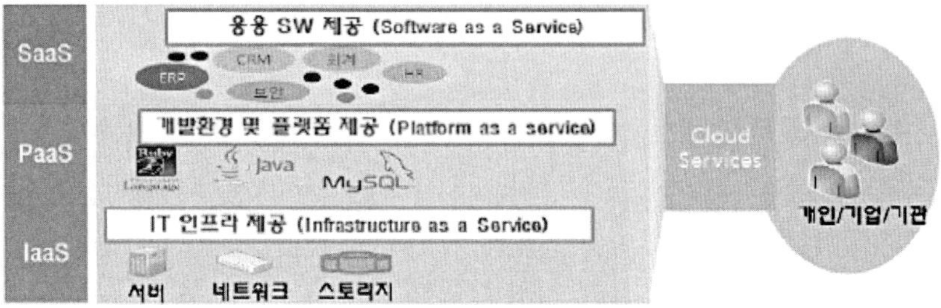

| 그림 2.2 | 클라우드 서비스 모델(출처 : 미래창조과학부)

일반적인 애플리케이션 프레임워크이다. 이런 경우 개발 목적으로 사용 가능한 API를 활용하려는 애플리케이션 서비스 공급자가 주 이용자에 해당된다.

그리고 다음과 같이 4가지 배포 모델이 있다.

1) 프라이빗 클라우드는 영내(On premise)에 클라우드 시스템을 구축하고 활용하는 것이다. 자사 클라우드에 해당한다. 보안성이 강점이다.
2) 퍼블릭 클라우드는 클라우드 서비스를 임대하거나 활용할 수 있는 것이다. 아마존 AWS(Amazon Web Service), 마이크로소프트 Azure, IBM Cloud 등의 클라우드 서비스 사업자가 제공하는 서비스에 해당된다. 비용을 절감할 수 있는 것이 장점이다.
3) 하이브리드 클라우드는 위의 프라이빗 클라우드와 퍼블릭 클라우드의 장점을 결합한 것이다.
4) 커뮤니티 클라우드는 특정 그룹의 사용자만 이용할 수 있는 클라우드이다.

▌그림 2.3▐ 클라우드 배포 모델(출처 : 미래창조과학부)

이상 4가지 클라우드 배포 모델을 옷에 비유한다면, 프라이빗 클라우드는 맞춤복, 퍼블릭 클라우드는 기성복, 그리고 커뮤니티 클라우드는 단체복에 비유할 수 있다. 이렇듯 배포 모델은 기반구조, 즉 인프라스트럭처, 액세스 수준 및 관리 측면에서 클라우드 자체가 제공하는 추상화 수준에 따라 정의된다. 이러한 클라우드 배포 모델에 대해 좀 더 자세히 살펴보면 다음과 같다.

1. **퍼블릭 클라우드** : 간단히 말해서 퍼블릭 클라우드 서비스는 인터넷을 통해 제3의 서비스 제공 업체의 고객이 이용할 수 있는 것이라고 할 수 있다. 그런데 퍼블릭이라는 용어는 무료 또는 상당히 저렴한 비용으로 사용할 수 있다고 하더라도 항상 무료라는 의미는 아니다. 그리고 퍼블릭 클라우드는 사용자의 데이터가 타인이 공개적으로 볼 수 있다는 것은 아니다. 퍼블릭 클라우드 공급 업체는 일반적으로 사용자에게 액세스 제어 메커니즘을 제공한다. 퍼블릭 클라우드는 솔루션을 배포하기위한 탄력적이고 비용 효율적인 수단을 제공한다. 즉 사용자는 비즈니스 기능이 실행되고 데이터가 처리되는 제3자 클라우드 서비스를 사용한다. 또한 퍼블릭 클라우드의 서비스 제공자는 인프라를 구축하고 클라우드를 사용하여 소비자, 엔터프라이즈 전반

에 걸쳐 수익을 창출한다. 퍼블릭 클라우드 서비스 제공자는 다음과 같은 서비스를 제공할 수 있다.

- SaaS, PaaS, IaaS, 스토리지
- 콘텐츠 및 미디어
- 통합 커뮤니케이션

2. **프라이빗 클라우드** : 프라이빗 클라우드는 탄력성 및 서비스 기반과 같은 퍼블릭 클라우드 컴퓨팅 환경의 많은 이점도 제공한다. 프라이빗 클라우드와 퍼블릭 클라우드의 차이점은 프라이빗 클라우드 기반 서비스에서 퍼블릭 클라우드 서비스를 사용하는 네트워크 대역폭, 보안 노출 및 법적 요구 사항의 제한 없이 조직/기관 내에서 데이터 및 프로세스가 관리된다는 것이다. 또한 프라이빗 클라우드 서비스는 사용자 액세스 및 사용 네트워크가 제한 및 지정되므로 보안 및 복원력을 향상시켜 클라우드 인프라에 대한 공급자와 사용자의 통제력을 향상시킨다. 그리고 운영 지원, 청구서 발송, 고객 관리 및 운영자 관리 기능과 같은 필수적인 운영자 기능을 제공하는 기존 IT 데이터 환경이 포함된다.
3. **하이브리드 클라우드** : 하이브리드 클라우드는 상호 운용되는 퍼블릭 클라우드와 프라이빗 클라우드의 조합이다. 이 모델에서 사용자는 일반적으로 비즈니스에 비교적 덜 중요한 정보 및 처리를 퍼블릭 클라우드로 아웃소싱하는 동시에 비즈니스에 매우 중요한 정보 및 처리는 프라이빗 클라우드에서 다룸으로써, 서비스 및 데이터를 제어한다.
4. **커뮤니티 클라우드** : 커뮤니티 클라우드는 특정 보안 요구 사항이나 공통된 사명과 같이 관심 분야가 공통된 조직 그룹에 의해 제어되고 사용된다. 이 커뮤니티의 구성원들은 클라우드의 데이터 및 응용 프로그램에 대한 액세스를 공유한다.

그렇다면 이러한 특성을 가진 클라우드의 등장이 현재의 기술 생태계에 무슨 의미를 갖고 있을까? 클라우드의 본질은 기술 기반의 산업에 있어서 현재의 일하는 방식에 대해 다음과 같은 중요한 영향을 주게 된다.

1. 클라우드는 기존의 기술을 계승하기 보다는 파괴적인 개념이다.
   리소스 풀링과 주문형 서비스와 연결된 신속한 탄성력은 세계적으로 통신사업자, 엔터프라이즈와 소비자 간의 비즈니스 및 IT 환경을 변화시킨다. 특히 5G 이동통신이 All-IT 네트워크화 되면서 이 변화는 더욱 가속화될 것으로 보인다.

2. 산업계에 전반적인 변화를 일으킨다.
   사용한 만큼 지불하는 비즈니스 모델을 제공하기 때문에 서비스 제공 및 비즈니스 모델 등을 변화시키고, 비용 효율성 및 기업 내부 효율성을 향상시키는 방향으로 이끌게 된다.

3. 혁신으로 가는 장벽을 타파한다.
   언제 어디서나 클라우드 환경으로 접속 가능한 네트워크로 인해 풍요한 서비스 생태계를 만들고 유지 발전시킬 수 있다. 특히 클라우드 위에서는 적은 리스크로 다양한 시도를 해볼 수 있기 때문에 혁신을 지지하는 플랫폼이라고 할 수 있겠다.

4. 급속히 진화하는 경쟁 영역
   클라우드 컴퓨팅이 발전하고 진화할수록, 자신의 영역에 새로운 도전자들이 등장하게 된다. 예를 들어 통신 사업자나 통신장비 업체의 시장에 IT 업계가 새로운 경쟁자로 들어와 일정 부분 대안이 될 만한 제품과 비즈니스 모델로 경쟁하게 된다. 이는 물론 역으로 Telco 영역의 주체들이 자신의 영역에 국한되지 않고 다른 영역으로도 진출이 가능함을 의미한다.

이 영역과 관련하여, 클라우드가 사용되는 영역에 따라 클라우드를 다음과 같이 분류할 수 있다. 엔터프라이즈를 포함한 IT 영역에서의 클라우드를 IT 클라우드라고 한다면 기존의 통신 영역에 대한 클라우드를 텔코(Telco) 클라우드라고 한다. 그리고 아마존 웹서비스, 마이크로소프트 Azure와 같이 일반 가입자 대상 클라우드는 상용(Commercial) 클라우드라고 부른다. 그럼 5G 이동통신 네트워크의 인프라로 자리매김할 Telco 클라우드는 무엇이고, 다른 클라우드와의 차이점과 추가 요구조건은 무엇일까? 통신 사업자들이 사용할 수 있는 솔루션으로서의 클라우드, 즉 Telco 클라우드로서 갖추어야 할 요구조건은 우선, 클라우드의 4가지 배포모델인 퍼블릭 클라우드, 프라이빗 클라우드, 커뮤니티 클라우드, 그리고 하이브리드 클라우드만으로는 통신 네트워크의 본질과 요구 조건에 완전히 부합하기 어렵다. 따라서 이러한 요구 사항을 충족시키기 위해 지속적인 연구가 진행되었고 Telco 클라우드라는 개념이 나오게 되었다. Telco 클라우드에 필요한 요구 사항들을 다시 정리해 보면 다음과 같다.

Telco 클라우드라는 개념은 앞에서 언급한 기존의 클라우드 모델로는 5G 이동통신 네트워크를 준비하는 통신 사업자 네트워크 환경의 본질과 요구 조건을 제대로 충족시키기 어렵기 때문 새로운 영역으로 등장하게 되었다. Telco Cloud는 유선 및 무선 이동통신 기능을 실행하는 데 사용되는 새로운 캐리어급(Carrier grade) 클라우드이다(여기서 캐리어는 통신 사업자를 의미한다). VAS(부가가치 서비스), 미디어 및 컨트롤 플레인 기능은 모바일 네트워크 기능의 가상화를 통해 클라우드로 구현되며 이는 결국 네트워크 전체가 클라우드 안에 담기는 형태로 된다. 이를 위해 언제나 5G의 서비스를 안정적으로 지원하기 위한 높은 신뢰성, 보안성, 이동통신 네트워크 관련 서버 및 페이로드 애플리케이션에 대한 완벽한 지원 및 분산형 클라우드에 대한 지원 등이 가능해야 한다. 5G 이동통신 네트워크가 올라갈 Telco 클라우드에 특별히 필요한 추가 요구 사항들은 다음과 같다.

1) 급속히 증가하는 스마트폰, 태블릿, IoT 센서 등의 다양한 디바이스들을 비용 효율적인 관점에서 유지할 수 있는 능력을 들 수 있다. 5G의 주요 요구 조건 중 하나인 대규모 접속(massive connectivity)으로 수많은 디바이스들이 네트워크에 접속 되는데, 이에 대한 관리를 비용 효율적으로 할 수 있어야 한다.
2) 5G 이동통신 시대의 다양한 유즈 케이스를 지원하기 위해 광범위한 버티컬 애플리케이션(예 : 유틸리티, 건강, 운송 등)을 지원하면서, 동시에 엔터프라이즈 분야에 대해서도 경쟁력 있는 클라우드 컴퓨팅 서비스 제공 능력이 가능해야 한다.
3) 이동통신 서비스는 안정적이고 무중단으로 365일 끊김없이 계속 제공되어야 하기 때문에 실시간으로 서버 및 페이로드 애플리케이션을 유지할 수 있어야 한다.
4) 기존 4G에 비해 5G에서는 다양한 혁신적인 애플리케이션이 나오게 되고 거대한 생태계를 이루게 될 것으로 보인다. 이러한 애플리케이션들이 잘 개발되고 배포될 수 있도록 5G 이동통신 네트워크는 지원해야 한다.

2.3 클라우드의 레퍼런스 아키텍처 및 구성요소

아래 그림은 NIST에서 제시한 클라우드의 개념적인 레퍼런스 모델이다. 이 그림을 보면 클라우드 컴퓨팅의 개략적인 구조와 그 주요 요소, 그리고 기능들을 확인할 수 있다. 아래 그림을 통해 클라우드 컴퓨팅의 전반적인 아키텍처를 확인하며, 요구 조건과 용도, 특성 및 기준 등을 파악할 수 있다.

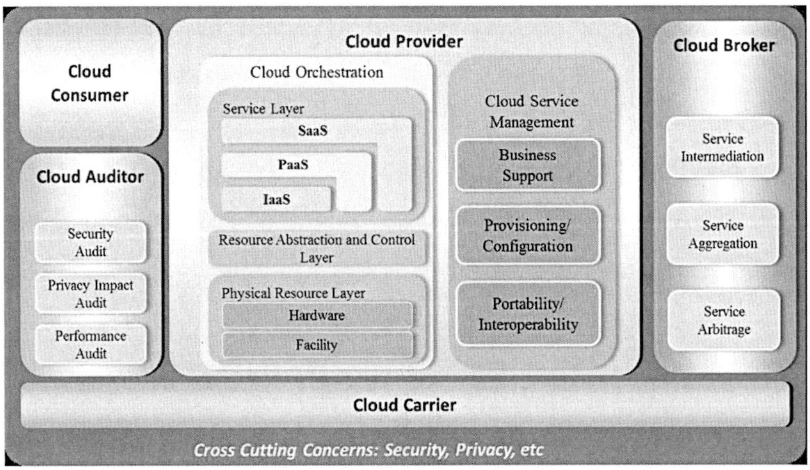

그림 2.4 NIST가 제시한 클라우드의 레퍼런스 모델

위 그림에서 주체들은 다음과 같다.

1. 클라우드 소비자 : 클라우드 공급자로부터 서비스를 사용하거나 클라우드 공급자와 비즈니스적인 관계를 유지하는 개인이나 단체.
2. 클라우드 공급자 : 이해 관계자나 그 집단에게 가능한 서비스를 만들고 제공할 책임이 있는 개인이나 단체. SaaS, Paas, IaaS 등의 서비스

를 제공한다. 클라우드 공급자는 이와 같은 서비스의 배포, 서비스 오케스트레이션, 클라우드 서비스 관리, 보안, 프라이버시 보장 등의 기능을 수행한다.

3. 클라우드 감사자(Auditor) : 구현된 클라우드의 서비스나 정보시스템 운영, 성능과 보안등을 독립적으로 평가하는 그룹이다. 즉 클라우드 서비스의 독립적인 평가, 정보 시스템 운영, 클라우드 구현의 성능 및 보안을 수행할 수 있는 당사자를 의미한다.
4. 클라우드 중개자(Broker) : 클라우드 서비스의 사용, 성능, 딜리버리 등을 관리하고 클라우드 공급자와 클라우드 소비자 간의 관계를 조정하는 역할을 한다.
5. 클라우드 캐리어(Carrier) : 클라우드 공급자로부터 클라우드 소비자까지 클라우드 서비스가 연결되고 전송될 수 있도록 해주는 중재자이다.

위의 다섯 가지 클라우드 주체들은 다음과 같이 상호작용을 하게 된다. 먼저 클라우드 소비자는 클라우드 공급자나 클라우드 중개자에게 클라우드 서비스를 요청하게 된다. 그리고 클라우드 감사자는 독립적인 감사를 수행하게 되고 다른 개체들을 통해서도 필요한 정보를 얻게 된다. 한편 클라우드 캐리어는 클라우드 소비자가 통신 네트워크나 다른 디바이스 접속을 통해 클라우드에 엑세스할 수 있도록 해준다.

지금까지 클라우드의 레퍼런스 아키텍처를 확인해 보았다. 이제 각 계층을 보면서 클라우드 개별 구성 요소와 그 기능들에 대해 살펴보겠다. 그리고 이것들이 합쳐져서 어떻게 클라우드 서비스가 제공되고 클라우드를 통해 어떤 이득을 얻을 수 있는지 확인해 본다.

먼저 서비스 제공자(CSN, CSP)의 관점에서 사용자(CSU)를 향한 클라우드 레이어에 대해 논의할 것이다. 그러기 위해 물리적 리소스의 하위 계층부터 시작하여 풀링 및 가상화 기능, 서비스 쪽으로 이동하면서 확인 후, 클라우드의 관리 관점을 보며 요약하기로 한다.

클라우드 컴퓨팅의 핵심 기능은 컴퓨트, 스토리지, 네트워크이다. 클라우드 서비스를 통해 이런 기능이 클라우드 소비자에게 제공된다. 여기서 POD라는 용어를 만나게 된다. 이것은 Performance Optimized Datacenter(성능 최적화 데이터 센터)의 약자로서 클라우드 공급자가 소비자에게 맞춤형으로 제공하게 되는 클라우드 컴퓨팅의 패키지 혹은 인프라인 것이다. 이 경우 POD는 컴퓨트, 스토리지, 네트워크 기능을 필요로 하는 엔터프라이즈나 소규모 비즈니스와 주로 관련이 있다. 그리고 이런 서비스는 클라우드 소비자에게 IaaS 솔루션의 형태로 제공된다.

한편 클라우드를 배포하는 구성 요소로 클라우드 소프트웨어를 들 수 있다. 이것은 해당 하드웨어 인프라 내에 있는 컴퓨트, 스토리지, 네트워크에 대한 제어를 제공하는 것이 주목적이다.

커스터마이징 기능, 크로스 플랫폼 호환성 및 배포 용이성으로 인해 클라우드 소프트웨어는 대규모 조직에서 기존 레거시 하드웨어 및 플랫폼을 클라우드로 마이그레이션하는 좋은 옵션이라고 할 수 있다. 이 중 전형적인 클라우드 소프트웨어의 예로 오픈스택을 들 수 있다. 오픈스택은 데이터센터를 통해 대용량 풀의 형태로 구성된 컴퓨트, 스토리지, 네트워크 리소스들을 제어하고, 대시보드 형태로 관리를 가능하게 하여 시스템 운영자가 그 사용자들에게 웹 인터페이스를 통해 리소스를 제공할 수 있도록 해준다.

오픈스택은 그 회원들이 자유롭게 소스 코트를 사용하고 커스터마이제이션(customizations)할 수 있도록 오픈커뮤니티 형태로 존재해 왔다. 또한 오픈스택의 회원들은 소프트웨어의 개선을 위해 커뮤니티에 코드 제공으로 기여해 오고 있다. 오픈스택에 대해서는 뒷장에서 자세히 다루기로 한다.

한편 다른 구성 요소로 클라우드 매니지먼트 소프트웨어를 들 수 있다. 클라우드의 중요 속성 중 하나가 바로 매니지먼트라고 할 수 있다. 클라우드 매니지먼트는 넓은 영역을 아우른다. 주로 운영관리(Operational Management), 성능관리(Performance Management), 보안관리(Security Management) 등으로 나뉘게 된다.

그리고 클라우드 보안과 프라이버시는 클라우드 컴퓨팅 환경에서의 잠재적 위협을 감소시키기 위해 보안 관련 통제를 적용하는 크로스 레이어(coross-layer) 기능이다. 다음에는 운영 관리와 성능 관리에 대해 좀 더 알아보기로 하자.

➤ 클라우드에서의 성능 관리

클라우드 성능 관리는 다음과 같은 목적을 갖고 있다.

1) 클라우드 네트워크 정보를 취합하고 정리하여 관리 노드에 제공
2) 공개된 엔드포인트들에 의한 서비스 라우팅 결정을 내림
3) 고객을 위한 SLA(Service Level Aggrement)를 감시하고 SLA 위반 발생 시 표기
4) 관리 노드에 대한 모니터링과 통제의 포인트로 기능

➤ 클라우드에서의 운영 관리

운영 관리는 과금(billing), 도구 관리(equipment management) 및 다른 개체들 간 환경 구성을 담당한다.

클라우드 매니지먼트는 여러 가지 형태로 존재한다. 어떤 소프트웨어는 오픈스택과 같이 패키지의 일부분으로 제작된 클라우드 매니지먼트를 갖고 있지만, 반면에 다른 경우는 모든 현존하는 가상화 기술들을 보완해 주는

오픈소스 커뮤니티의 형태로 만들어진다. 또 다른 경우는, 클라우드의 특정 애플리케이션을 다루기 위해 개발된 특화 매니지먼트 소프트웨어들이 존재하는데 예를 들면 SDN이나 NFV를 들 수 있다. SDN의 오픈데이라이트(Open Daylight)가 대표적인 예이다. 뒷장에서 확인하도록 한다.

➤ 이동통신 관련 비즈니스에서의 telco 클라우드

클라우드는 비즈니스 관점에서 봐야 할 부분이 많다고 할 수 있다. 한 조직에서 클라우드를 바라보는 관점은 부서별로 다를 수밖에 없다. 비즈니스에서는 보다 빠른 시장 적시성(time to market)을 확보하려고 하는데 운영자들 사이에서 가장 큰 도전 중 하나가 폐쇄된 네트워크와 리소스이다. 이렇게 비효율적인 조건에서 더 많은 속도를 얻으려면 비즈니스 인프라가 효율적으로 되어야 한다. 네트워크 기능 가상화는 운영자가 전체 네트워크 인프라에 대해 하나의 리소스 세트를 정렬할 수 있음을 의미한다. 오늘날 여러 네트워크 기능에 대해 하나의 리소스 세트를 사용하여 서비스를 할 수 있게 되는 것이다.

어느 비즈니스나 수익을 늘리고 비용을 줄이는 것은 가장 중요한 활동이다. 그렇게 하기 위해 조직 및 인프라의 효율성을 높여 시장에 대응하는 속도를 높일 수 있다. 그런데 가상화야 말로 이런 고효율성을 만들 수 있는 주요한 방법이다. 이런 면에서 NFV는 인프라의 폐쇄성을 제거하고 전체 인프라의 리소스들을 하나의 집합으로 통일시켜주는 역할을 한다. 모든 네트워크 기능에 대한 공통의 자동화된 O&M과 BSS 프로세스가 잘 갖추어진다면 조직 간 발생하는 반복적인 수작업과 시간만 잡아먹는 비효율적인 커뮤니케이션을 줄일 수 있다. 또한 불가피하게 발생하는 적지 않은 수의 휴먼 에러도 잡을 수 있다. 이러한 효율성을 통해 운영 비용을 줄일 수 있게 된다. 이렇듯 가상화를 적용하면 효율적인 조직과 인프라를 달성하기

용이해진다.

그리고 MANO(Management and Orchestration)를 통해 통신 사업자가 개발 및 운영 비용을 줄이고 더욱 가치 있고 생산성 있는 일(예를 들면 네트워크 최적화, 매니저먼트 도구로 수집된 데이터들에 대한 분석)에 집중할 수 있도록 돕는다.

그리고 수익 관점에서는, 조직 및 인프라가 더욱 효율적으로 전환되어 커뮤니케이션 및 실행을 빠르게 하고 서비스를 더욱 빠르게 런칭할 수 있게 된다. 게다가 새로운 사업을 더 빨리 궤도에 올려놓게 하고 작은 규모의 trial 서비스도 신속히 시작할 수 있도록 돕는다. 이를 통해 시장의 요구에 더욱 적시 대응할 수 있어 수익이 향상될 수 있다.

2.4 클라우드 표준 관련 기관

다양한 클라우드 표준 관련 기관들이 설립되어 활동 중에 있다. 여기서는 몇 가지 기관만 설명한다.

클라우드 초창기에는 폭발적인 관심으로 다수의 표준 활동이 발생하게 되었는데 이로 인해 시장에서는 클라우드를 어떻게 정의할 것인가에 대해 혼동이 있었다. 이 때 클라우드 엔드 유저의 권리를 옹호하고 클라우드를 성공적으로 도입하기 위한 그룹으로 Cloud Standards Customer Council (CSCC)가 생겼다. 이 기관의 사명 선언문을 살펴보면 다음과 같은 내용이 있다.

> "본 Council은 클라우드 사용자들에게 클라이언트의 요구사항들을 표준 개발 기관에 공유하여 표준에 반영할 수 있도록 하고,

모범 사례 및 유즈 케이스와 같은 문서들을 공유하여 다른 엔터프라이즈를 지원한다."

CSCC 창립 멤버로서 세계 유수의 기업들이 회원사로 있다.

두 번째로 Distributed Management Task Force(DMTF)를 들 수 있다. 이 기관은 IT 환경의 효과적인 관리를 목표로 하고 있다. 그들의 사명 선언문은 다음과 같다.

DMTF는 깊으면서도 넓은 접근 방식을 통해 상호 호환이 가능한 IT 관리 표준을 만든다. 이러한 표준들은 잘 정의된 인터페이스를 규명하여 완전한 관리 능력을 제공한다. DMTF 표준 인터페이스는 다양한 제조사의 IT 인프라 및 시스템, 그리고 클라우드/가상화/데스크탑/네트워크/서버/스토리지를 포함하는 네트워크 관리 간의 상호 호환성을 가능하게 한다.

그리고 미국의 NIST(National Institue of Standards and Technology)가 있다. 아마도 이 기관은 클라우드에 대해 가장 오랫동안 연구해온 기관 중 하나이다. 여기서는 다음과 같이 사명 선언을 하고 있다.

"장기 목표는 클라우드 컴퓨팅의 패러다임에 대한 사고 리더십(thought leadership)과 안내(guidance)를 제공하여 산업계와 공공기관에 클라우드의 사용을 촉진시키는 것이다. NIST는 클라우드 적용 사이클을 단축시켜 단기간 비용절감 및 엔터프라이즈 애플리케이션을 신속하게 생성하고 적용할 수 있게 하는 것이 목표다. 또한 중요한 유즈케이스(use case)들을 가능하게 하는 호환성, 휴대성, 보안요건 등을 지원하는 클라우드 컴퓨팅 시스템과 그 사례들을 조성한다.

또 빼놓을 수 없는 기관으로서, ETSI와 ITU를 들 수 있다. 두 기관 역시 클라우드 구현을 위한 표준화 프로젝트를 운영하고 있다. ETSI의 TC CLOUD 프로젝트는 다음과 같이 말하고 있다.

> "TC GRID의 임무는 정보 기술(IT)과 통신의 융합과 관련된 문제를 해결하는 것이며, 본래는 IT 및 통신 업계의 공헌과 관련된 상황에서 상호 운용 가능한 그리드 솔루션의 부족을 해결하는 데 특히 주의를 기울였다."

한편 ITU는 클라우드 컴퓨팅에 대한 포커스그룹(FG)을 만들고 정의, 분류법, 혜택 및 요구 사항 목록을 작성하였다. 이 목록은 클라우드의 진화가 계속 진행됨에 따라 계속 업데이트되는데, 이러한 몇 가지 강조 표시된 부분은 향후 클라우드 솔루션의 성공적인 구현을 보장하기 위해 많은 관심과 노력이 필요하다는 것을 의미한다. 그 외에 오픈스택, 오픈데이라이트, ONOS, OCP 등 다른 다양한 기관들이 클라우드 관련 분야별로 있으며 뒤에서 추가 언급하기로 한다.

정리하면, 클라우드는 일시적인 기술 트렌드가 아니라 5G 이동통신 기술의 기반 요소, 엔터프라이즈 부문 및 텔레콤의 IT를 현대화, 고도화하는 과정이며 각 기업의 IT 전략이 지향하는 방향이다. 이렇게 클라우드를 적용하여 경영 활동에서 IT의 부담을 덜고, 기업의 핵심 사업에 집중할 수 있다. 더 나아가 클라우드를 기반으로 4차 산업혁명의 주요 분야인 빅데이터, 사물인터넷, 인공지능, 핀테크 등으로 사업 범위를 확대할 수 있다.

❙ 그림 2.5 ❙ 다양한 클라우드 표준 및 오픈소스 관련 기관들

CHAPTER

3

1G부터 4G까지

이동통신서비스란 가입자가 단말기를 휴대하고 이동하면서 언제 어디서나 원하는 상대와 정보를 주고받을 수 있는 서비스를 의미한다. 본격적인 이동통신은 아날로그 방식인 AMPS(Advanced Mobile Phone System)에서 출발하였고 1세대 이동통신으로 불린다. 그리고 2세대, 3세대, 4세대로 계속 진화하게 된다. 지난 장까지는 5G 이동통신 네트워크로 진화하는 큰 흐름과 그 기저에 해당하는 클라우드에 대해 알아보았고, 본 장에서는 이동통신의 각 세대별 진화 과정을 살펴보고 4G LTE의 근간이 되는 몇 가지 핵심 기술들을 알아보자. 등산으로 비유하면, 마치 5G라는 산의 정상으로 가기 위해 1G에서 4G를 살펴보면서 등산을 시작하는 것과 같다. 이를 통해 5G 이동통신으로의 진화를 이해하기 위한 배경지식을 갖출 수 있게 된다. 참고로 뒤의 5장에서는 이 등산의 베이스캠프에 해당하는 NFV에 대해 살펴보겠다.

3.1 이동통신 기술의 진화 과정

1G에서 4G까지의 이동통신 진화 과정을 살펴보기 전, 각 세대별 진화 과정에 존재하는 3가지 변화 프레임에 대한 인지가 필요하다.

먼저 스펙트럼이다. 어떤 세대에 어떤 주파수가 사용되었는지에 변화가 있어 왔다. 초기에는 적은 대역폭으로도 서비스에 별 무리가 없었지만 4G부터는 더 많은 데이터를 전송하기 위해 많은 스펙트럼을 확보하기 위한 통신사들의 노력이 매우 치열해 졌다고 할 수 있다. 그리고 그 노력은 계속 진행 중이다.

두 번째 프레임은 각 세대별 기술이다. 이것은 어떠한 무선 다중접속 방식, 무슨 압축, 코딩 기술 등을 사용했냐는 것이다.

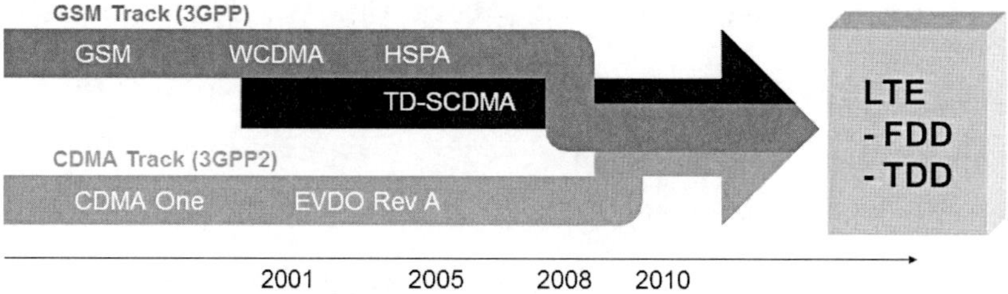

| 그림 3.1 | 3GPP와 3GPP2 트랙

세 번째 프레임은 서비스에 대한 것이다. 어떤 세대에 어떤 서비스가 나왔고, 그것은 무슨 가치를 갖고 있는지에 대해서도 봐야 할 것이다.

여기서 무선 다중접속 방식은 각 세대별로 고유의 특색을 갖고 있다. 무선 다중접속방식은 통신을 하고자 하는 여러 명의 사용자들이 하나의 전송 매체를 이용하여 통화할 때, 다른 사용자에게는 간섭을 주지 않고 자신의 정보를 원하는 상대방에게 전달하는 기술이다. 무선 다중접속 방식에 대해 먼저 세대별로 확인해 보면, 1세대에는 FDMA(Frequency Division Multiple Access) 주파수 분할 다중접속 방식의 아날로그 기술이 적용되었다. 이 때는 음성 전송에서는 주파수 변조(Frequency Modulation), 신호 전송에는 주파수 편이 변조(Phase Shift Keying) 방식이 이용되었다. FDMA는 제한된 주파수 대역을 일정한 크기의 채널로 나누어 각각의 사용자들에게 서로 다른 채널을 할당하여 사용자는 자신의 채널을 통해 통화하는 방식이라고 할 수 있다.

2세대는 TDMA(Time Division Multiple Access) 시분할 다중접속 방식으로 시작되었다. TDMA는 하나의 주파수 대역을 여러 개의 시간 영역으로 나누어 각 사용자가 순차적으로 자신에게 할당된 시간 영역에 자신의 신호를 실어 보내고, 수신 측에서는 자신의 시간 영역에 있는 정보만을 골라내어 복구하는 방식이다.

그런데 우리나라는 1996년에 세계 최초로 CDMA(Code Division Multiple Access)기술 상용화를 이룩하는 쾌거를 달성하면서 2G에 새롭고 중요한 진화의 축을 만들게 된다. 이 CDMA는 코드 분할 다중접속 방식이라고 하며, 여러 사용자가 시간과 주파수를 공유하면서 각 사용자에게 서로 다른 코드를 할당하며 신호를 대역확산하여 전송하고, 수신측에서는 대역확산된 신호 중에서 송신측에서 사용한 것과 동일한 코드를 사용하여 자신이 원하는 정보만을 선택하고 수신하는 방식이다. 이후 3세대에서는 기존 CDMA 트랙이 계속 진화되지만 별도로 WCDMA 트랙이 진화를 하게 되어 무선접속 방식은 CDMA/WCDMA 기반으로 가게 된다.

그 다음에 드디어 4세대 이동통신의 OFDM 기술이 등장한다.

여기서 FDMA, TDMA, CDMA 그리고 4G에 적용되는 OFDMA를 쉽게 비교해 볼 수 있는 비유가 있다.

어느 결혼정보 업체에서 단체 소개팅 행사를 진행한다고 가정하자. 수많은 남녀쌍이 참가하는데, 이 업체에서는 넓은 전시장을 하루 대여하여 이곳에 남녀1쌍씩 조용히 대화할 수 있는 환경을 만들어야 한다. 이럴 경우, FDMA 방식을 적용한다면 각 남녀1쌍이 들어갈 수 있는 작은 방을 만들어 주게 되는데, 옆방의 커플에게 자신들의 대화 소리가 들려서는 안 되며, 또한 옆방의 커플의 대화 소리도 들리지 않는 환경을 만들어 주어야 한다. 그렇게 하기 위해 전시장에 파티션을 쳐 놓는데, 옆방에 소리가 안 들리게 하기 위해 각 방의 벽들을 두껍게 할 것이다. 하지만 이렇게 되면 한정된 전시장 공간에 두꺼운 벽들을 많이 설치해야 하므로 실제로 활용할 수 있는 공간은 많지 않으며, 많은 커플들을 위한 충분한 방들을 만들기 어렵게 된다. FDMA 방식에서는 한정된 주파수 스펙트럼 안에 마치 여러 커플들을 위한 고유한 공간을 확보해 주는 것처럼 작은 주파수 대역을 할당해 준다. 하지만 각 주파수 대역별 분리를 위한 공간을 확보해 주어야 하기 때문에 스펙트럼 활용률이 높지 않다.

그러면 이 경우 TDMA 방식을 적용하면 어떻게 될까? TDMA 방식은 앞에서 언급한 바와 같이 하나의 주파수 대역을 여러 개의 시간 영역으로 나누어 각 사용자가 순차적으로 자신에게 할당된 시간 영역에 자신의 신호를 실어 보내게 되는데, 이는 마치 위의 많은 남녀쌍들이 한 장소에 빙 둘러 앉아 일정 시간씩 커플별로 할당해 주어, 한 커플이 대화하는 동안은 다른 커플들이 모두 귀를 막고 듣지 않으며, 방금 대화하던 커플에게 할당된 시간이 종료되면 그 커플은 대화를 멈추고 다음 커플에게 대화할 시간을 주는 방식으로 해서 모든 커플들이 돌아가며 할당된 시간만큼만 대화를 하는 방식이 되겠다.

그러면 CDMA 방식은? 각 사용자에게 서로 다른 코드를 할당하여 준다고 했으니, 각 커플들에게 서로 다른 언어로 대화하게 하는 것에 비유할 수 있다. 즉 첫 번째 커플은 영어로, 두 번째 커플은 중국어로, 세 번째 커플은 프랑스어로 대화한다. 이런 식으로 한다면 동시에 모든 커플들이 대화하면서 자기들만이 알아들을 수 있는 언어를 사용하게 되어 다른 커플과 대화가 섞이지 않게 되는 방식이라고 할 수 있다.

이번에는 우리나라의 이동통신 진화는 어떻게 진행되어 왔는지 살펴보자. 그 기원으로 거슬러 올라가면, SK텔레콤(舊 한국이동통신)이 1984년에 차량전화 서비스를 시작하였고 1988년에 1세대 휴대폰 서비스를 시작하였었다. 그때가 마침 88서울올림픽 직전이었으므로 국제적인 스포츠 행사에 즈음하여 우리나라 이동통신 서비스가 본격적으로 개화하게 되었다고 할 수 있다. 1세대에는 셀룰러 개념이 적용되고 AMPS 시스템이 도입된 것을 특징으로 삼을 수 있다. 그리고 음성위주 서비스를 아날로그 방식으로 제공하였다.

2세대에서는 비동기식으로 불리는 GSM/3GPP 계열의 GSM(Global

System for Mobile communications), GPRS, EDGE 등과 동기식인 TDMA, IS-95가 있다. 이때는 디지털 이동통신이라고 불리며 기본적인 음성통화 외에 저속의 데이터 전송도 가능했었다. 이 당시 무선 접속 기술로는 TDMA와 CDMA가 공존했다. GSM의 경우 TDMA 기반이었고 해당 방식이 대세로 가는 듯 했는데, 우리나라(한국전자통신연구원과 舊 한국이동통신, LG, 삼성 등의 기업 주도)가 1996년에 세계 최초로 CDMA 이동통신 시스템에 상용화하는 쾌거를 이루며 CDMA 방식이 급물살을 타게 된다. 이로 인해 디지털 이동통신 네트워크 기술을 활용함으로써 통화품질을 획기적으로 개선하고 통화권역이 대폭 확장되었다. 아울러 SMS(Short Message Service) 및 MMS(Multimedia Message Service) 등 패킷 데이터 서비스 등 신규 무선 서비스의 출현을 촉발시켰다. 당시 통신사업자는 SK텔레콤, 신세기통신 외에 PCS 3사(한통프리텔 / LG텔레콤 / 한솔엠닷컴)가 새로이 합류하여 CDMA 서비스가 더욱 확대될 수 있었다.

그 뒤 3세대 이동통신으로 가는 과도기에 2.5세대 이동통신이 등장한다. 2.5G는 3G로 가기 위한 과도기적 단계로서 2G를 개선하여 서비스를 3세대에 가깝게 고도화시킨 방식이다.

2.5G에서는 서킷 스위칭(Circuit Switching) 도메인 외에도 패킷 스위칭 도메인을 구현하였다. 즉, 비동기 트랙의 GSM 트랙에서는 먼저 GPRS (General Packet Radio Service)가 나왔고, 동기식 트랙에는 CDMA2000 네트워크가 등장하게 되었다. 기존 2G 시스템과의 큰 차이점은 패킷 데이터 사용이 중심이라는 것이다. 이때까지 서킷 스위칭, 즉 주어진 사용자에 대해 완전한 회로가 스위칭되는 방식으로 모든 회로가 주어진 사용자에게 할당되었다. 이는 채널이 일정 시간 동안만 데이터를 전송할 때는 비효율적이다. 그런데 패킷 교환 접근 방식은 송신기에서 수신기로 데이터의 개별 패킷을 라우팅하여 동일한 회로를 여러 사용자가 사용할 수 있도록 했

다. 이를 통해 회선을 보다 효율적으로 사용할 수 있었고 전송된 데이터에 따라 요금을 부과할 수 있게 되었다.

3세대 이동통신에서는 동기 진영은 EvDO(Evolved 데이터 Only), EvDO Revision A, EvDO Revision B으로 진화하였고 하향 링크 3.2 Mbps, 상향 링크 1.8 Mbps까지의 성능으로 국내에서 상용 서비스가 제공되었었다(실질적으로 국내에서는 EvDO Revision A까지 상용 서비스가 되었다). 비동기 진영은 3세대에서 WCDMA로 시작, 하향링크 성능을 향상시킨 HSDPA(High Speed Downlink Packet Access), 상향링크 성능을 향상시킨 HSUPA(High Speed Uplink Packet Access) 등이 도입되었고 3GPP 릴리즈 7에서 HSPA+가 나오게 되었다. 그리고 현재도 여전히 진화를 계속하고 있다. 3세대 이동통신에서의 또 하나의 특징으로는 휴대폰이 더 이상 단순히 전화기가 아닌 멀티미디어 기기로 자리 매김을 하게 된다.

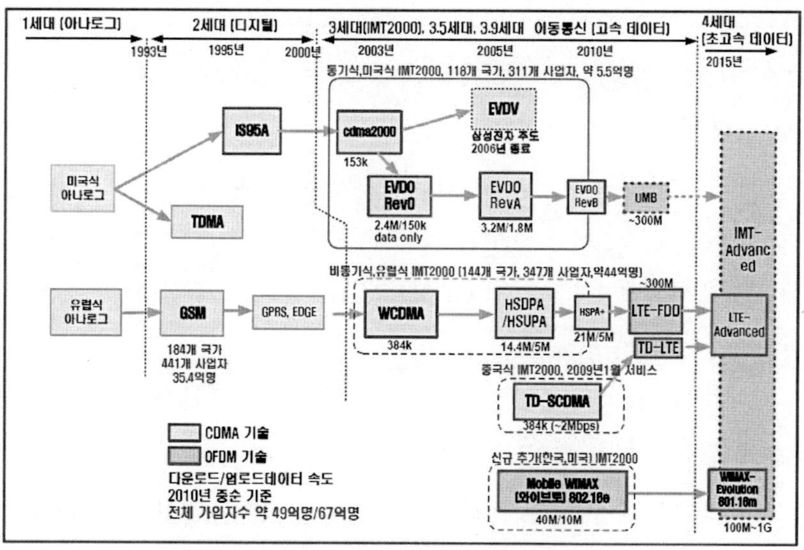

▌그림 3.2▐ 이동통신의 진화(출처 : 4G 이동통신 시스템 세미나, 이상근 교수)

어느 CEO가 얘기한대로 휴대폰은 '내 손안의 작은 세상'이 되었던 것이다. 즉 휴대폰이 무선인터넷 기능을 지원하면서 다양한 서비스의 장이 열리게 되었다.

한편 또 다른 트랙으로는 우리나라가 개발한 Wibro(Wireless Broadband) 기술이 있는데 ITU에서 차세대 이동통신 표준기술로 채택되었다. 그리고 중국에서는 TD-SCDMA(Time Division-Synchronous CDMA)를 개발하여 ITU의 차세대 이동통신 기술로 채택되었었다.

그런데 이 모든 트랙이 4세대에서는 LTE로 통합된다. 엄밀히 말하면 LTE의 시작은 3GPP 릴리즈 8부터이며 당시 3.9세대 이동통신에 해당되었다. LTE는 Long Term Evolution이라는 용어대로 장기간에 걸쳐 진화한다는 의미를 갖고 있었다. 그런데 4세대 기술인 LTE-Advanced가 빨리 나오면서 한때는 장기간 진화가 아니라 단기간에 나올게 다 나온 것처럼 보였었고 그래서 STE(Short Term Evolution)가 아니냐는 얘기도 있었다. 하지만 LTE는 현재도 계속 진화를 계속하고 있고 5G 이동통신 시대에서 NR이라 불리는 New Radio Access 기술과 공존하여 갈 것이다. 4세대 통신의 주요 기술을 정리해 보면 직교 주파수 다중 분할(OFDM), 다중 입출력(MIMO) 등을 들 수 있다.

LTE의 진화는 크게 3단계로 나누어 생각해 볼 수 있다. 먼저 3GPP 릴리즈 8 및 9의 시기이다. 이때는 엄밀하게 말하면 4G LTE가 아니고, 3.9G에 해당하는 시기였다. 하지만 OFDM, MIMO 등 주요 핵심 기술들이 모두 등장하였다.

그 후, 3GPP 릴리즈 10,11,12의 LTE-Advanced에 해당하는 시기에는 대표적인 기술로 CA(Carrier Aggregation) 및 CoMP(Coordinate Multi Point) 기술을 들 수 있다. 진정한 4세대 이동통신의 시작이라 할 수 있다.

그리고 현재는 LTE-Advanced Pro의 시기로 3GPP 릴리즈 13 및 14

에 해당하며 주요 기술로는 빔포밍, 다중 CA, D2D(Device to Device), LAA(License Assisted Access), LWA(LTE-WLAN Aggregation) 등을 들 수 있다. 여기서 D2D 단말간 직접 통신을 하거나 한 대의 단말을 기반으로 하여 셀 가장자리에 있는 다른 단말을 중개하게 된다.

그리고 아래 그림과 같이 5G는 3GPP 릴리즈 15부터 본격적으로 논의 및 표준 확립이 이루어졌다.

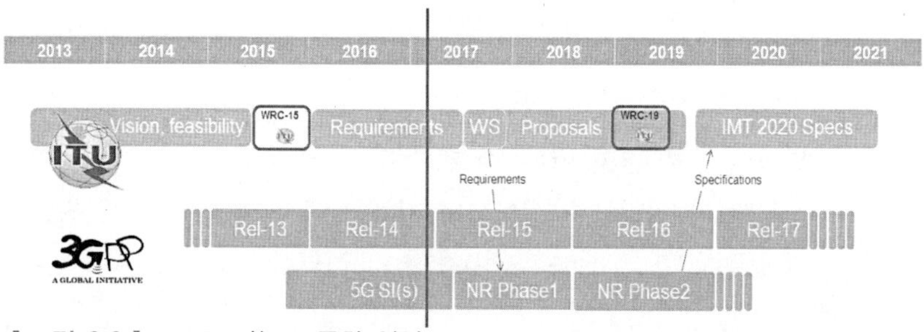

| 그림 3.3 | 5G로 가는 표준화 일정

3.2 5G를 이해하기 위한 4G LTE 주요 기술

그럼 LTE의 주요 특징 및 기술 중 5G로 가기 전에 꼭 알아두어야 할 사항은 무엇이 있을까? LTE 무선접속 기술은 하향링크는 OFDM, 상향링크는 SC-FDMA를 사용한다. 이동통신은 유선통신 대비 반사파라는 문제가 존재한다. 직진파만 있다면 이동통신 기술이 훨씬 간단하겠지만 이 반사파가 실제 이동통신 전파의 대부분을 차지하게 된다. 그런데 데이터가 4G, 5G로 갈수록 더욱 고속화되기 때문에 반사파에 의한 인접 심볼간 간섭이 더욱 늘어나게 되어 데이터 고속화를 가로막게 된다. 예를 들면 수신단에서 볼 때 앞뒤 심볼이 겹쳐서 어떤 값인지 분별이 어렵게 되는 것이다. 수신단에서는 이렇게 고속으로 들어오는 데이터를 처리하기 어렵기 때문에 송신단에서는 저속의 병렬 데이터로 전송하여 반사파 문제를 해결하려고 하는 것이다. 그래서 이러한 반사파로 인한 간섭을 줄이기 위해 반사파에 강한 OFDM 기술이 4G LTE의 무선접속 기술로 도입된 것이다.

그러나 아무리 저속의 병렬 전송으로 한다고 해도 반사파로부터 100% 자유로워지는 것은 아니다. 그래서 병렬 전송되는 저속의 데이터 중 일정 시간 구간의 값들은 일괄적으로 무시한다. 이 일정 시간을 Tcp 혹은 Guard Interval이라고 한다(CP는 Cyclic Prefix의 약어이다).

한편 주파수 관점에서는 인접 부반송파 간 간섭이 존재할 수 있는데 OFDM의 직교성이 이러한 간섭이 생기지 않도록 해준다. 여기서 직교의 의미는 데이트를 채가는 샘플링 포인트에서 자신 이외의 다른 부반송파의 크기는 zero여서 서로 영향을 주지 않는 것을 의미한다. 즉 아래 그림에서 보듯이 하나의 부반송파의 피크 부분에 데이터가 실리게 되는데, 이 부분만 인접 부반송파의 영향을 받지 않도록 하면 된다. 나머지 부분에서 인접 부반송파와 연관 상태를 보면 하나의 부반송파가 피크에 해당하면 인접 부반송파는 zero에 해당하게 된다. 이 특성을 이용하여 부반송파 간 간격을

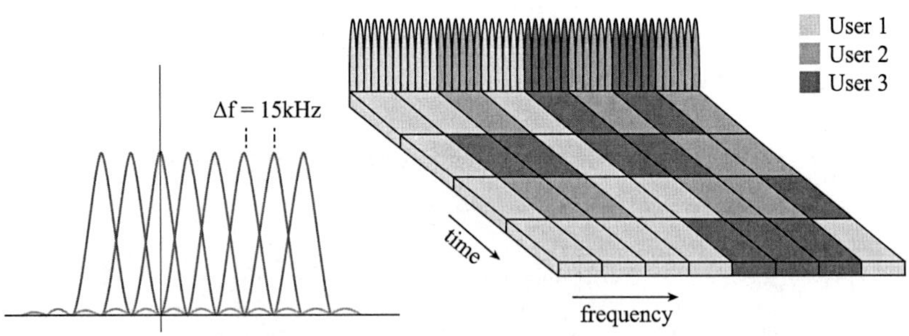

▌그림 3.4▐ LTE의 15 kHz 부반송파 및 스케줄링 방식

줄이고 스펙트럼의 활용도를 많이 높일 수 있으며, 부반송파 간 간섭 문제를 해결할 수 있게 된다. OFDMA은 FDMA과 유사한 경우로 앞에서 언급한 결혼 정보 업체 단체 소개팅 행사의 비유를 굳이 연장한다면, 넓은 전시장에 각 커플들을 위한 파티셔닝을 하는 것은 동일한데, 그 벽의 두께가 거의 zero에 가까운 상태라고 비유할 수 있다. 이렇게 되면 기존 FDMA에서 두꺼운 벽으로 파티셔닝함으로써 비효율성이 제거되는 것인데, 주어진 대역폭을 매우 효율적으로 사용하여 가입자 용량을 늘릴 수 있게 되는 이치라 할 수 있다.

LTE의 두 번째 핵심 기술은 진보된 안테나 솔루션(Advanced antenna solution)이다. 사실 LTE만의 솔루션이라고 할 수는 없지만, 가입자 용량을 늘리거나 통신의 신뢰성을 확보하기 위해 LTE에서 중요한 기술이다.

1. **다이버시티** : 전송 모드(transmission mode) 2에 해당하며 무선 구간에서 이중화되나 경로에 동일한 데이터를 싣는 방식이다. 이를 통해 한쪽 경로가 잡음이나 간섭 등의 영향으로 열화되더라도 다른 경로가 존재하여 기본 품질을 보장해 준다. 향후 5G 이동통신에서는 고신뢰성(Ultra Reliable) 서비스를 위한 요소 기술로도 적용될 것이다.
2. **빔포밍** : 다중 안테나의 한 방식으로 안테나의 빔이 해당 단말에만 국한하여 비추도록 하는 기술이다. 스마트 안테나(smart antenna)는 효율성을 높이기 위해 다수의 안테나를 이용해 구현될 수 있다. 5G 이동통신에서는 밀리미터파의 취약성을 극복하기 위한 기술로서도 사용될 것이다.
3. **다중 레이어 전송(MIMO)** : Multiple Input Multiple Output(MIMO)는 송수신 단에서 다수의 안테나를 사용하여 각 안테나에서 별도의 데이터를 전송하므로 대역폭의 증가 없이 전송 속도를 높일 수 있는

유용한 기술이다. 그리고 3GPP LTE/LTE-Advanced와 IEEE 802.16m 양측 표준에서 MIMO가 핵심 기술로 적용되고 있다. MIMO는 시스템 최대 전송 속도를 향상시킬 수 있는 주요한 기술이다. 향후 5G 이동통신 네트워크에도 적용되어 성능향상을 구현하는데 핵심적인 역할을 계속해 갈 것이다.

LTE의 세 번째 핵심 기술은 스펙트럼의 유연성(Spectrum flexibility)을 들 수 있다. 다음과 같이 두 가지 특징이 있다.

1. **유연한 대역폭과 기존 사용 및 새로운 밴드** : LTE에서는 대역폭 사용에 옵션을 두어 1.4 MHz, 3 MHz, 5 MHz, 10 MHz, 15 MHz, 20 MHz 이렇게 6가지 대역폭을 선택하여 사용할 수 있다. 하지만 갈수록 데이터 용량을 늘리는 추세여서 통신 사업자들은 스펙트럼만 허락된다면 많은 대역폭을 사용하려고 하고, 덧붙여서 주파수 결합 기법, 즉 캐리어 에그리게이션(Carrier Aggregation)을 통해 20 MHz 대역폭을 5개까지 묶어 초고속 데이터 통신을 가능하게 한다. 그리고 LTE는 많은 주파수 리소스를 필요로 하기 때문에 기존 주파수 대역 이외에 새로운 주파수 대역을 정의하고, 각 주파수 대역간 캐리어 에그리게이션(Carrier Aggregation)의 옵션도 늘리고 있다.
2. **Duplex flexibility** : FDD와 TDD 방식 두 가지가 존재한다. FDD는 Frequency Division Duplex의 약자로서 하나의 전송 매체에서 주파수를 분할하여 순방향과 역방향 통신 채널을 구분하는 접속 방식이다. 예를 들어 어느 통신 사업자가 20 MHz 대역폭의 LTE 서비스를 한다고 하면 실제로 이에 필요한 총 대역폭은 하향링크 20 MHz, 상향링크 20 MHz가 따로 필요한 것이다. 그리고 TDD 방식은 Time Division Duplex로서 송신과 수신을 위해 시간 간격을 분할하는 것

에 의해 작동하는 방식이다. 송수신 모두 같은 주파수 대역을 사용하지만 대신 시간적으로는 분리되어 하향링크 데이터가 전송되는 동안은 상향링크 데이터 전송은 대기 상태가 되고 그 반대의 경우도 마찬가지이다.

그 다음 스케줄링에 대해 살펴본다. 스케줄링은 한정된 리소스를 셀 내의 여러 사용자가 동시에 사용할 수 있도록 할당하는 것을 뜻한다. 다시 말하면 특정 순간에 누구에게 얼마만큼의 리소스를 할당해 주느냐를 결정하는 것이다. 스케줄링 알고리즘이 얼마나 우수한 가에 따라서 전체 시스템의 성능이 좌우되며, 대부분의 통신 시스템의 셀 용량 및 섹터 용량은 기지국 스케줄링 알고리즘에 따라 크게 좌우된다고 하여도 과언이 아니다. 이러한 스케줄링은 시간 영역과 주파수 영역 2가지로 나누어 분류할 수 있다.

➤ 시간 영역에 따른 스케줄링 분류

1. Round-robin : 라운드 로빈 방식은 카드 게임을 할 때 카드 패를 돌리듯이, 셀 내의 여러 사용자에게 스케줄링 리소스를 나누어 주는 방식이다. 다중처리에서 테스크(task)의 실행 순서를 사이클릭(cyclic)으로 실행하는 방법 등에 사용되며. 예를 들면 A, B, C의 3명의 사용자가 있을 경우에는 A → B → C → A → B → C → A → 와 같은 순서로 리소스를 할당한다. 이 방식으로는 사용자의 무선 환경이 좋든 나쁘든 고려하지 않고 똑같이 리소스를 할당해 주게 된다.
2. Max C/I : 스케줄링 단위 시간마다 가장 무선 환경이 좋은 사용자에게 스케줄링 리소스를 할당하는 방식으로 무선 환경이 좋은 사용자가 스케줄링 리소스를 가장 많이 받게 되는 방식이다. 이렇게 되면 왠지 빈익빈 부익부 방식인 것 같은데, 네트워크 입장에서는 시스템 용량

활용도를 최대로 증가시킬 수 있는 방법이라고 할 수 있다.

3. Proportional fair : 스케줄링에 있어서 가입자 간 평등을 추구하는 방식이라고 볼 수 있다. 방금 전까지 리소스를 많이 받은 사용자는 그 다음 스케줄링 구간에서는 덜 받고, 반대의 경우에 해당하는 사용자는 좀 더 많이 받는 방식이라고 할 수 있다.

➤ 주파수 영역에 따른 스케줄링 분류

1. Consecutive : 사용자 별로 인접한 부반송파들을 붙여서 할당해 주는 방식이다.
2. Random : Consecutive 방식의 경우 사용자 별로 할당받는 리소스의 부반송파 주파수가 한 곳에 몰리게 되는데 이런 경우 특정 주파수 대역이 노이즈나 인접 셀의 간섭 영향을 받게 되면 서비스 품질이 많이 저하된다. 이러한 리스크를 감소하기 위해 부반송파를 랜덤하게 분산시키는 방식을 적용하기도 한다.
3. Measurement based : 가장 스마트한 방식이라고 할 수 있다. 각 부반송파별로 품질을 측정하여 나쁜 주파수 대역은 스케줄링을 하지 않는 방식이다. 언뜻 보기에는 리소스가 낭비될 것으로 보이지만, 전체적인 성능이 잘 나오는 방식이기도 하다.

그러면 LTE에서 최대 데이터 전송 속도는 어떻게 계산될까? 계속 보도되는 언론 기사를 보면 LTE 서비스의 데이터 전송 속도가 증가하는 것을 알 수 있다. 어떻게 하여 그렇게 높은 속도로 계속 증가할 수 있을까? 그 요인으로는 해당 통신 사업자가 보유하고 있는 주파수 스펙트럼의 크기, MIMO 레이어 개수 및 변조(Modulation) 방식을 들 수 있다.

예를 들어, 20 MHz 대역폭, 4x4 MIMO, 변조방식(modulation)은 64

QAM으로 할 경우, 최대 데이터 전송 속도가 얼마 나오는지를 계산해 보도록 하자. 이 방식을 레퍼런스로 삼으면 향후 데이터 전송 속도가 어떻게 증가할지도 알 수 있게 된다. 그러면 데이터 전송속도의 기준은 무엇인가? 몇 Mbps가 나온다는 의미는 바로 bps, 즉 bit per second로 1초당 몇 비트를 전송할 수 있냐는 것이다. 똑같이 정해진 시간에 많은 양의 데이터를 보낼 수 있으면 고속 데이터 통신이 되는 것이다. LTE에서의 전송 속도를 구하는 것도 1초당 몇 비트가 전송되는지를 계산하는 것이다.

1) 먼저 LTE에서의 최소 스케줄링 단위인 1.0 ms에 subframe 14 OFDM symbol이 있다. 하나의 심볼에 64QAM로 변조하게 되면 6 비트가 전송되는 것이다. 그런데 14개의 OFDM 심볼이 있으므로 결과적으로 1 ms당 6×14 = 84 비트가 전송된다.
2) 그런데 앞에서 언급한대로 1초당 몇 비트인지를 구하는 것이므로 1 ms에 1000배를 해주어야 한다. 즉 84 bits/1.0 ms = 84 kbps가 된다. 시간 영역은 이렇게 계산하고, 그 다음 주파수 영역을 고려해야 한다.
3) 하나의 스케줄링 블록에는 12개의 부반송파가 존재하므로 이 84 kbps에 12를 곱해주어야 하나의 스케줄링 블록으로 1초 동안 전송할 수 있는 비트수가 나온다.
   12×84 kbps = 1.008 Mbps
4) 그 다음에는 20 MHz 대역폭을 고려한다. 한 개의 스케줄링 블록에는 15 kHz짜리 subcarrier가 12개 존재한다. 따라서 180 kHz의 대역을 점유하게 되며, 20 MHz가 전체 대역이면, 스케줄링 블록은 20 MHz/180 kHz가 될 것이다. 그런데 실제로는 20 MHz 전체 대역에서 상위/하위 1MHz는 사용하지 않는다. 인접 대역에 불요파 성분이 되기 때문에 어쩔 수 없이 아까운 주파수 리소스를 일부 포기하게 된 것이

다. 그래서 총 18 MHz 대역을 실제로 사용하게 되고, 앞에서 구하려고 했던 스케줄링 블록의 개수는 18 MHz/180 kHz로 해서 총 100개의 스케줄링 블록이 존재하게 되는 것이다.

그러면 100×1.008 Mbps = 100.8 Mbps으로 안테나 하나당 대략 100 Mbps의 성능이 나오게 된다.

5) 이번에는 MIMO를 고려해 보자. 우리가 구하려는 것은 4×4 MIMO의 경우이므로, 이론적으로는 4배가 되어야 하니까 4×4 MIMO에서 403.2 Mbps가 나오게 되는 것이다.

하지만 여기서 빼야 할 요소들이 여럿 있다. 먼저 레퍼런스 시그널로 사용되는 리소스 엘리먼트(Resource Element)는 제외한다. 특히 MIMO의 경우 다른 레이어(layer)에서 사용 중인 레퍼런스 시그널의 위치(즉 시간과 주파수가 동일한 리소스 엘리먼트(resource element)는 스케줄링 리소스로 사용이 불가하므로 아래 그림과 같이 스케줄링에서 배제한다.

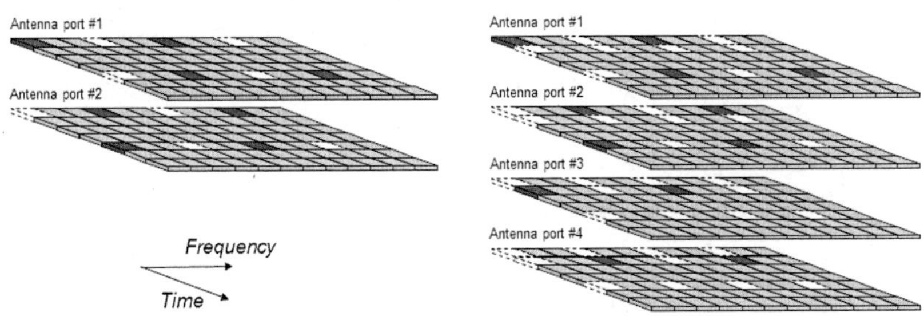

| 그림 3.5 | 다중 안테나로 사용불가한 리소스 엘리먼트의 증가

그리고 제어 채널 리소스로 사용하는 심볼들은 실제 유저 데이터가 실리는 영역이 아니므로 배제하여야 한다. 덧붙여서 고려해야 할 사항이 코

드 부호율(code rate)로 빠지는 부분, 그리고 PSS, SSS, PBCH, PCFICH PHICH 등으로 걸리는 오버헤드 등이 있다. 이렇게 해서 실제 유저 데이터 전송속도는 대략 300 Mbps 정도 나오게 된다.

동일하게 20 MHz 대역폭으로 상향링크의 경우를 고려하면, 3GPP 릴리즈 8의 경우 싱글 안테나(single antenna)만 정의되어 있어서, 단말 카테고리(category) 지원 시 300 Mbps의 1/4인 75 Mbps로 다운된다. 여기에 변조방식(modulation)이 16QAM만 지원된다고 하면 하나의 심볼에 6비트가 아닌 4비트 전송이 되므로 75 Mbps의 66% 정도 수준이 되어 50 Mbps 전송이 가능했다.

지금까지 살펴본 내용을 하나의 레퍼런스로 삼고, 향후 캐리어 에그리게이션(carrier aggregation)으로 대역폭이 증가하는 점, MIMO 발전으로 안테나 개수가 증가하는 점, 변조방식(modulation)이 64QAM에서 256QAM으로 올라가는 점들을 고려하면서 데이터 전송 속도가 얼마나 증가하게 되는지 알 수 있다. 예를 들면 위의 다운링크 최대 전송 속도 300 Mbps에서 캐리어 에그리게이션으로 20 MHz 대역폭 5개를 묶게 되면 전송 속도는 5배가 된다. 즉 1.5 Gbps가 되는 것이다. 그리고 8×8 MIMO가 지원되면 4×4 MIMO 대비 2배로 늘어나 3Gbps가 된다. 변조방식(Modulation)의 향상으로 256 QAM이 지원되면 8 bit/6 bit = 1.33이 되어 33%의 성능향상도 고려할 수 있게 된다. 그러나 실질적으로 캐리어 에그리게이션의 경우 스펙트럼 부족으로 20 MHz짜리 대역폭 5개를 확보하는 것이 당장은 어렵기 때문에 확보 가능한 스펙트럼의 범위 내에서 최대한 성능을 향상시키려고 하는 것이다.

지연 시간(Latency)

LTE에서는 고속 데이터 전송의 향상 뿐만 아니라 Latency(지연 시간)의 개선도 같이 고려하였다. 5G에서는 mission critical service를 위해 필요한 초고신뢰 저지연 통신(Ultra Reliable Low Latency) 조건이 매우 중요한데, 초창기 LTE에서 필요로 한 조건은 적어도 당시 3G 이동통신 네트워크에서 인터액티브(interactive) 온라인 게임을 하는데 지연 시간으로 인해 게임 서비스가 자연스럽지 못한 상황이 없게 하는 수준이라고 할 수 있었다. 상용망에서 단말에서 서비스 서버까지 end-to-end delay를 10 ms~20 ms 정도, 그리고 이동 중 핸드오버 시 단절 시간(interruption time)이 100 ms 이내에 들어오도록 하는 것이 대체적인 지연 수준이었다. 특히 3G 대비 네트워크 구조가 단순화되어(예를 들면 기존 RNC의 대부분의 기능을 eNode-B에 통합하여 노드 수를 줄임.) end-to-end 구간의 hop(홉)수가 줄어들고 TTI(Transmit Time Interval) 값이 줄어든 것도 전체 지연시간을 줄일 수 있는 요인이 되었다. 참고로 4G LTE에서 채널 셋업 시간은 Idle 상태에서 Active 상태로 가는데 100 ms 정도이다. 역시 노드수가 적고 메시지가 기존 3G보다 줄어들었으며, 노드의 반응시간도 더욱 짧아졌다.

3.3 4G LTE 이동통신 시스템

4G 이동통신 시스템을 end-to-end 관점에서 보기 위해 먼저 EPS (Evolved Packet System)에 대해 확인하기로 한다. EPS는 eUTRAN(Evolved UTRAN)과 EPC(Evolved Packet Core) 및 단말인 UE(User Equipment)를 합쳐서 부르는 용어이다. 그리고 EPC가 SAE(System Architecture Evolution)를 의미하고 eUTRAN은 LTE(Long Term Evolution)를 의미하는 것이다.

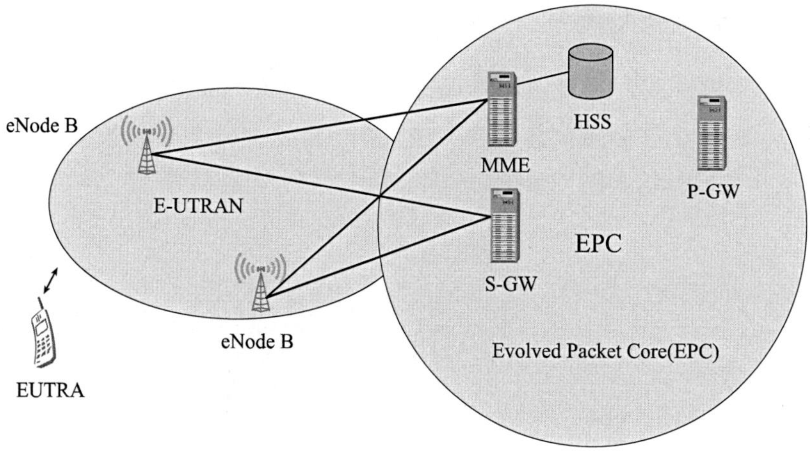

❙ 그림 3.6 ❙ EPS 아키텍처(출처 : LTE Architecture KANNAN M JTO(3G), Mariah Goodwin)

3.3.1 EPS(Evolved Packet System)

EPS는 EPC와 eUTRAN으로 구성되며, 각각의 기능은 다음과 같다.

(1) Evolved Packet Core(EPC)

EPC는 주로 아래와 같은 기능을 수행한다.

1. Access to external Networks(mobility anchor) : 이동통신 네트워크가 외부 서비스 서버를 비롯한 외부 네트워크와 접속할 수 있게 해준다.
2. Idle mode mobility management : 기존 3G의 RNC 기능 중 휴면모드(idle mode)의 이동성 관련 기능을 제외하고 모두 eNB로 내려가게 된다. Idle mode의 이동성 관리는 단말들이 휴면 모드일 때 트래킹 영역(tracking area)으로 관리하는 것을 의미한다.
3. Subscription handling : 가입자 인증 등의 관리를 수행한다.

4. QoS management : QoS(Quality of Service)를 관리한다. QoS는 네트워크상에서 일정 정도 이하의 지연 시간이나 데이터 손실률 등을 보장하는 것인데, 사전에 정의된 통신 서비스 수준을 뜻한다. 서비스별로, 혹은 가입자별로 차별화시킬 수 있다.

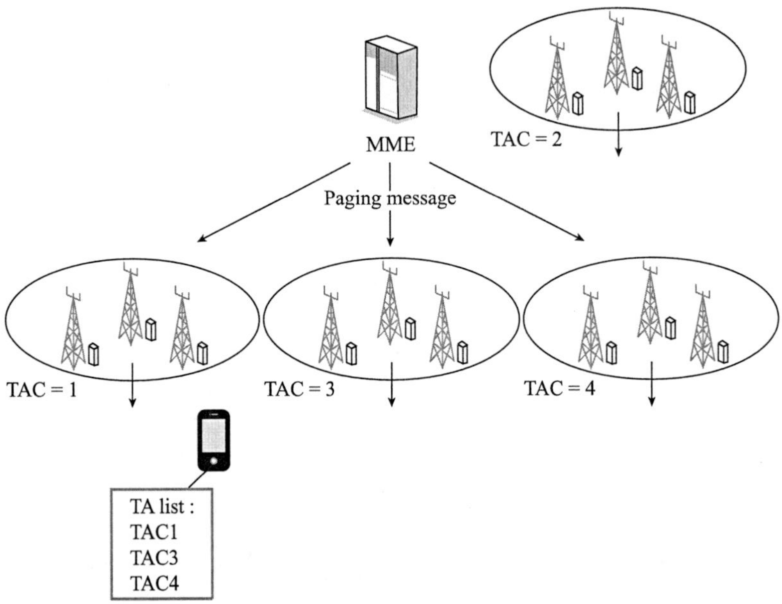

| 그림 3.7 | TA list 개념(출처 : FDD-FL-Tracking Area Planning, Budi Prasetyo)

EPC는 크게 MME, SGW, PGW, PCRF 및 HSS로 구성된다. 먼저 MME의 기능은 다음과 같다.

- UE attach/detach 관리
- NAS(Non-Access Stratum) 보안 : 인증, 권한 부여, 무결성 보호 및 암호화
- EPS 베어러(Bearer) 처리 : EPS 베어러 설정 및 제거

- Idle mode 이동성 관리
- 게이트웨어 선택
- 페이징(Paging)

SGW(Serving Gateway)의 기능은 다음과 같다.

- 이동성에 대한 local anchor 기능 : eNB와 SGW 서비스 영역 간에 해당한다.
- 네트워크 라우팅 관련 정보(유저 플레인 데이터를 PGW로 라우팅)
- 로밍 가입자에 대한 과금
- 합법적인 차단(Intercept)

PGW (PDN Gateway)의 기능은 다음과 같다.

- QoS Policy 컨트롤 및 집행 : 사용자 트래픽 흐름(flow)을 적절한 QoS 클래스와 연결하고, 사용자 또는 흐름(flow)이 사용자 가입 계약에 지정된 QoS 제한을 초과하지 못하도록 요금 정책을 실행한다.
- 패킷 필터링 : 외부 네트워크로 들어오고 나가는 IP 패킷을 필터링한다.
- 청구 : 특정 서비스에 적용되는 요금 정책에 따라 사용자에게 요금을 부과한다.
- IP PoP(Point of Presence)의 역할, 즉 사용자에게 IP 주소를 부여하고 사용자는 이 주소를 유지하게 된다.

HSS의 기능은 다음과 같다.

- UE 가입자 상세정보 관리
- UE 가입자 등록 관리
- UE 보안 관련 파라미터 보관

그밖에 PCRF는 운영자가 작성한 비즈니스 규칙들을 배포한다.

(2) eNB

그러면 이번에는 E-UTRAN인 LTE의 eNB가 하는 기능에는 무엇이 있는지 확인해 본다.

1. **무선 관련 기능** : eNB는 무선 관련된 기능들을 총괄한다.
2. **Broadcast 및 paging** : 셀에 새로 접속하려는 단말을 위해 계속 MIB(Master Information Block), SIB(System Information Block)와 같은 정보를 브로드캐스트 해준다. 또한 휴면 모드에 있는 단말에게 terminating call이 오거나 단말 애플리케이션의 푸시 알림 등이 오는 경우 깨워주는 paging 기능을 수행한다.
3. **Header compression, integrity protection 및 ciphering** : 상위에서 내려온 IP 패킷에 대해 PDCP 단에서 헤더 압축을 해준다. 그리고 integrity protection과 ciphering을 수행한다.
4. **Segmentation 및 Concatenation** : 상위 계층에서 내려온 데이터 패킷 크기는 항상 일정하게 무선 구간으로 전송되는 것이 아니라 무선 링크 상황 등에 맞게 크기가 항상 가변적이어야 하므로 송신 시 이 패킷들에 대한 분할(Segmentation)을 해주게 된다. 그리고 수신 시에는 분할되어 들어온 패킷들에 대해 반대로 연결(concatenation)을 진행한다. 아울러 멀티플렉싱과 채널 매핑(channel mapping)을 담당한다.
5. **스케줄링** : 앞에서 언급한 스케줄링도 eNB의 몫이다. 상향링크 스케줄링의 경우에도 단말이 스스로 스케줄링을 하는 것이 아니다. 단말이 eNB로 데이터를 전송하는 것은 맞지만, 스케줄링 주체는 eNB이

다. 단말이 어느 심볼의 어떤 부반송파(subcarrier)에 데이터를 실을 것인지, 어느 TTI에 어느 단말이 데이터를 보낼 것인지에 대한 리소스 할당은 eNB의 몫이다. 마치 큰 공항의 활주로에서 항공기가 이륙할 때 항공기가 임의로 아무 때나 아무 활주로로 이륙하는 것이 아니라 관제탑에서 항공기에게 어느 시간에 어느 활주로로 이륙하라고 지시를 해주는 것과 같은 이치이다. 물론 이 경우 항공기는 단말, 관제탑은 eNB로 비유할 수 있다.

6. **링크 적응(link adaptation)** : 단말과 eNB간 무선 구간에서는 앞에서 얘기한대로 다양한 반사파가 매우 높은 비중으로 존재하여 영향을 주는 것 이외에도, 인접 셀에서 오는 간섭의 영향, 해당 무선 구간에서의 잡음 등으로 채널 상태가 계속해서 변화하게 된다. 이러한 가운데 늘 동일한 패킷 사이즈로 스케줄링을 하면서 계속 동일한 전송속도로 데이터를 송수신 한다면 상당히 비효율적이게 된다. 예를 들어 무선 환경과 상관없이 무조건 큰 사이즈의 고속으로 데이터를 전송한다면 수신단에서는 나쁜 전파 환경으로 인해 깨진 패킷 때문에 계속 재전송을 요청하게 될 것이다. 반대로 무조건 작은 사이즈로 전송한다면 좋은 전파 환경에서 충분히 큰 사이즈로 빠른 속도로 전송할 수 있음에도 불구하고 작게 보내어 아깝게 리소스를 낭비하게 되는 것이다.
7. **랜덤 액세스** : 단말들이 eNB에 접속할 수 있도록 해주며, 타이밍이 틀어진 단말들에 대해서는 timing advance 명령을 통해 상향링크의 동기를 맞추어 주게 된다.
8. **Retransmission(재전송)** : MAC에서는 HARQ(Hybrid ARQ), RLC에서는 ARQ의 기능을 수행하여 손상된 패킷에 대한 재전송을 담당한다.

이와 같이 eNB는 물리계층 기능, MAC(Medium Access Control) 기능,

RLC 기능, PDCP 기능 등을 수행한다. 그리고 단말의 이동성을 지원하기 위한 핸드오버 조건(Event A3, Event A2, Event A5 등)을 단말에게 알려주고 환경설정을 시켜, 해당 단말이 Event 조건에 맞는 상황에 처할 경우 eNB로 measurement report를 올릴 수 있도록 한다. 또한 단말 이동시 Event 조건에 따라 핸드오버가 수행될 수 있도록 해준다.

그리고 eNB는 셀을 관리하고 MME pool을 지원한다. 아울러 컨트롤 플레인과 유저 플레인의 보안을 지원한다. 특히 여러 단말들이 유저 플레인으로 사용하는 공유 채널(Shared Channel)에 대한 기능을 수행하면서 한정된 시간축, 주파수축 리소스들을 여러 단말들이 적절히 나누어 사용할 수 있게 조정하는 역할도 수행한다.

3.3.2 LTE에서의 채널들

LTE의 채널은 기존 WCDMA에 비해 많이 간소화되었다. 각 레이어별 채널 간 매핑은 아래와 같다.

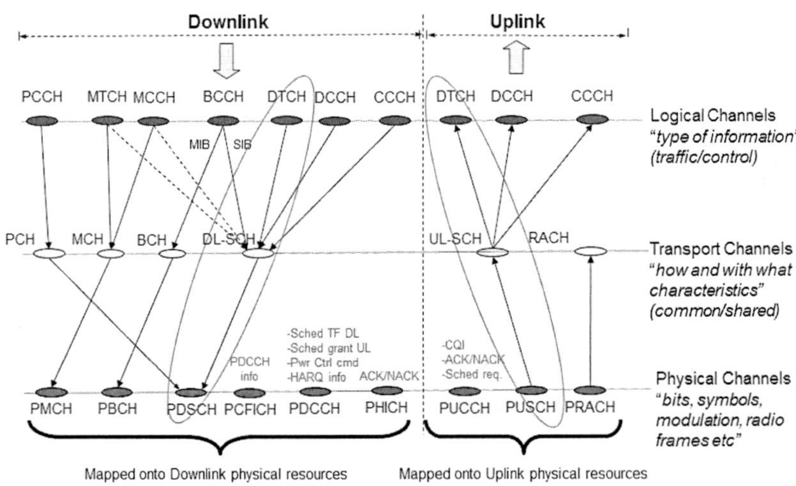

| 그림 3.8 | 논리채널, 전송채널, 그리고 물리채널

각 채널들의 역할을 물리 채널 중심으로 살펴보면 다음과 같다.

하향링크 물리채널에는 다음과 같이 PDSCH, PBCH, PMCH, PDCCH, PHICH 등으로 구성되어 있고, 그 외에 Physical Signal이 있다. 하향링크 물리 채널들을 살펴보자.

1. Physical Downlink Shared Channel(PDSCH) : 각 가입자들이 데이터 전송을 위해 공유하는 채널이다. 뿐만 아니라 휴면 모드(idle mode)에 있는 단말을 깨우는 페이징(paging)도 본 채널을 통해 이루어진다.
2. Physical Broadcast Channel(PBCH) : MIB(Master Information Block)와 같은 단말이 셀에 들어와 꼭 알아야 할 중요 정보를 전송한다.
3. Physical Multicast Channel(PMCH) : 셀 내에 있는 그룹 내 여러 단말들에 대해 멀티캐스트를 위한 채널이다. 그리고 Physical Control Format Indicator Channel(PCFICH)는 한 개의 스케줄링 블록의 14개 심볼 중 몇 개가 제어(control) 영역으로 쓰이는지를 알려주는 Control Format Indicator(CFI) 값을 전달해 준다.
4. Physical Downlink Control Channel(PDCCH) : 하향링크 Control Information(DCI)를 전송하는 역할을 한다. DCI는 해당 단말에 필요한 '어떤 리소스 블록에서 데이터를 전송하는 것'과 같은 자세한 정보를 전달하고 '데이터를 디코딩할 때 어떤 종류의 복조 체계를 사용해야 하는지' 등 몇 가지 추가 정보를 포함한다. 즉 사용자(수신자)가 먼저 DCI를 디코딩해야 하며, DCI에서 가져온 정보를 기반으로 실제 데이터를 디코딩할 수 있는 것이다. 만약 DCI가 없으면 수신한 데이터를 디코딩하는 것이 불가능하다.

하향링크 스케줄링 제어의 경우 DL-SCH / PDSCH 자원을 할당하고 DL-SCH 전송 포맷과 HARQ 관련 정보를 전송한다.

상향링크 스케줄링 관련하여 상향링크 스케줄링 그랜트를 내리고 UL- SCH PUSCH 자원을 할당하며 UL-SCH 전송 포맷 및 HARQ 관련 정보를 전달한다.

그밖에 전원 제어 명령을 통해 다수의 UE에 대한 Power control 명령의 공동 코딩(Joint Coding)을 수행한다.

하향링크 및 상향링크 스케줄링 제어/허가에 포함될 수도 있다

5. Physical Hybrid ARQ Indicator Channel(PHICH) : HARQ는 ARQ (Automatic Repeat Request)와 FEC(Forward Error Correction)의 조합인데, PHICH를 통해 eNB가 단말로부터 상향링크를 통해 받은 데이터에 대한 ACK/NACK 정보를 전송한다. 반대로 하향링크 데이터에 대한 ACK/NACK는 단말이 PUCCH나 PUSCH를 통해 eNB에 알려주게 된다.

한편 Downlink Physical Signal로는 레퍼런스 시그널과 Synchronization 시그널이 있다. 레퍼런스 시그널은 정확한 복조(coherent demodulation), 채널 품질 측정, 이동성 지원 등의 목적으로 쓰이게 된다.

Synchronization 시그널은 PSS(Primary Synchronization Signal)과 SSS(Secondary Synchronization Signal)이 있으며 PSS의 경우 5 ms 타이밍을 먼저 찾게 되고 subcell ID(0,1,2 중 하나)를 획득하게 된다. SSS를 통해서는 프레임 타이밍을 찾게 되고, 해당 셀의 physical cell ID group를 알게 된다(168개 중 1개). 이 physical cell ID group에 3을 곱하고 subcell ID를 더하여 PCI(Physical Cell ID) 값을 알 수 있다.

상향링크 물리채널은 하향링크에 비해 비교적 단순하다. Physical Uplink Shared Channel(PUSCH), Physical Uplink Control Channel

(PUCCH), Physical Random Access Channel(PRACH)으로 나뉘는데, PUCCH를 통해 상향링크 Control Information(UCI)이 eNB로 전송된다. 그리고 PUSCH를 통해 단말이 eNB로 보내려는 유저 플레인 데이터가 전송된다.

RACH(Random Access Channel)는 단말이 eNB로 랜덤 엑세스를 하기 위해 존재하며 특정 시간 - 주파수에 정의된 RACH 리소스로 RACH를 전송하게 되며, 주파수 영역에서 6개의 리소스 블록을 점유하게 된다. 그 외에 상향링크 Physical Signal로 하향링크와 마찬가지로 정확한 복조(demodulation)를 위한 DM-RS과 상향링크 channel-quality estimation 및 상향링크 timing estimation을 위한 Sounding 레퍼런스 시그널이 있다.

3.3.3 물리계층의 절차

이상으로 물리계층의 프로토콜에 대해 간략히 살펴보았다. 그럼 이번에는 물리계층의 절차에 대해 살펴보자.

물리 계층의 절차는 무엇이며 왜 필요할까? 물리 계층 절차는 무선 채널을 통해 데이터를 전송하기 전에 물리 계층에 의해 수행되는 절차이다. 이것은 시간 영역과 전력 영역은 물론 주파수 영역의 물리 계층 리소스를 제어하는 데 사용된다.

예를 들어 데이터를 전송하기 전에 수행해야 할 절차가 있으며, 일부 절차는 연결 중에도 사용되고 연결을 유지하게 된다. 그럼 단말이 처음에 전원이 켜지고 셀을 찾으며 호접속 및 실제로 데이터 패킷이 흐를 수 있게 될 때까지 물리계층에서는 어떤 절차가 진행되는지 확인해 보도록 한다.

먼저 UE의 전원이 켜지면 셀 검색 절차로서 LTE 셀과 지속적으로 동기화를 시도한다. 이것은 UE가 움직일 때 새로운 셀을 찾고 새로운 셀의 커버리지 영역에 들어가는 방법이기도 하다. 셀 검색 절차의 최종 결과는 하향링크 타이밍 획득 및 Physical Cell ID(PCI) 획득이다.

UE가 하향링크 타이밍을 획득하면, 셀에서 브로드캐스트 시스템 정보의 판독을 시작할 수 있다. 시스템 정보는 UE가 나머지 절차를 계속할 수 있도록 돕는 많은 파라미터를 포함한다. 만약 UE가 detach 상태이면 (시스템에 등록된 경우) UE attach(단말의 호 접속) 절차가 시작된다.

UE가 attach된 후, Serving Gateway에서 대기 중인 하향링크 데이터가 있으면, UE는 네트워크에 의해 페이징을 받게 된다. 하지만 데이터가 일정 시간동안 없을 경우, 즉 inactivity timer가 종료된 경우 UE는 배터리를 절약하기 위해 휴면(idle) 모드에서 휴면하고 페이징이 있는지 주기적으로 체크하며 페이징 상황이 되면 깨어나게 된다(페이징 상황이 아니면, UE는 DRX 사이클 동안 휴면한다). 페이징이 발생하면, UE는 페이징 채널을 판독하여 어떤 특정 UE가 페이징 되는지를 파악하고 자신에 대한 페이징 인지를 알아낸다. 그럴 경우 랜덤 액세스 과정을(random access procedure) 수행하여 네트워크 접속을 설정하고 페이징에 응답하며 하향링크 데이터를 수신한다. UE는 이제 유휴 모드(Idle Mode)를 종료하고 접속 모드(Connected Mode)로 들어가게 된다.

먼저 접속 모드(Connected mode)에서, UE는 eNodeB에 의해 무선 리소스를 스케줄링 받게 된다. 이들 리소스는 스케줄러에 의해 할당되고 링크 적응(Link Adaptation)에 의해 현재 무선 채널 품질에 맞게 처리된다. 접속 모드(Connected mode)에서, UE는 접속 모드(Connected mode) DRX를 사용할 수 있는데, 이는 UE가 데이터 전송과 전송 사이에 휴면할 수 있게 해준다.

물리계층 절차를 정리하면 다음과 같다. 물리 계층 절차는 시간, 주파수 및 전력 영역에서 물리적 리소스를 제어한다. 그리고 셀 탐색은 UE가 셀과의 시간 및 주파수 동기를 획득하고 그 셀의 물리 계층 셀 ID를 검출한다.

시스템 정보(SI)는 전체 셀 영역에서 브로드캐스트 된다. 페이징으로 eNB에서 시작하는 connected mode 설정이 이루어진다. 랜덤 액세스는 UE가 네트워크에 액세스할 수 있게 하는 상향링크 제어 절차이다.

eNB 입장에서는 관리하는 셀 안의 모든 UE들과 정확히 동기가 맞아야 하기 때문에, 전송 타이밍 제어(Transmit Timing Control)를 통해 여러 다양한 UE들로부터 상향링크 전송들이 eNB의 셀에서 거의 동일한 타이밍으로 수신되도록 보장한다.

그리고 링크 적응(Link Adaptation)을 통해 변조 및 채널 코딩을 결정하게 된다. 또한 전력 제어(Power Control)는 리소스 엘리먼트(Resource Element) 당 energy(UE transmit power)값을 결정한다.

Public Warning System은 ETWS(Earthquake and Tsunami Warning System) 또는 CMAS(Commercial Mobile Alert System)를 사용하여 구현된다.

그밖에 물리계층 위의 다른 계층 관련 프로토콜 으로는 유저 플레인에 PDCP, RLC, MAC가, 컨트롤 플레인에 RRC, NAS, SCTP, S1AP, X2AP 등이 있다.

3.4 4G LTE의 진화

지금까지 설명한 내용은 주로 3GPP 릴리즈 8 기능을 기반으로 한 것이다. LTE에서 릴리즈 8은 매우 중요한 의미를 지니며 LTE의 가장 기본적인 토대가 되었다고 할 수 있다. 그 다음 릴리즈 된 릴리즈 9에서 LTE 관련하여 일부 업데이트가 있었다. 그 다음 주요 단계는 LTE Advanced로 명명된 릴리즈 10이다(참고로 LTE Advanced 연구는 2008년에 시작되었고 3GPP

릴리즈 10이 2011년에 승인되었다).

LTE-Advanced는 LTE(Long Term Evolution)를 향상시키는 4세대 이동통신 기술이며, 기존 LTE 기술과의 호환성 유지는 물론 ITU-R의 IMT-Advanced 요구 사항을 충족시키려는 기술이다.

IMT-Advanced에 대해서는 ITU-R(WP8F)에서 표준에 관한 원칙 결의안이 완료되었는데 그 내용은 다음과 같다.

1) 표준화 진행방식은 IMT-2000 진행 방식과 유사하게 하되, SDO(Standard Developing Organization) 이외의 타 기관에게도 기술 제안의 기회를 주어 표준 과정을 개방할 것
2) 권고 기술이 정해진 이후에도 새로운 기술을 추가할 수 있도록 함. 이것이 IMT-2000과 차별화되는 주 내용이었다.

LTE-Advanced에서 추구했던 기술 사항으로는, 기존 LTE보다 무선 전송속도를 더 올리는 것 이외에 비트당 비율을 더욱 낮추고, 셀 커버리지 및 용량 확대를 비롯한 로컬 접속 기술을 강화하며, 상향링크 접속 방식, 셀 경계에서의 간섭제어 및 MBMS(Multimedia Broadcast Multicast Service) 제어 기술 등 기존 LTE 릴리즈 8의 성능을 개선하는 것 등이다.[5]

LTE-Advanced가 언급된 3GPP 릴리즈 10의 주요 개선 사항은 데이터 최고 전송 속도(Maximum Throughput) 증가 및 중계 솔루션인 릴레이(Relay) 분야이다. 그럼 데이터 최고 전송 속도(Maximum Throughput)를 어떻게 올리는지 알아보자. 기존 LTE가 20 MHz 대역 기준 하향링크 100 Mbps, 상향링크 50 Mbps의 데이터 전송 속도를 지원하는 것이 초기 목표였다면, LTE-Advanced는 최대 100 MHz 대역까지 캐리어 에그리게이션하여 하향링크 1 Gbps, 상향링크 500 Mbps의 데이터 전송속도를 지원하도

록 한다. 실제로는 더 높은 데이터 전송 속도가 나오게 되는데, 이를 수행하는 방법으로는 더 넓은 대역폭, 최대 100 MHz을 사용하는 것이다. 예를 들어 5개의 20 MHz 반송파를 CA(Carrier Aggregation)를 통해 결합하여 총 100 MHz를 얻을 수 있다. 이것은 동일한 대역(Frequency Band)에서 수행되고 반송파가 인접하는 경우에 해당한다. 그리고 반송파가 인접하지 않는 경우, 즉 캐리어가 비연속적(non-contiguous)으로 별도의 스펙트럼에 있는 경우도 지원이 가능하다. 예를 들어 1.8 Giga 밴드의 경우 10 MHZ, 2.6 Giga 밴드의 경우 10 MHz 등으로 묶을 경우 총 대역폭이 20 MHz로 증가된다. 원래 3GPP 릴리즈 8에 해당하는 단말은 각각의 개별 캐리어에서 계속 사용할 수밖에 없지만, 다양한 스펙트럼의 결합을 위해서 단말에 있어서도 다양한 지원이 필요하게 되며, 새로운 단말카테고리가 나오게 되었다.

최고 속도를 높이는 또 다른 방법은 더 많은 안테나를 사용하는 것이다. LTE-Advanced의 하향링크에서는 최대 8개의 안테나까지 사용하고 상향링크에서는 최대 4개의 안테나까지 사용한다.

앞에서 설명한대로 20 MHz와 4×4 MIMO 기준, 하향링크 최고 속도 300 Mbps를 도출했는데, 여기에 20 MHz 스펙트럼 5개를 합치면 데이터 최고 전송속도는 5배가 되어 1.5 Gbps가 된다. 여기에 안테나 수를 2배로 늘려 4 대신 8로 놓게 되면, 하향링크의 최고 속도는 이론적으로 3 Gbps에 도달한다.

또한 릴리즈 8의 상향링크에서 20 MHz의 피크 속도는 75 Mbps인데, 안테나는 1개만 사용하여 하나의 데이터 스트림만 사용하게 되므로 20 MHz 스펙트럼 5개를 합치면 75 Mbps의 5배인 375 Mbps가 된다. 여기에 4개의 상향링크 안테나가 적용되면 추가로 4배가 되어 이론적으로 1.5 Gbps에 도달하게 된다. 그러나 릴리즈 10의 3GPP 정의하는 목표는 하향링크의 경우

[표 3.1] 단말 카테고리

Category	Max. Data Rate DN (L1 기준)	Max. number of DL MIMO Layers	Max. Data Rate UP (L1 기준)	3GPP release
Category 0	1.0 Mbit/s	1	1.0 Mbit/s	Release 12
Category 1	10.3 Mbit/s	1	5.2 Mbit/s	Release 8
Category 2	51.0 Mbit/s	2	25.5 Mbit/s	Release 8
Category 3	102.0 Mbit/s	2	51.0 Mbit/s	Release 8
Category 4	150.8 Mbit/s	2	51.0 Mbit/s	Release 8
Category 5	299.6 Mbit/s	4	75.4 Mbit/s	Release 8
Category 6	301.5 Mbit/s	2 or 4	51.0 Mbit/s	Release 10
Category 7	301.5 Mbit/s	2 or 4	102.0 Mbit/s	Release 10
Category 8	2,998.6 Mbit/s	8	1,497.8 Mbit/s	Release 10
Category 9	452.2 Mbit/s	2 or 4	51.0 Mbit/s	Release 11
Category 10	452.2 Mbit/s	2 or 4	102.0 Mbit/s	Release 11
Category 11	603.0 Mbit/s	2 or 4	51.0 Mbit/s	Release 12
Category 12	603.0 Mbit/s	2 or 4	102.0 Mbit/s	Release 12
Category 13	391.6 Mbit/s	2 or 4	153.0 Mbit/s	Release 12
Category 14	391.6 Mbit/s	2 or 4	102.0 Mbit/s	Release 12
Category 15	3,916.6 Mbit/s	8	1,497.8 Mbit/s	Release 12

1 Gbps이고 상향링크의 경우 500 Mbps이었다.

그럼 Carrier Aggregation의 장점에 대해 좀 더 살펴보자. 방금 확인하였듯이, Carrier Aggregation을 통해 데이터 전송 속도를 높일 수 있는 것이 대표적인 장점이지만, 그 외에 다른 숨겨진 것들이 있다. 추가로 스펙트럼이 늘어나면서 주파수 영역의 스케줄링 기법중 하나인 주파수 선택(Frequency Selective) 스케줄링에도 도움이 된다. 왜냐하면 주파수 선택

스케줄링은 주어진 스펙트럼에 있는 많은 부반송파(부반송파)중 무선 상태가 가장 양호한 것들을 우선적으로 선택하여 스케줄링에 사용하는 방식인데, carrier aggregation을 통해 늘어난 스펙트럼 중에서 양호한 부반송파를 선택할 여지가 더욱 많아지는 것이다.

그리고 또 하나의 장점은 단말의 하향링크/상향링크 전송 지연 시간을 줄일 수 있다는 점이다. LTE의 스케줄링 기본단위가 1 ms이긴 하지만, 동시에 많은 가입자가 셀에 접속하게 된다면 실제로는 eNB가 동시에 스케줄링 해 줄 수 있는 접속자 수가 무한대가 아니기 때문에 여러 가입자 중에서 불가피하게 자신을 위한 스케줄링 타이밍이 도래할 때까지 2 ms 이상 기다려야 하는 상황이 발생할 수 있다. 하지만 이렇게 Carrier Aggregation을 사용하게 되면, eNB가 스케줄링 결정 시 두 개의 캐리어를 동시에 고려함으로써, 하나의 셀에 수용하고 처리할 수 있는 동시 접속 가입자의 수가 더욱 증가하게 되어 많은 가입자가 동일 셀에 접속된 경우라도 자신을 위한 스케줄링 타이밍을 기다리는 시간이 더욱 짧아질 수 있는 장점이 있다.

그밖에 3GPP 릴리즈 10에는 이기종 네트워크(Heterogeneous Net-

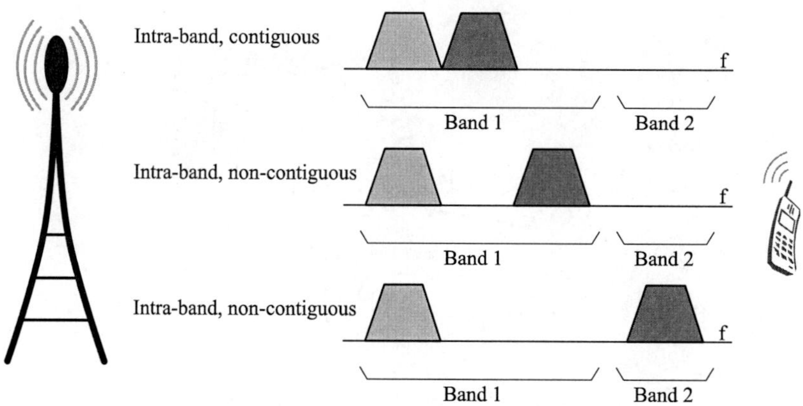

| 그림 3.9 | Carrier Aggregation(출처 : Telecom ABC 자료)

works) 및 릴레이(Relay) 솔루션이 포함되어 있다. 이종 네트워크(Heterogenous Networks)는 대형(Macro) 셀과 소형(Pico, Femto 등) 셀의 혼합이다. 소형 셀은(보통 스몰셀이라고 부름) 일반적으로 트래픽 부하가 매우 높은 곳에서 전체 셀 용량을 증대시키거나 셀 가장자리(edge)에서 커버리지를 넓히는 용도로 사용된다. 또한 중계기 솔루션을 사용하여도 셀 커버리지를 확장할 수 있다.

그 다음 3GPP 릴리즈 11에는 다음과 같이 새로운 솔루션뿐만 아니라 릴리즈 10 솔루션의 향상된 기능이 포함되어 있다.

- Carrier Aggregation 기능 향상, 예를 들면 새로운 대역 조합, 다른 상향링크/하향링크 대역의 Inter-band TDD
- Co-channel(공동 채널) 배포를 위한 더 넓은 범위 확장이 가능한 이기종(Heterogeneous) 배포의 향상

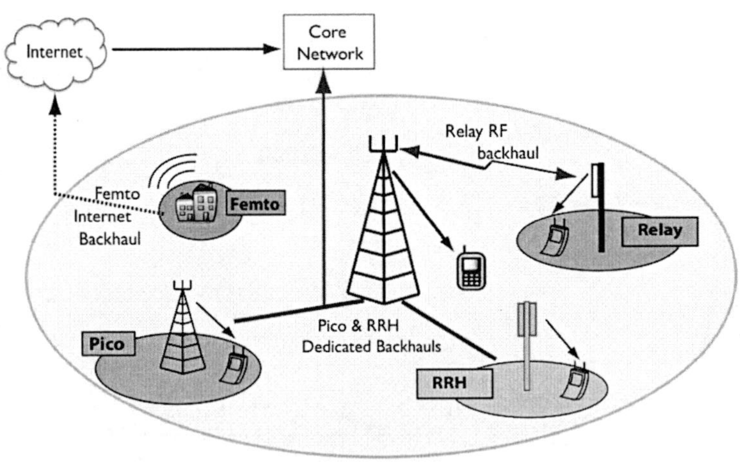

| 그림 3.10 | Heterogeneous Network(출처 : Professor Robert W. Heath Jr. – http://www.profheath.org/research/heterogeneous-networks)

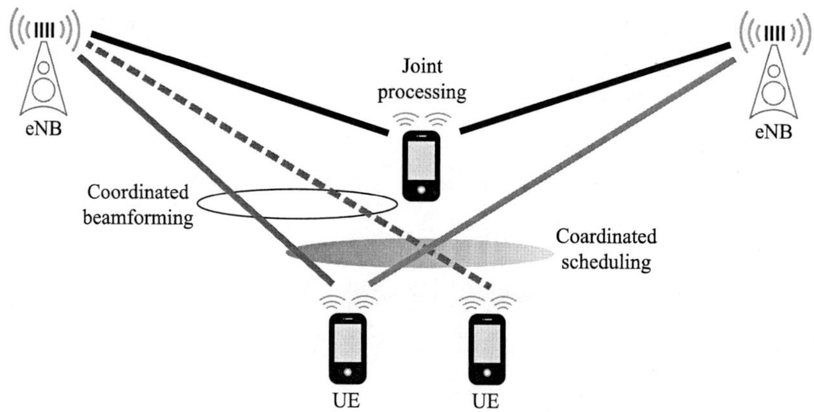

▌그림 3.11▐ CoMP 개념도(출처 : After LTE, what? – 0EL70LTE, Thomai Zacharopoulou)

무엇보다도 3GPP 릴리즈 11의 대표적인 기능으로는 CoMP를 들 수 있다. CoMP(Co-ordinated Multipoint) 전송은 성능을 향상시키기 위해 여러 셀로부터 혹은 여러 셀로 전송이 결합된 다지점 전송을 의미한다. 이것은 WCDMA의 소프트 핸드 오버와 어느 정도 유사하다. 한마디로 말하면 '각 전송 포인트 간 송수신 조정'이다. 여기서 한 지점은 비슷한 방식으로 동일한 지리적 영역을 담당하는 안테나를 포함한다.

CoMP를 사용하는 목적은 SINR(Signal-to-Interference plus Noise Ratio)과 향상된 링크 적응(link adaptation)을 통해 셀 엣지(Cell edge) 사용자의 처리 용량을 향상시키는 것이다. 이를 위해 여러 가지 방식의 CoMP scheme이 지원되는데 먼저 셀 간 조정 스케줄링/협력(Coordinated) 빔포밍(CS/CB) 및 다중 셀 동시 전송(Joint Transmission)의 두 가지 종류의 하향링크 CoMP 방식이 지원된다.

- JT(Joint Transmission) : 지정된 하나의 UE에 대한 데이터 전송은 CoMP 협력 세트(Coorperaton Set)의 각 포인트에서 시간 - 주파수

리소스 블록에 대해 가능하다. 데이터는 시간 - 주파수 리소스에 올려져 다수의 전송 포인트로부터 단일 UE 또는 다수의 UE로 동시에 전송될 수 있다.

- CS(Coordinated Scheduling) : 하나의 특정 UE에 대한 데이터는 CoMP 협력 세트의 여러 포인트가 아닌 단지 하나의 포인트로부터 전송되지만, CoMP 협력 세트에 속해 있는 포인트들 간의 협조로 링크 적응이 개선되어 사용자 스케줄링 결정이 이루어진다.

그 외에 ePDCCH(enhanced PDCCH)도 3GPP 릴리즈 11의 주요 기능 중 하나이다. PDCCH는 하향링크 컨트롤 시그널링에 대한 커버리지 및 용량을 증가시키기 위해 CoMP, 빔 형성, ICIC 등의 효과적인 사용을 위해 영향을 받는데 이러한 부분을 ePDCCH를 통해 보완하였다.

Improved UE requirement는 UE의 성능을 증가시킨다. 예를 들면 셀 간 간섭을 줄일 수 있는데 만약 그렇지 못하면 위에서 언급한 다른 기능들에 문제를 야기할 수 있다.

릴리즈 12에서는 이기종 네트워크 간 이동성의 향상(HetNet Mobility Enhancements), 향상된 eMBMS 운영 지원(Further eMBMS operations support), 저비용 및 커버리지 확장의 MTC(Machine Type Communication), 하향링크 MIMO 향상(Further DL MIMO enhancements), 커버리지 향상, 하향링크-상향링크 간섭 관리 및 트래픽 적응을 위한 LTE TDD의 한층 강화된 기능, TDD-FDD 협력 동작(TDD-FDD Joint operation) 등의 기능(feature)들이 나와 상용망에 선을 보였다.

릴리즈 13부터는 LTE-Advanced에서 LTE-Advanced Pro라는 이름으로 바뀐다. 주요 feature들로는 FD-MIMO(Full Dimension Multiple Input Multiple Output), MTC 개선(Enhancements for MTC), LTE-U 개선

(Enhancements of LTE-U), 와이파이 연동 LAA(License Assisted Access) Fair sharing, D2D(Device to Device) 개선 등을 들 수 있다. 그리고 릴리즈 14에서는 개선된 MTC 지원(Enhanced MTC support), LAA 기능 개선(LAA enhancements), Massive MIMO(enhanced FD-MIMO), 지연 시간 감소(Latency reduction), 지능형 교통 시스템(ITS) 및 V2x (Vehicle to Everything) 지원 등을 들 수 있다.

그리고 다음에 이어지는 릴리즈 15부터는 바로 5G를 위한 표준의 시작이 된다고 할 수 있다.

CHAPTER

4

4G LTE 상용망에서의 기술 개선

앞 장에서 살펴본 바와 같이, 1G부터 4G로 진화하면서 많은 개선이 거듭되었고, 4G LTE-Advanced 및 LTE-advanced Pro에서도 개선은 계속 이루어지고 있다. 이번 장에서는 3GPP 릴리즈 8의 LTE가 상용망에 적용된 이후로 개선이 되어온 몇 가지 주요한 현장 이슈들을 중심으로 LTE 기술을 이해해 보고, 어떤 방향으로 상용 네트워크가 개선되는지 확인해 본다.

4.1 ICIC(Inter-cell interference Coordination) 개선

셀룰러 네트워크에서 전송속도(throughput) 성능을 제한하는 요소 중 하나가 바로 셀 간 간섭(inter-cell interference)이다. 특히 셀 가장자리에 있는 가입자들에게는 영향이 크다. 그래서 LTE와 같이 주파수 재사용 계수가 1이 되도록 설계된 시스템에서는 셀 간 간섭에 대한 관리가 매우 중요한 이슈이다. 그리고 LTE-Advanced에서는 협력 송수신 기술(Coordinated multiple point transmission and reception, CoMP)과 ICIM(inter-cell interference management)등을 통해 셀 간 간섭의 영향 최소화를 추구해 오고 있다. 특히 5G로 가면서 어느 지점에서건 유저 체감 전송 속도가 100 Mbps인 조건을 충족시키기 위해서는 가장 열악한 셀의 가장자리(edge)에서의 간섭 영향을 최소화하는 것이 중요하다. 이번 장에서는 먼저 이동통신 초기부터 LTE 릴지르 8까지 적용되어온 셀 간 간섭 해결 방안에 대해 살펴보고 LTE-Advanced에서 구현된 방안을 확인해 본다.

LTE 셀 경계에서의 간섭 제어는 고속데이터 전송 환경에서 셀의 가장자리에 위치하는 가입자들에게 더 나은 서비스 품질을 제공하기 위해 필수적인 사항이다. 이것은 또한 셀룰러 네트워크에서 전송 속도 성능을 저하시키는 요소 중의 하나이기도 하다. 특히 LTE 같이 주파수 사용계수를 1로 사용하도록 설계된 시스템에서는 셀 간 간섭에 대한 관리가 매우 중요하다. 셀 간 간섭이란 셀룰러 시스템에서 발생하는 고유의 문제로 통신 사업자가 하나의 주파수 리소스로 지리적으로 떨어져 있는 여러 사용자들에게 서비스를 하는 중에 서로의 송신 신호가 서로의 수신 단에서 어쩔 수 없이 섞이게 되는 문제이다. 셀 간 간섭을 줄이기 위한 방안은 1세대 AMPS때부터 현재까지 계속 진화되어 왔고, LTE-Advanced에서도 주요한 문제로 인식되어 표준화 초기 단계에서부터 논의가 진행되어 왔다. 먼저 이동통신 초기부터 LTE 릴리즈 8까지 적용되어온 셀 간 간섭 해결 방안에 대해 살펴보고, 그 다음에는 LTE에서의 셀 간 간섭 관리방법에 대해 살펴본다. 아울러 LTE-Advanced의 셀 간 간섭 관리 방법에 대해 확인해 본다.

4.1.1 CDMA/WCDMA 시스템에서의 셀 간 간섭 해결 방안

실제 네트워크 환경에서 무선 링크의 성능을 저하하는 요인은 여러 가지가 있는데 이 중 이웃하는 셀로부터 오는 간섭, 즉 셀 간 간섭이 무선 링크의 성능 저하에 노이즈 못지않게 매우 주요한 원인이 된다. 특히 고속의 데이터 전송 환경에서 일수록 셀 간 간섭의 영향이 더욱 크다. 그러나 간섭은 노이즈와는 달리 어느 정도 예측이 가능하고 특정 구조를 갖고 있는 것이기에 개선의 방법을 더 연구할수록 셀의 가장자리 가입자에 대한 서비스 품질을 높일 수 있는 것이다. 그래서 그동안 간섭에 대한 연구가 계속해서 이루어져 왔다. 셀 간 간섭이 영향이 매우 큰 경우는 다음과 같다.

- 주어진 대역폭의 최대전송 효율이 가능한 SIR(Signal-to-Interference Ratio)에 의해 제한되는 경우
- 가능한 대역폭보다 큰 데이터 전송 속도를 제공하기 위해서는 매우 높은 SIR이 필요한 경우

그리고 일반적으로 간섭을 줄이는 방법은 다음과 같다.[2]

1) cell 크기를 줄임으로써 가입자의 숫자를 줄이게 되며 이로 인해 셀 당 전체 트래픽을 줄이는 방법
2) SNR을 증가시키는 것처럼 다중 안테나(multiple antenna)를 사용하여 수신 신호들을 적당히 결합(combining)해서 SIR을 증가시키는 방법
3) 다중 송신 안테나(multiple transmit antenna)를 사용하여 빔포밍(beam-forming)을 통해 목표로 하는 수신기에 송신 전력을 집중 전송하여 SIR을 향상시키는 방법

기존 CDMA 시스템에서는 확산을 통해 인접 셀에서 오는 간섭들이 모두 평균화되어 영향을 주도록 하였다. 이를 통해 전체 간섭량은 이전의 FDMA/TDMA와 동일하지만, FDMA/TDMA의 경우에는 사용자에 따른 변화량이 크고 CDMA의 경우에는 평균화를 통해 변화량이 매우 작게 되었다. 그래서 간섭 평균화 과정을 통해 동일한 주파수를 인접 셀 간에 적용할 수 있게 하여 높은 주파수 재사용 효율을 얻을 수 있었다.

4.1.2 LTE에서의 셀 간 간섭 관리방법

OFDM은 통신 리소스의 운용 환경면에서 CDMA보다는 예전 FDMA/TDMA와 유사하지만, CDMA 시스템과 마찬가지로 각 셀에서 모든 주파수를 이용하도록, 주파수 재사용 효율을 1로 동작하는 것을 목표로 한다. 이렇게 하다 보니 전체 데이터 속도는 매우 높아졌고 셀 내부 지역 사용자 성능도 좋아졌지만, 셀 경계 지역 사용자에 대해 매우 열악한 환경이 제공된다. 그래서 셀 경계 지역에 대한 셀 간 간섭을 해결하기 위한 시도가 활

성화되었고 그 방법으로는 협력 통신 분야(CoMP)를 제외하면 위에서 설명한 평균화 이외에 다음과 같이 2가지를 더하여 분류된다.[3]

- 셀 간 간섭 조정(Coordination) : 간섭 회피를 기반으로 보통 셀 간 직교 리소스 상황에서, 셀 간의 약속 또는 정보 교환을 통해 리소스 할당을 적절하게 수행하는 것으로 전체 데이터 속도 및 공정성이 중요한 데이터 패킷 통신에서 효과적인 조정 방법이 필요하다.
- 셀 간 간섭 제거(Cancellation) : 신호처리 수준에서 다중 안테나 또는 다중 리소스 등을 이용하여 주로 심볼 수준에서 간섭을 제거 및 억제

그리고 LTE 시스템에서는 향상된 셀 간 간섭 관리 방법이 적용된다. 주파수 재사용 효율을 1로 하면서 셀의 가장자리에 있는 가입자들에게 충분한 이득을 보장하기 위해 더욱 향상된 방법으로 셀 간 간섭을 줄이거나 조정해야 한다.

셀 간 간섭 관리는 셀의 가장자리의 데이터의 전송 속도를 높이기 위한 스케줄링 방안이라고 할 수 있다. 그러나 이것을 적용함으로써 상향링크/하향링크 스케줄러에는 제약사항이 생기게 된다. 하나의 셀에서 각 스펙트럼의 전송 파워를 제한함으로써, 해당 스펙트럼의 인접 셀에서 보이는 간

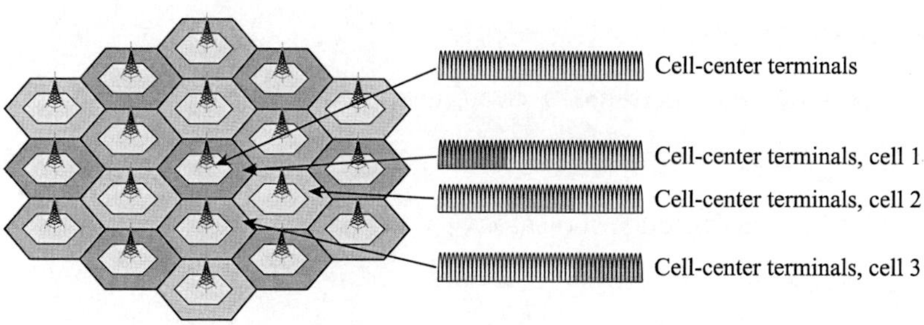

┃그림 4.1┃ Inter-cell interference coordination의 예시
(출처 : 3G Evolution-HSPA and LTE for Mobile Broadband)

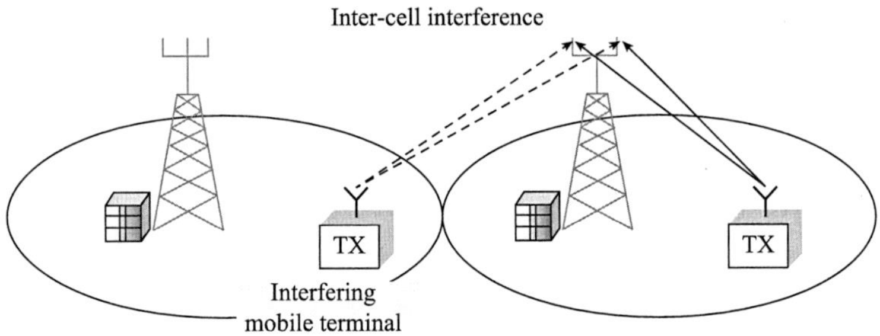

▎그림 4.2▎ Inter-cell interference receiver scenario

섭은 감소될 수 있는 것이다. [그림 4.1]과 [그림 4.2]는 Inter-cell interference coordination의 한 예시이다.

먼저 하향링크의 경우, 현재 셀은 인접 셀에 어떤 리소스 블록을 적은 전송 전력으로 전송하려 함을 미리 알린다. 이 정보는 셀의 가장자리에 있는 단말을 스케줄링하기에는 조금 어려운 적은 간섭의 지역으로서 인접 셀에 의해 활용된다. 그렇지 않다면 간섭 레벨 때문에 해당 단말들은 높은 데이터 전송 속도를 얻을 수 없게 된다.

상향링크 간섭 조정(interference coordination)은 다른 셀들에서 상향링크 전송 때문에 생기는 간섭을 잘 조정해서 약전계(edge cell)에 있는 가입자의 데이터 전송속도를 향상시키는 것이다. 하향링크와 마찬가지로 이것은 표준화되어 있지 않고 구현 이슈로서 스케줄링 방안으로 되어 있다. 핵심은 주파수 영역에서 전송을 줄이는 것이다.

ICIC(Inter-cell interference coordination)의 스케줄링을 지원하기 위해서 X2 인터페이스에서 인접 셀 간에 주고받는 두 가지 indicator가 있는데 HII(High interference indicator)와 Overload indicator가 있다. HII는 현재 셀이 셀의 가장자리에 있는 단말을 스케줄링하려는 현재 셀의 리소스 블록에 대해 다른 셀들에게 정보를 제공한다. 이것은 리소스 블록 하나당한 비트로 되어 있다. 최대 power에 가까운 값을 전송하는 셀의 가장자리 단말에 대한 리소스 블록을 이용하려는 것을 알려준다. 그래서 그러한 리소스 블록은 ICIC에 민감하게 된다. 게다가 그러한 리소스 블록을 할당받은 단말들은 인접 셀들에 대해 간섭을 더 잘 일으킨다. 그래서 셀안의 어떤 리소스 블록에 대한 HII를 받는 eNB는 가능하면 그 스펙트럼에 해당하는 단말들을 스케줄링하는 것을 회피하려고 한다. 이러한 리소스들은 간섭에 덜 민감하기 때문에 셀 안쪽에 있는 단말들을 스케줄링하는데 이용될 수 있다. 하향링크 path-loss 측정 단말이 셀의 중심에 있는지 아닌지를 결정하는 데 사용될 수 있다.

Overload indicator는 간섭 레벨에 대한 정보를 제공한다. 각 리소스 블록에서 경험되는, overload indicator를 받는 eNB는 스케줄링 계획을 조절함으로써(예를 들면 해당 리소스 블록에 대해 스케줄링된 단말들에 대해 데이터 전송 속도를 낮추거나 아니면 다른 리소스 블록을 사용함으로써) 그 리소스 블록의 일부에 생성되는 간섭을 줄일 수 있다.

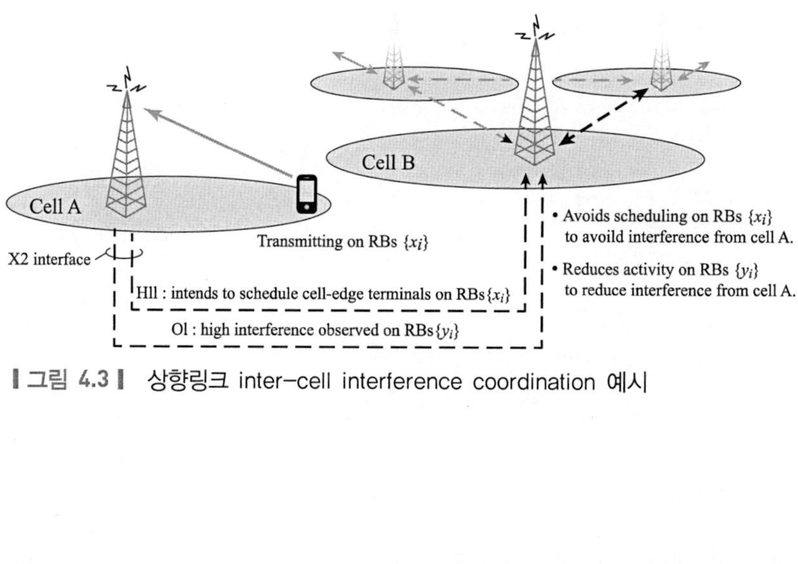

| 그림 4.3 | 상향링크 inter-cell interference coordination 예시

다음과 같은 수식을 통해 해당 가입자의 데이터 전송 속도에 주는 간섭의 영향을 확인해 볼 수 있다.[4]

간섭이 없을 때 subframe f에 있는 리소스 블록 m에서 가능한 전송 속도는

$$R_k,\ \mathrm{no-Int}(m,\ f) = \frac{B}{M}\log\left[1+\frac{P^s(m,\ f)|H_k^s(m,\ f)|^2}{N_0}\right]$$

로 표시한다(여기서 B는 대역폭, M은 modulation index, H_k는 serving cell s에서 user k로 가는 채널 이득이다. P^s는 cell s의 transmit power에 해당하고, N_0는 noise power에 해당한다).

인접 셀들이 같은 time-frequency 리소스를 전송할 경우, user K의 가능한 전송 속도는 다음과 같이 감소된다.

$$R_k,\ \mathrm{Int}(m,\ f) = \frac{B}{M}\log\left[1+\frac{P^s(m,\ f)|H_k^s(m,\ f)|^2}{N_0+\sum_{i\neq s}P^i(m,\ f)|H_k^i(m,\ f)|^2}\right]$$

(여기서 i는 interfering cell을 의미한다.)

따라서 user K의 rate loss는 다음과 같이 계산된다.

$$R_k,\ \mathrm{loss}(m,\ f) = R_k,\ \mathrm{no-Int}(m,\ f) = R_k,\ \mathrm{Int}(m,\ f)$$

$$= \frac{B}{M}\log\left[\frac{1+SNR}{1+\left(\frac{1}{SNR}+\frac{\sum_{i\neq s}P^i(m,\ f)|H_k^i(m,\ f)|^2}{P^s(m,\ f)|H_k^s(m,\ f)|^2}\right)^{-1}}\right]$$

$$\acute{a} = \left[\frac{\left(\sum_{i\neq s}P^i(m,\ f)|H_k^i(m,\ f)|^2\right)}{P^s(m,\ f)|H_k^s(m,\ f)|^2}\right]$$

그리고 이 수식을 바탕으로 전체 inter-cell interference signal ratio를 다음과 같이 정의할 때 그래프는 아래와 같다(그림 4.4).

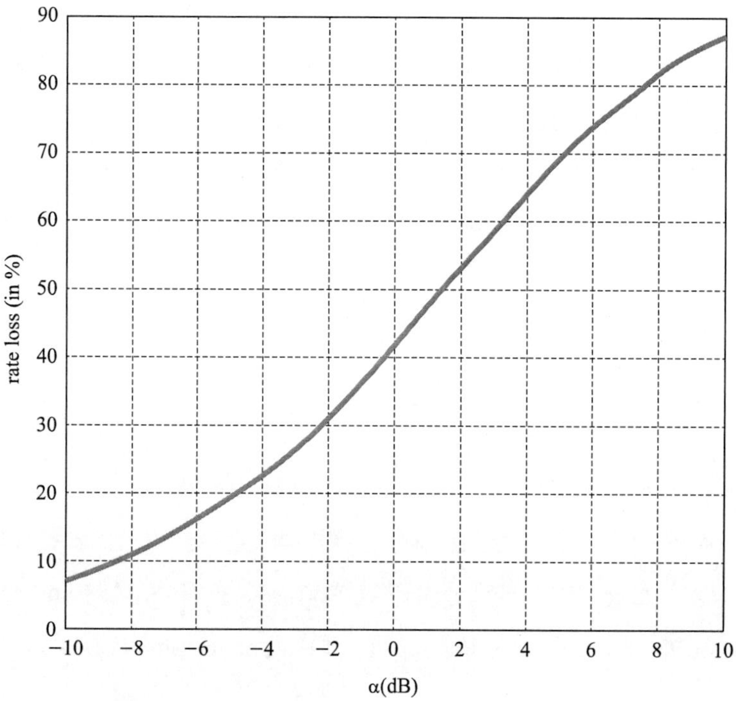

그림 4.4 User's rate loss due to interference

Desired signal level(즉, $\alpha \approx 0$)과 interference level이 같을 경우, user k는 거의 40%에 해당하는 loss를 갖게 된다. 이렇게 간섭의 영향은 매우 큰 것이다.

4.1.3 LTE-Advanced의 셀 간 간섭 관리 방법

LTE-Advanced의 표준 아이템 중 셀 경계 사용자의 성능을 향상시키기 위한 기술로서 협력 송수신 기술(Coordinated multiple point transmission and reception, COMP)과 셀 간 간섭 관리 기술(ICIM: Inter-Cell Interference Management)을 들 수 있다.

(1) ICIM(Inter-Cell Interference Management)

ICIM은 인접 셀 간의 간섭 관리 기술이며, 간섭을 유발한 인접 셀의 해당 리소스 블록의 송출 전력을 낮추거나 아예 다른 리소스 블록으로 스위칭시켜 간섭 원인을 감소시키거나 없애는 방법이다. 또한 특정 기지국이 다이나믹 스케줄링을 이용하여 지리적으로 떨어져 있는 여러 셀의 송/수신 리소스를 각기 달리 할당, 배치시킴으로써 간섭을 제어하는 방식도 있다. 그 외에 fast cell switching이나 fast adaptive ICIC를 적용한 fast tx power management도 있다.

(2) CoMP(Coordinated multiple point transmission and reception)

CoMP는 앞 장에서 언급한 대로 셀 커버리지를 늘리고 셀 경계 사용자의 성능을 향상시키기 위한 기지국 간 협력 송수신 기술이며, Joint transmission과 Dynamic coordination이 있다. Joint transmission은 다수 개

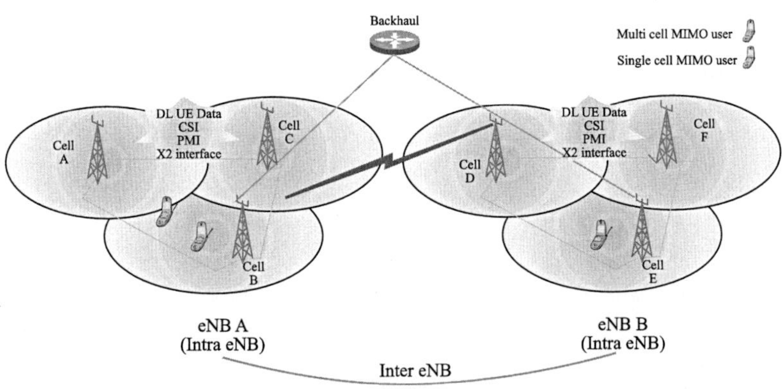

| 그림 4.5 | CoMP의 예시(출처 : CoMP R1-090213)

의 전송 사이트가 동시에 한 단말로 데이터를 전송하는 방법으로 인접 셀의 간섭을 자기 신호로 바꾸어 줌으로써 성능을 향상시키는 기술이다.

Dynamic Coordination은 한 기지국에서 단말로 데이터를 전송하되, 인접 기지국 간의 다이나믹 스케줄링을 이용한 협력 제어를 통해 상호 간섭을 최소화시킴으로써 성능을 개선하는 방법이며 앞에서 설명한 LTE에서의 셀 간 간섭 조정(Inter-Cell interference Coordination)을 보다 개선시키는 방법으로 논의되어 왔다. 또한 하향링크에서 셀의 가장자리 가입자의 스펙트럼 효율성을 보장하기 위해 CoMP가 매우 중요한 요소이다.

CoMP에 대해 좀 더 자세히 설명하면 한 기지국에 위치한 베이스밴드(base-band) 처리에 [그림 4.6]과 같이 CoMP가 적용될 수 있다.

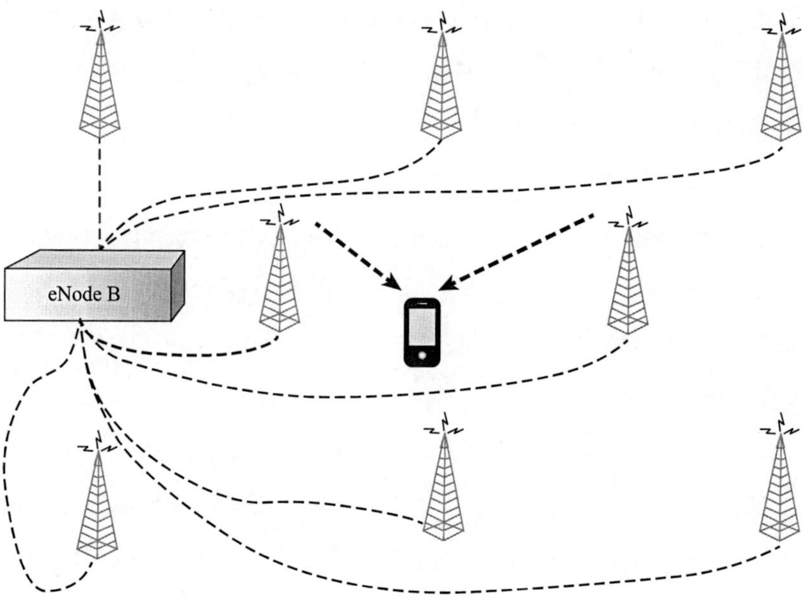

▌그림 4.6▐ 다중 지점 협력 송신(Coordinated multi-point transmission)

하향링크에서는 여러 전송 지점들에서 협력 전송을 의미한다. CoMP의 세 가지 방안으로 단말이 여러 전송 지점들에서 시작된 전송을 어느 범위까지 인식하느냐에 따라 3가지 방안으로 나눌 수 있다.

방안 1은 단말들이 지리적으로 떨어진 지점들로부터 오는 전송에 대해 알지 못하는 경우이다. 이 경우에는 단일 지점 송신과 같은 동일한 수신기 프로세싱(receiver processing)과 측정(measurement)이 이루어진다. 따라서 이러한 경우에는 원칙적으로 다중지점 협력 전송이 구버전과 호환(backward compatible)되게 이루어지면서 LTE의 특성도 같이 사용할 수 있게 된다.

예를 들면 현재 존재하는 pathloss 측정을 근간으로 하여 네트워크는 어떤 전송 지점들로부터 특정 단말로 전송이 되는지를 결정할 수 있다. 단말들이 다중 지점 전송(multipoint transmission)의 존재를 인식하지 못하는 것처럼 UE-specific 레퍼런스 시그널들이 채널 예측(channel estimation)에 이용되어야 한다. 이렇게 할 경우 CoMP 전송은 단일 주파수 브로드케스트(single frequency broadcast) 네트워크에서 볼 수 있는 것과 유사한 다이버시티 이득을 제공하게 된다. 특히 로드가 덜 걸린 네트워크의 경우에 더욱 그렇게 된다.

방안 2에서는 수신기 프로세싱이 단일 지점 송신(single-point transmission)과 같은 상태로 남아 있는 동안에 특정 단말에 보이는 모든 하향링크 채널들에 대해 단말들이 네트워크에 채널 상태(channel-status) 피드백을 제공한다. 네트워크 측에서는 모든 프로세싱이 단일 노드(single node)에 위치하는 동안 다른 전송 지점(transmission point)들에서 전송의 빠르고 다이나믹한 조정이 가능해 진다. 한 가지 가능한 것은 특정 단말에 전달되는 신호의 spatial prefiltering을 해서 가입자 간 간섭을 줄이는 것이다. 이런 형식의 CoMP는 방안 1과 유사한 효용이 있지만 desired signal

의 파워를 향상시키는 것 이외에도, SNR을 개선시켜 가입자 간 간섭을 조정(coordination)하는 효과가 있다. 단말이 네트워크상에 정확한 프로세싱을 인식 못하기 때문에 UE-specific 레퍼런스 시그널이 요구된다.

방안 3에서는 채널 상태 보고(channel-status reporting)는 방안 2와 유사하다. 하지만 방안 2와는 달리, 단말들은 정확한 협력 전송(coordinated transmission)에 대한 정보를 제공받게 된다. 예를 들면 어느 지점에서 전송되는 것인지, 전송가중치(transmission weight)는 얼마나 되는지에 대한 내용이다. 이런 정보들은 단말 측에서 수신신호처리(received signal processing)에 이용될 수 있다. 하지만 대신 하향링크의 오버헤드가 증가된다.

상향링크에 대해서는 CoMP가 주로 수신단에서 관련하여 적절한 신호처리를 어떻게 할지에 대한 것이다. 이는 여러 면에서 이미 많이 이용되고 있는 매크로 다이버시티(Macro Diversity)와 유사하다.

앞에서 언급했듯이 간섭은 노이즈와는 달리 어느 정도 예측이 가능하고 특정 구조를 갖고 있는 것이기에 계속 개선을 위한 연구가 이루어지고 있다.

4.2 MIMO 개선

이번 장에서는 초창기 LTE에서 고안된 MIMO 기술들에 대해 살펴보고, 각 기술들의 특징을 확인하며, 여러 가지 환경에서의 MIMO 성능을 비교해 본다.

Multiple Input Multiple Output(MIMO)은 송수신 단에서 다수의 안테나를 사용하여 각 안테나에서 별도의 데이터를 전송하므로 대역폭의 증가 없이 전송 속도를 높일 수 있는 유용한 기술이다. 그리고 3GPP LTE/LTE-

Advanced와 IEEE 802.16 m에서도 이미 IMT-Advanced 후보로 제출되었는데, MIMO가 양측 표준에서 핵심 기술로 적용되고 있다.

OFDM 방식을 기반으로 MIMO 또는 스마트 안테나 기술 등을 결합함으로써 채널 용량의 증대와 시스템의 성능을 향상시킬 수 있는 방법들이 많이 연구되어 왔다. OFDM 기반 MIMO 시스템은 송수신 측에서 다수의 안테나를 사용함으로써 제한된 주파수 리소스 내에서 주파수를 늘리지 않고도 대용량의 데이터를 전송할 수 있으며, 독립적인 다중 경로로 인한 송수신 다이버시티 이득을 얻을 수 있게 된다. 일반적으로 MIMO 시스템이 고속으로 신호를 전송할 경우 심볼 간 간섭이나 주파수의 선택적 페이딩에 약하다는 단점을 갖고 있지만, 심볼 간 간섭이나 주파수의 선택적 페이딩에 강한 OFDM 변조 방식을 사용함으로써 성능을 향상시킬 수 있다.

하지만, 이와 별도로 개선되어야 할 부분이 엄연히 존재하고 있는 것이 사실이다. 예를 들면, 복수 개의 송신 안테나 사용에 따른 power penalty 및 파일럿 오버헤드(pilot overload), 고차(Higher order) MIMO에 따른 피드백 오버헤드의 증가, 안테나 사이의 상관(correlation)에 의한 성능제한, Spatial Multiplexing의 경우 필요한 높은 SNR, 고차(Higher order) MIMO로 갈수록 복잡해지는 수신기 이슈 등이 있다. 그리고 이러한 문제들에 대한 해결책을 찾기 위한 연구가 계속 이어지고 있다.

다중 안테나 기술에는 여러 기술들이 있는데 각 기술들에 대한 비교 분석이 계속 이루어져 왔고, 용량, 다이버시티 적용 가능성 등을 고려할 때 현재까지는 LTE 상용망에서는 MIMO SM(Spatial Multiplexing)이 가장 우수한 것으로 입증되어 왔다.

먼저 LTE에서 적용되는 MIMO 기술에 대해 살펴본다. 그리고 현재의 MIMO 기술에 대한 문제점 및 논의된 개선안을 소개한다.

4.2.1 MIMO 기술의 종류

4G LTE에서의 MIMO는 크게 개루프(open loop) 안테나 기술과 폐루프(closed loop) 안테나 기술로 구분할 수 있다. 그리고 개루프 안테나 기술은 다이버시티 이득을 얻거나, 아니면 멀티플렉싱(multiplexing) 이득을 얻기 위한 방식으로 구분되고, 폐루프 안테나 기술은 빔포밍 이득을 얻기 위한 방식과 멀티플렉싱 이득을 얻기 위한 방식으로 구분된다.[1]

개루프 안테나 기술은 수신기로부터 송신기로의 명확한 피드백이 필요 없기 때문에 간단한 구조를 가지지만, 송신기 입장에서는 주어진 무선 채널의 채널 특성 행렬에 의해 시스템의 성능이 제한되는 단점을 가진다. 반면 폐루프 안테나 기술의 경우 송신 측에서 좀 더 많은 정보를 가지고 각 안테나에 실리는 정보에 대해 다양한 처리를 함으로써 시스템의 성능을 개선할 수 있다.

이 중 개루프 안테나 기술에서 spatial multiplexing은 무선 채널상의 서로 다른 다양한 반사파에 의해 각 안테나 사이의 채널 특성이 서로 달라야 한다. 그리고 수신기 측에서 채널 특성을 나타내는 행렬식을 정확하게 풀어내어야 하고, 송수신 측에 N개의 안테나를 사용함으로써 동시에 N개의 서로 다른 정보를 보낼 수 있게 되어 정보 전송 능력이 N배로 증가하는 것이다. 즉 다중반사파를 활용하여 주파수 효율을 올릴 수 있는 것이다. 그리고 폐루프 안테나 기술로는 안테나 그룹화(antenna grouping), 안테나 선택(antenna selection), 프리코딩을 들 수 있는데, 이 중 프리코딩은 송신단에서는 각 송신 데이터들이 안테나로 실리기 이전에 거치는 프리코딩 행렬 W를 추가한다. 그리고 최적의 W 행렬 값을 결정하는 것이 중요한 이슈이다.

4.2.2 LTE에서의 MIMO

LTE는 OFDM과 SC-FDMA 기술을 채택하고 있어서 MIMO 적용에 대한 관심이 상당히 높아졌고, 실제로 릴리즈 8 LTE에서는 2×2 MIMO를 필수 조건으로 하였다. 3GPP의 MIMO 기술 동향을 확인해 보면, SU-MIMO의 경우는 V-BLAST(Bell-lab Layered Space Time code)와 PARC(Per-Antenna Rate Control), S-PARC(Selective Per-Antenna Rate Control), D-STTD(Double Space Time Transmit Diversity) 등을 들 수 있다. 그리고 릴리즈 8 LTE에 적용되는 MIMO는 다음과 같다.[2]

(1) Transmit diversity

하향링크의 경우 셀 특정 전송 다이버시티(cell-specific transmit diversity)의 구조를 갖고 있고, 2Tx 안테나의 경우 SFBC(Space Frequency Block Code), 4Tx 안테나의 경우 SFBC와 FSTD(Frequency Switched Transmit Diversity)가 혼용된다. 아래 [그림 4.7]은 2Tx 안테나의 경우이다. 일련의 변조심볼 S_i와 S_{i+1}이 첫 번째 안테나 포트에 인접한 부반송파에 직접 매핑됨을 볼 수 있다.

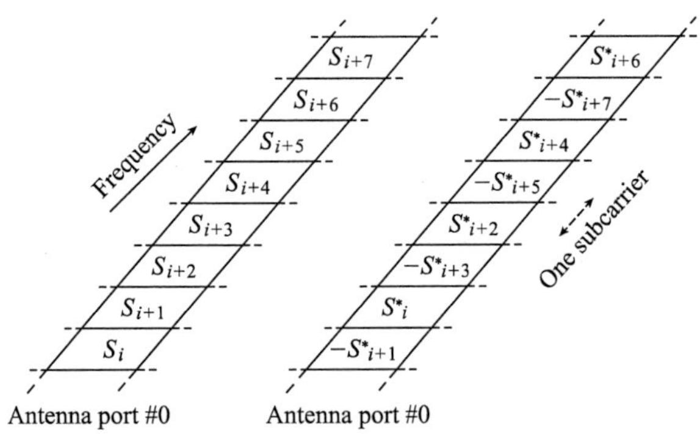

▌그림 4.7▐ 2개의 안테나 프로 전송 다이버시티(Two-antenna-port transmit diversity) - SFBC

두 번째 안테나 포트에서는 $-S_{i+1}^*$ 와 S_i^* 이 각 부반송파에 대해 스와핑(swapping)됨을 볼 수 있다.

[그림 4.8]에서는 4Tx 안테나로 SFBC와 FSTD(Frequency Switched Transmit Diversity)가 혼용된 경우인데 변조 심볼의 쌍(pair)들이 안테나 포토(antenna port) 0과 2가, antenna port 1과 3이 쌍이 되어 SFBC로 전송된다. 하나의 안테나 포토쌍이 전송 중일 때에는 다른 상에서는 그림에서 보여주는 것처럼 전송이 이루어지지 않는다.

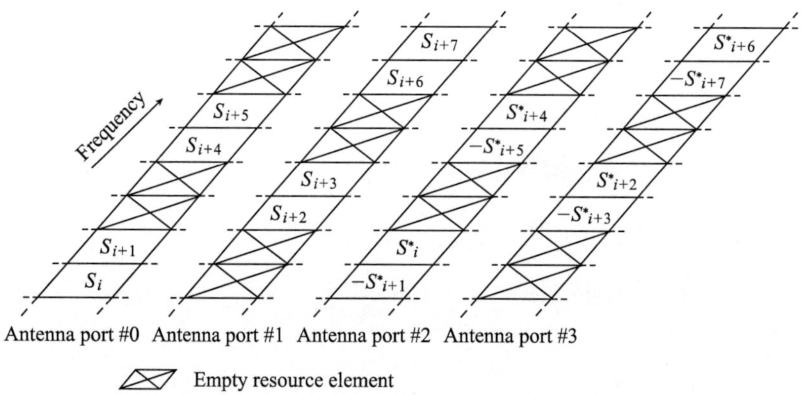

| 그림 4.8 | 4개의 안테나 포토 전송 다이버시티가 결합된 SFBC/FSTD

UL의 경우는 안테나 선택 전송 다이버시티(antenna selection Transmit Diversity)를 사용하게 된다.

(2) SU-MIMO

하향링크의 경우에만 적용된다. 개루프와 폐루프 모두 적용되고, 코드워드 전송(code word transmission)은 2개까지 가능하다. [그림 4.9]는 폐루프에서의 Spatial Multiplexing 기본 구조이다.

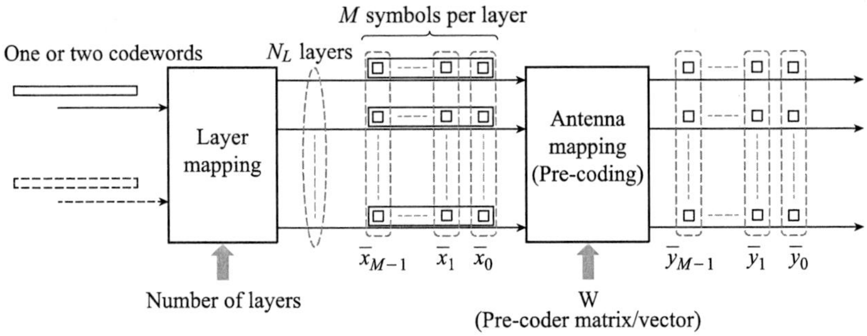

▌그림 4.9▐ LTE 폐루프 spatial multiplexing의 기본 구조

상기 그림을 보면 먼저 각 물리 채널에서 전송될 각 코드워드 내의 인코딩(encoding)된 비트들은 스크램블링되어 변조(modulation)된 심볼이 되고 그 다음 하나 또는 여러 개의 레이어에 매핑된다. 그 다음 N_L 심볼 집합은 프리코딩을 통해 결합되어 N_a 안테나 포트에 매핑된다. 복소수로 된 변조심볼 $d^{(q)}(0), \cdots, d^{(q)}(M_{symb}^{(q)}-1)$ (q는 codeword)는 다음과 같은 레이어(layer)에 매핑된다.

$$x(i) = \left[x^{(0)}(i) \cdots x^{(v-1)}(i)\right]^T$$

$$i = 0,\ 1,\ \cdots,\ M_{symb}^{layer}-1$$

여기서 v는 레이어의 수(layer number)이고, M_{symb}^{layer}는 레이어당 변조 심볼의 숫자이다.

Spatial Multiplexing의 코드워드와 레이어 간의 매핑은 [표 4.1]과 같다.

[표 4.1] spatial multiplexing에서의 코드워드와 레이어의 매핑

Number of layers	Number of code words	Codeword-to-layer mapping $i=0,\ 1,\ \cdots,\ M_{symb}^{layer}-1$	
1	1	$x^{(0)}(i)=d^{(0)}(i)$	$M_{symb}^{layer}=M_{symb}^{(0)}$
2	2	$x^{(0)}(i)=d^{(0)}(i)$ $x^{(1)}(i)=d^{(1)}(i)$	$M_{symb}^{layer}=M_{symb}^{(0)}=M_{symb}^{(1)}$
2	1	$x^{(0)}(i)=d^{(0)}(2i)$ $x^{(1)}(i)=d^{(0)}(2i+1)$	$M_{symb}^{layer}=M_{symb}^{(0)}/2$
3	2	$x^{(0)}(i)=d^{(0)}(i)$ $x^{(1)}(i)=d^{(1)}(2i)$ $x^{(2)}(i)=d^{(1)}(2i+1)$	$M_{symb}^{layer}=M_{symb}^{(0)}=M_{symb}^{(1)}/2$
4	2	$x^{(0)}(i)=d^{(0)}(2i)$ $x^{(1)}(i)=d^{(0)}(2i+1)$ $x^{(2)}(i)=d^{(1)}(2i)$ $x^{(3)}(i)=d^{(1)}(2i+1)$	$M_{symb}^{layer}=M_{symb}^{(0)}/2=M_{symb}^{(1)}/2$

프리코딩의 절차는 다음과 같다. 먼저 프리코더는 레이어 매핑으로부터 다음과 같은 vector block의 형태로 입력을 받게 된다.

$$x(i)=\left[x^{(0)}(i)\cdots x^{(v-1)}(i)\right]^T$$

$$i=0,\ 1,\ \cdots,\ M_{symb}^{layer}-1$$

그리고 다음과 같은 형태의 vector block으로 변환해 준다.

$$y(i)=[\ \cdots\ \ y^{(p)}(i)\ \ \cdots\ ]^T$$

$$i=0,\ 1,\ \cdots,\ M_{symb}^{ap}-1$$

그런 후에, 각 안테나 포트의 리소스에 매핑을 시켜주게 된다. (여기서 $y^{(p)}(i)$는 안테나 포트의 신호를 의미한다.)

개루프의 경우, large-delay CDD라고 불리는데, UE로부터 피드백 받는 프리코더에 의존하지 않고, 네트워크로부터 UE에 전달되는 어떤 프리코더 정보도 필요로 하지 않는다. 이것은 high-mobility의 상황이나 폐루프로 인해 발생하는 오버헤드 증가를 피하려는 상황에 적합하다. 아래 [그림 4.10]에서 보는 것처럼, 두 개의 프리코더 행렬(precoder matrix) (P,W)가 적용되게 된다.

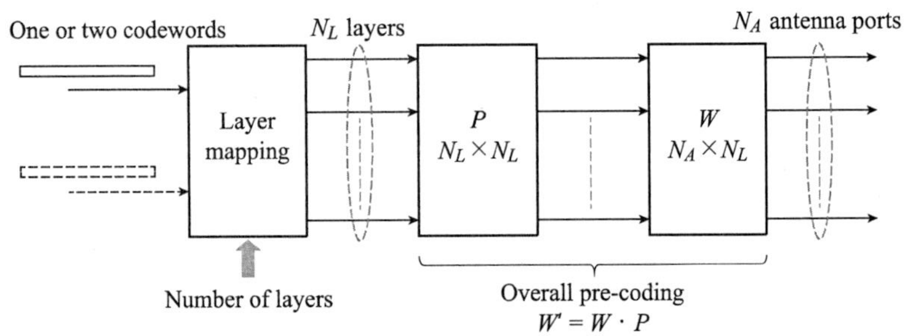

▌그림 4.10▌ 개루프 spatial multiplexing('large-delay CDD')

(3) MU-MIMO

MU(MultiUser)-MIMO는 1개의 안테나를 가진 두 단말과 다수 개의 안테나를 가진 한 기지국 사이에서 채널 행렬 H를 생성하게 된다. 서로 다른 송신 안테나에 실리는 신호를 서로 다른 사용자에게 전송되는 신호로 결정할 수 있으므로 이 경우에는 각 안테나별로 각 가입자별 신호를 실어서 총합의 성능을 얻을 수 있는 것이다. MU-MIMO는 PUURC(Per User Unitary Rate Control), S-PUSRC(SIC based Per User and Stream Rate Control) 등으로 구분된다.

하향링크의 경우 프리코딩(precoding)이 코드북(codebook) 기반으로 진행된다. 단말 당 단말 레이어(single layer)가 할당된다.

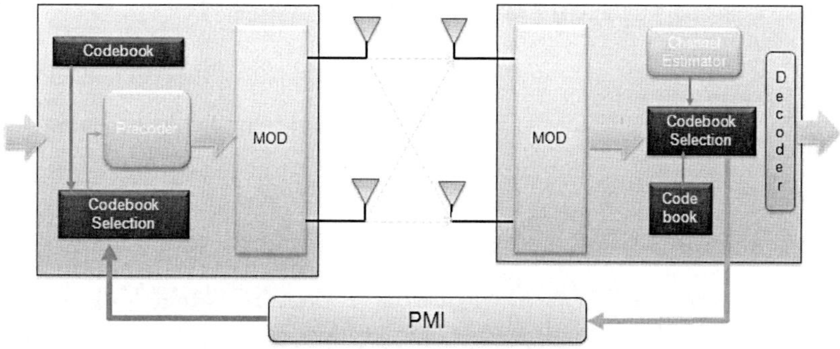

| 그림 4.11 | MIMO 동작개요(출처 : Sharetechnote.com
http://www.sharetechnote.com/html/BasicProcedure_LTE_MIMO.html)

(4) 빔포밍

페루프 spatial multiplexing에서 레이어 NL이 1개일 때, 특별한 경우로 빔포밍을 포함하게 된다.

이러한 종류의 빔포밍을 페루프 기반 빔포밍(code-book based beam-forming)이라고 하며 다음과 같은 특징을 갖고 있다. 네트워크는 1개의 프리코딩 벡터(pre-coding vector)를 선택하게 되며, 단말의 권고를 따르지 않는다면, 네트워크는 어떤 프리코딩 벡터가 실제로 이용되고 있는지를 predefined vector에서 찾아 알려주게 된다. 반대로 코드북 기반이 아닌 빔포밍은 네트워크가 송신단에 임의의 빔포밍을 적용할 수 있고, 어떤 빔포밍이 적용되었는지를 단말에 알릴 필요가 없는 경우이다. 빔포밍 전송에 의한 채널 예측(channel estimation)을 가능케 하기 위해, eNB는 데이터 전송과 같은 빔포밍에 적용되었던 레퍼런스 시그널을 보내야 한다. 이 레퍼런스 시그널은 UE 특정한 것인데 특정한 단말에 보낼 전송을 위해 선정된 프리코더 벡터와 함께 빔포밍이 된다.

(5) LTE 시스템에서의 MIMO 동작 개요

MIMO 송신기는 프리코딩 행렬 W를 가지고 있으며 MIMO 송신기와 MIMO 수신기 사이에는 채널 행렬 H가 존재한다. MIMO 수신기는 이러한 채널 행렬 H를 레퍼런스 시그널을 통하여 잘 추정한 이후에 거기서 채널의 품질을 알려주는 CQI(Channel Quality Indicator)와 채널 행렬이 과연 SM이 가능한지, 그리고 가능하다면 몇 개의 신호 스트림을 동시에 보낼 수 있는지 알려주는 RI(Rank Indicator) 및 MIMO 송신기의 프리코딩 행렬 W를 잘 설정할 수 있도록 도와주는 PMI(Precoding Matrix Indicator)를 만들어 MIMO 송신기에 피드백한다. 여기서 RI는 이 피드백 정보를 바탕으로 MIMO 송신기에서는 현재 채널이 과연 spatial multiplexing을 사용하여 다중화 이득을 얻는 것이 좋은지, 아니면 SFBC 계열을 사용하여 다이버시티 이득을 얻는 것이 좋은지, 아니면 두 가지를 적절히 혼합하는 것이 좋은지 판단을 하게 된다. 이와 함께 프리코딩 행렬 W 역시 피드백 되어온 PMI를 읽어 보아 코드북에서 적절한 행렬을 선택하여 채우게 된다.

이상으로 LTE에서의 MIMO 기술의 구분 및 실제 동작 개요를 살펴보았다. 참고로 실제 LTE 네트워크의 각 채널 환경에서 MIMO, SISO 등 케이스별 전송 속도를 보면 적어도 중전계(middle cell) 이상에서는 MIMO SM이 SISO보다 2배의 성능을 내지만, 셀의 가장자리, SNR이 낮은 지역에서 MIMO는 SISO와 별 차이가 없게 된다.

4.2.3 LTE MIMO 기술에 대한 개선되어야 할 부분

LTE 초창기 MIMO에서 개선이 필요했던 사항들을 분류해 보면 다음과 같다.

1) 복수 개의 송신 안테나 사용에 따른 power penalty 및 파일럿 오버헤드, 고차 MIMO에 따른 피드백 오버헤드의 증가 : MIMO 사용 시 기지국의 출력 제한으로 1개 안테나당 출력을 줄여야 하는 경우가 발생한다. 이런 경우 하향 링크에는 안테나 별 출력 조정을 할 수 있다. 그리고 MIMO Spatial Multiplexing의 경우 서로 다른 안테나가 서로 다른 데이터 심볼을 동시에 전송하기 때문에 동시에 파일럿 심볼을 전송하지 않는다. 그로 인해 파일럿 오버헤드가 증가하게 된다.
2) MIMO의 차수가 증가하게 될 경우, 코드북의 크기가 따라서 증가하게 되어 인덱스 비트 수도 증가하고 결과적으로 피드백 오버헤드가 증가하게 된다.
3) MIMO 안테나 간 이격 거리가 λ/2가 되어야 하는데 실제 단말 크기는 작으므로 다수 개의 안테나를 서로 낮은 상관도를 갖는 상태로 위치시키기 힘들다. 즉, 안테나 사이의 상관(correlation)에 의해 성능이 제한되는 것이다. 상관(Correlation)이 증가할수록 MIMO 수신에 SNR 값이 더 커야 한다. 참고로 5G 이동통신에서 밀리미터파 대역에서 massive MIMO로 많은 안테나를 처리해야 하는 것과 관련하여, 밀리미터파의 파장이 짧으므로 작은 단말에도 다중 안테나의 구현이 비교적 용이할 수 있게 된다.
4) Spatial Multiplexing의 경우 요구되는 높은 SNR, 고차 MIMO로 갈수록 복잡해지는 수신기 등을 고려해야 한다. SINR이 낮은 지역에서는 MIMO나 SISO의 성능에 차이가 별로 없다. 다중 사용자 MIMO의 경우는 스케줄러가 시간축 상과 주파수축 상의 채널 특성에 따른 스케줄링에 더하여 각 안테나 상의 채널 특성에 따른 스케줄링도 함께 수행해주는 능력을 가져야 한다.

4.2.4 SINR이 낮은 지역에서 MIMO 성능을 개선하는 방법

LTE 상용망에서 간혹 발생하는 현상 중 하나가 SINR이 낮은 지역에서 MIMO 성능이 잘 나오지 않는 것이다. 어떻게 하면 이것을 개선할 수 있을까? 이번에는 어떤 SINR 지역에서도 (셀의 강전계, 중전계, 약전계 모두) MIMO 동작이 개선될 수 있는 방안을 생각해 보도록 한다. 다음과 같은 개념에 바탕을 두었는데, SINR이 낮은 지역에서 MIMO 성능을 개선시키려는 방법으로 Markov Chain Monte Carlo 방식을 이용한 Stochastic process를 적용하는 방안을 활용할 수 있다. 그런데 이 방안은 SINR이 높은 지역에서는 오히려 MIMO 성능이 저하되는 단점이 있다. 그래서 HP(High Priority)와 LP(Low Priority) 심볼로 구분하여 SINR이 높거나 낮은 지역에 따라 최적의 detector를 사용할 수 있도록 하는 Hybrid detector를 생각해 볼 수 있겠다. 다음과 같이 살펴본다.

Spatial Multiplexing의 경우 높은 SINR이 요구되는데 셀의 가장자리의 경우에는 SINR이 현격히 낮아져 앞에서 실험 결과를 통해 명시한 것처럼 spatial multiplexing이 제대로 성능을 내지 못하게 된다. 이러한 점을 극복하기 위해 수신기단, 특히 detector의 역할이 중요하고, 이에 대한 연구가 계속 진행되어 왔다. 그 중 stochastic process를 적용하여 SINR이 나쁜 지역에서도 MIMO 성능을 개선시키려는 방안들이 있다. 이 중에서 Markov Chain Monte Carlo method를 MIMO 수신단의 front-end detector에 적용하는 방법이 있다. 먼저 해당 방안에 대한 블록 다이어그램은 다음 [그림 4.12]와 같다.

MIMO 수신기에서 가장 중요한 블록은 바로 MIMO detector라고 할 수 있다. 이것은 전송된 코드 비트들의 soft information을 생성하는 역할을 한다. 주로 log-likelihood-ratio(LLR)의 형태인 이러한 soft information은

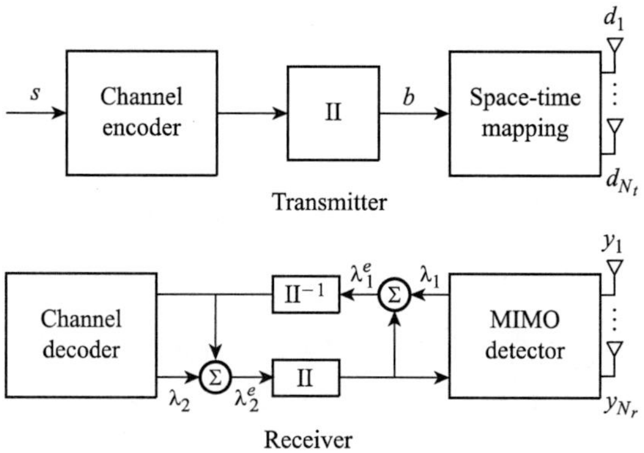

┃그림 4.12┃ Soft detector가 적용된 MIMO시스템의 블록 다이어그램

채널 디코더(channel decoder)로 전달되어 uncoded info bit로 추출된다. 게다가 수신기 성능을 개선하기 위해, 이 soft info는 수신기로 전송된 비트들의 최종 결정 전까지, 위의 그림에서 보는 것처럼 MIMO detector와 channel decoder로 구성된 루프를 몇 번 반복하여 돌게 된다.[5]

이론적으로 가장 최적의 detector로는 MLD(maximum likelihood detector)가 있는데 이 수신기의 복조 방식은 송신단에서 보낼 수 있는 정보의 조합들을 모두 생각하여 이 조합들을 각각 추정한 채널 특성 행렬에 적용한 뒤에 그 결과 중에서 수신 신호와 가장 유사한 결과를 나타내는 최초 송신 신호의 조합을 찾는 방법이다.

하지만 수신기 복잡도가 급격하게 높아지는 단점이 있다. 예를 들면, 4×4 MIMO 시스템에서 4개의 독립적인 16QAM 심볼이 안테나에서 전송될 경우, 채널당 비트 수는 16개가 된다. 이렇게 되면 ML detector에서는 전송 비트에 대해 총 2^{16}개의 모든 가능한 조합을 고려해야 하고 이 중에서 적절한 soft information/LLR 값을 추출해 내야 한다. 이러한 복잡성을 줄이기 위해, sub-optimal MIMO detector를 사용한다. 이 Sub-optimal MLD detector는 성능 열화는 최소한으로 줄이면서 MLD detector 대비 복잡도는 최대한 줄이는 것을 목표로 한다. 이 방식은 성능 열화가 크긴 하지만, 위에서 얘기한 MLD같은 복잡한 detector에서 발생되는 복잡도를 상당히 줄일 수 있는 장점이 있다. 반면에, 양호한 용량 성능을 얻기 위해서, 더욱 개선된 detector들이 제안되고 있는데, 예를 들면 list sphere decoding(LSD)이나 다른 tree search method들은 LLR값을 계산하는데 사용되는 candidate list로 각 채널에 비트 조합의 부분집합을 선택하는 것을 목표로 하는 detector이다. Candidate list를 사용하는 장점은, 고려해야 할 조합이 줄어들어 시스템의 로드를 줄일 수 있는 것이다. 하지만 이 candidate list의 크기가 모든 가능한 전송 비트 조합보다 작지만, 채널당 비트 수가 증가하면 역시 급격하게 증가하게 된다.

그런데 candidate list를 다른 방식으로 찾는 Markov chain Monte Carlo 방식을 이용하면, tree search method에 비해 다음과 같은 차이점을 갖고 있다. 먼저 stochastic process라는 점, 즉 확률이론이 도입되어 확률적으로 발생 가능성이 높은 것만 고려하여 경우의 수를 줄일 수 있는 것을 의미한다. 그리고 candidate list의 크기 크기와 MIMO detector의 복잡도가 채널당 비트수에 급격하게 증가하지는 않는다. 실제로 선형(linear)보다 약간 가파르게 증가하게 된다. 게다가 SINR이 낮은 지역에서 특별히 좋은 성능을 발휘한다. 위의 [그림 4.12]는 $N_t \times N_r$ MIMO인데, 송신기에서 information s는 채널 인코더(channel encoder)에 의해 인코딩된다. 그리고 채널 인코더의 출력 값은 인터리버(interleaver)를 통과하여 M 비트의 블록들로 분배된다. 이러한 블록들은 vector sequence $b(n)$을 형성하게 된다. (n은 time index). 각 $b(n)$은 transmit symbol $d(n) = [d1(n), d2(n), \cdots dN_t(n)]^T$에 매핑된다. MCMC MIMO detector는 Gibbs sampler라는 stochastic search 방법을 사용한다.

Gibbs sampler는 b에 의해 정의된 state space를 찾는 실제적인 Markov chain process이다. 즉

$$\frac{\|y-Hd\|^2}{2\sigma^2}-\frac{1}{2}b_{-k}^T\lambda_2^e,-k$$

의 작은 값들을 만들게 되는 b의 샘플들을 찾는 것을 목표로 stochastic process를 활용하는 것이다.

하지만, MCMC MIMO는 low SINR에서 잘 동작하지만, 오히려 SINR이 높은 강전계에서는 MIMO 성능이 떨어지는 경향이 있다. 그 이유는 SINR이 높은 경우, Markov Chain의 일부 transition probability가 매우 작아져서 Markov chain이 여러 개의 nearly disjoint chain으로 나누어지기 때문이다. 이로 인해, random point에서 출발한 Gibbs sampler는 초기 지점(point) 주변의 지점 집합 내에 그대로 머물게 되고 위의 식의 오른쪽에서 구하려는 최대치를 찾는데 충분한 지점을 찾지 못하게 된다. 그래서 SINR이 낮은 지역에서만 MCMC MIMO detector를 사용하고 SINR이 높은 지역에서는 MMSE equalizer를 사용하여 SINR에 따른 선택적 detector를 사용하도록 하는 방안을 생각해 본다. 앞에서 언급한 RSRP, SINR 등의 값을 기준으로 강전계(near cell), 혹은 중전계(middle cell)와 셀의 가장자리로 구분하여 각 경우에 맞는 detector를 선정하도록 하는 것이다.

이러한 문제를 극복할 만한 새로운 MIMO 수신기는 MMSE 수신기와 MCMC MIMO가 결합(combine)된 페루프 Spatial Multiplexing 형태로서 먼저 신호가 입력되면 RSRP를 측정한다. 그리고 강전계(near cell), 혹은 중전계(middle cell)일 경우 MMSE equalizer를, 셀의 가장자리(edge cell)의 경우 MCMC MIMO를 사용한다. 그리고 QAM 변조의 계층적 변조 특성을 활용하여 수신기로 들어오는 심볼을 에러에 강인한 HP(high priority) 심볼과 상대적으로 에러에 약한 LP(Low priority) 심볼로 구분하여 각 심볼에 적합한 방식을 할당하도록 한다. 흐름은 [그림 4.13]과 같다.

1. RSRP를 통해 주변 SINR측정, 강전계, 혹은 중전계인지 아니면 셀의 가장자리인지 체크

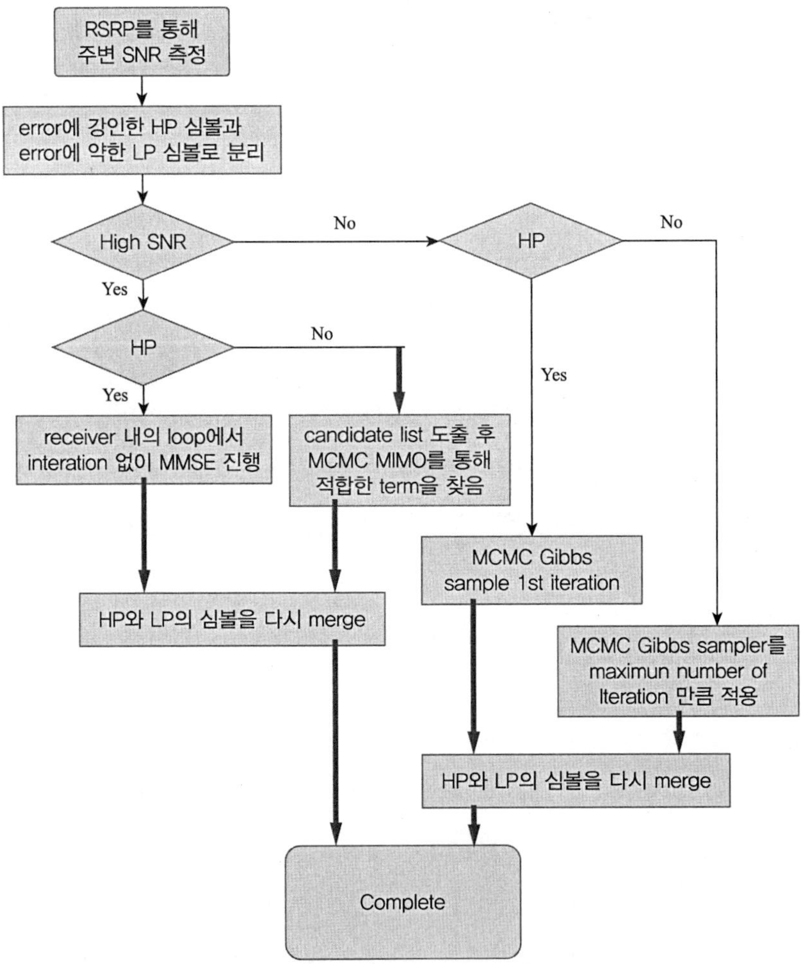

| 그림 4.13 | 새로운 MIMO 수신기 방안에 대한 알고리즘

2. QAM 변조에서 에러에 강인한 HP(high priority) 심볼과 상대적으로 에러에 약한 LP(Low priority) 심볼로 분리

1) High SINR이고 HP일 경우, 수신기 내의 루프에서 반복 없이 MMSE 진행한다(전파환경도 양호하고 심볼도 에러에 강인하여 가장 좋은 조건이다. 바로 MMSE를 진행하는 것이 가능하다).
2) High SINR이고 LP일 경우 candidate list 도출 후 MCMC MIMO에서 위의 식에 적합한 term을 찾도록 한다(전파환경은 좋지만, 심볼이 에러에 약한 상황이다. MCMC MIMO를 진행하는데 어느 정도의 확률을 갖고 있는 candidate list를 확보하는 것은 수월할 것이다. 그리고 위의 max-log approximation을 사용한 수식에 적합한 term을 찾는 로드를 줄이도록 한다).
3) • Low SINR이고 HP일 경우: MCMC Gibbs sampler를 1회 반복만 실시(전파환경은 나쁘지만 심볼이 에러에 강인한 경우이다. MCMC Gibbs sampler를 1회만 루프 돌리면 충분할 것이다.)
   • Low SINR이고 LP일 경우: MCMC Gibbs sampler를 최대 반복 횟수만큼 적용(전파환경도 나쁘고 심볼도 에러에 약함. 루프를 설정된 최대 횟수만큼 돌려서 가능한 최대로 detection하도록 함.)
4) HP와 LP의 심볼을 다시 취합하여 상위 단으로 데이터 전송함.

이상의 방법을 사용하여 전파환경 및 심볼의 특성에 따라 적합한 수신기 방식을 적용함으로써 MIMO의 성능을 향상시킬 수 있겠다.

4.3 핸드오버와 개선된 호 수락제어 (Call Admission Control)

이동통신이 고정 무선통신과 큰 차이점을 갖는 부분이 바로 핸드오버(Handover)이다. 그리고 LTE와 같은 고속 데이터 이동통신에서 호 수락제어(CAC : Call Admission Control) 측면의 핸드오버 가입자에 대한 서비스 제공은 좀 더 개선된 방향으로 계속 연구가 되어 왔다. 한정된 셀 리소스를 초기 호접속(initial attach) 호와 핸드오버 호에 대해 적절히 분배하는 것이 시스템 리소스를 효율적으로 사용하는 것인데 핸드오버 가입자가 CAC로 인해 새로운 target cell에서 거부되어 버릴 경우 가입자가 느끼는 불만은 초기 호접속의 경우보다 더 크기 때문에 핸드오버 호 가입자를 좀 더 우선순위로 두고 CAC을 진행하는 것이다. 특히 5G로 가면서 대규모 접속(massive connectivity)에 대한 이동성을 지원하기 위해 호 수락제어(Call admission control)의 중요성은 증가되고 있다. 이번 장에서는 현재 LTE에서의 핸드오버 방식에 대해 살펴보고 LTE에서 적용되는 CAC 기술에 대해 확인해 보도록 한다.

LTE와 같은 고속 데이터 이동통신에서 가입자가 셀 간 이동하면서 진행되는 핸드오버는 하드 핸드오버이지만 서비스 단절 시간(interruption time)의 개선으로 실사용자가 끊김을 거의 느끼지 못하고 진행되어야 한다. 특히 음성 서비스의 경우 짧은 순간 동안 대화가 끊어지더라도 사용자가 불편함을 느낄 수 있기 때문에 핸드오버로 인해 발생하는 서비스 단절 시간을 최소화 할 수 있는 방법의 개발이 필요하다. 그래서 핸드오버 서비스 단절시간(interruption time)을 단말에서 source eNodeB로 measurement report를 받은 후 Source eNodeB가 RRC connection reconfiguration을 단말에 내린 시점부터, target eNodeB로 RRC connection reconfiguration complete를 올린 시각까지로 정의하여 해당 시간의 최소화를 통해 LTE 가입자들에게 좋은 품질의 서비스를 보장하려고 하고 있다.

그리고 LTE에서의 CAC은 좀 더 개선된 방향으로 계속 연구가 되어 왔는데, 기존의 이동통신망이 회선 교환(circuit switching)을 통해 음성 트래픽을 전달하는 것과 달리 LTE는 IP 기반의 패킷 스위칭을 통해 모든 종류의 트래픽을 전달하기 때문에 다양한 서비스에 대한 QoS 보장이 어렵게 된다. 그래서 RRM(Radio Resource Management)이 중요하며 그 중 하나인 호 수락제어가 기존호의 QoS를 유지하며 네트워크를 안정적으로 유지하는데 중요하다.[1]

LTE 상향링크에서의 CAC은 레이어 3에 위치하며 현재 셀의 로드(load) 정보를 사용하여 CAC의 의사를 결정한다.

LTE는 오디오, 비디오 스트리밍, 게임, VoIP 등의 서비스에서 효율적으로 QoS를 보장하는 것을 목표로 하고 있기 때문에 QoS 제어를 제공하기 위해 호 수락제어와 패킷 스케줄링이 매우 중요하다. QoS가 보장되는 호 수락제어는 새로운 무선 베어러(radio bearer)가 필요로 하는 QoS가 충족되는 전제하에 새로운 무선 베어러의 접속을 보장하는지 거부하는지를 결정하게 된다.

WCDMA와 달리 LTE는 OFDMA를 사용하기 때문에 상향링크 셀내(intra-cell) 간섭은 존재하지 않게 된다. 게다가 LTE 상향링크 가입자는 fast AMC(Adaptive modulation and coding)와 hybrid ARQ가 동작하는 동적인 shared channel에 스케줄링된다. 그래서 기존 WCDMA에서의 호 수락제어와는 다른 방식이 적용되어야 하는 것이다.

먼저 현재 LTE에서의 핸드오버 절차를 확인하고, LTE에서 적용되는 CAC 기술에 대해 살펴보기로 한다.

4.3.1 LTE에서의 핸드오버

핸드오버는 크게 하드 핸드오버와 소프트 핸드오버로 구분할 수 있는데, 기존의 통화하던 회선을 먼저 끊은 뒤 새로운 기지국으로 연결하는 하드 핸드오버와 동시에 두 개의 기지국과 통화채널을 유지할 수 있는 소프트 핸드오버로 구분된다. LTE 시스템에서는 빠르게 기지국을 전환시킬 수 있는 하드 핸드오버를 사용한다. LTE에서의 핸드오버 흐름은 다음과 같다.

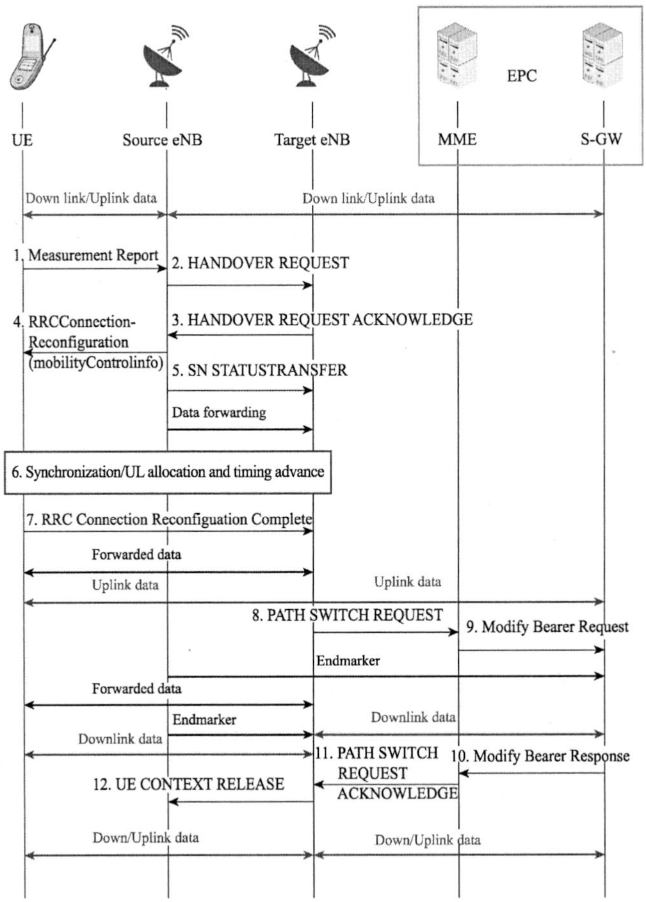

| 그림 4.14 | 핸드오버 절차

측정 보고를 기반으로 source eNodeB는 핸드오버 여부를 결정하고 target cell을 선택한다.

source eNodeB는 target eNodeB에 핸드오버 요청을 보내고 target eNodeB가 핸드오버를 하는데 필요한 정보들(예를 들면 source eNodeB의 X2 signaling context reference, target cell ID, source eNodeB에 있는 단말의 C-RNTI정보, AS config 등)을 보내게 된다.

핸드오버 요청과 핸드오버 요청 ack 사이에는 target eNodeB가 해당 UE를 받을지 결정하는 호 수락제어가 진행된다. Target eNodeB는 수신된 EPC bearer QoS 정보에 따라 필요한 리소스를 설정하고, C-RNTI값을 참조하며, 경우에 따라 RACH dedicated preamble도 참조하게 된다.

Target eNodeB는 L1/L2단에서 핸드오버를 준비하게 된다. 그리고 source eNodeB로 핸드오버 요청 ACK를 보낸다. 이 핸드오버 요청 ACK 메시지는 핸드오버 명령의 일부로 포함될 transparent 컨테이너를 포함한다. 여기에는 새로운 C-RNTI값이 포함되고, 선택적으로 dedicated RACH preamble과 이것의 expire time 등을 포함한다. 그리고 source eNodeB는 핸드오버 요청 ack message를 받자마자 데이터 포워딩(data forwarding)을 시작하게 된다. 데이터 포워딩의 목적은 X2 핸드오버 시에 하향링크 데이터 패킷의 유실을 막는 것이다. 즉 source eNB와 target eNB 간의 유저 플레인 터널을 포워딩(forwarding)함으로써 구현된다. 그렇게 되면 핸드오버 중의 데이터는 계속해서 Serving Gateway(SGW)에서 UE까지 전달되게 된다. 그 결과로 TCP 전송속도 저하가 최소화 된다.

다음은 데이터 포워딩 시그널링(data forwarding signaling) 로그이다. 하기 로그를 살펴보면 source eNB에서 target eNB로 보내는 핸드오버 준비 메시지(preparation message)에서 하향링크 데이터 포워딩 메시지가 포함되고 단말로는 GTP tunnel endpoint를 알려주어 source eNB에서

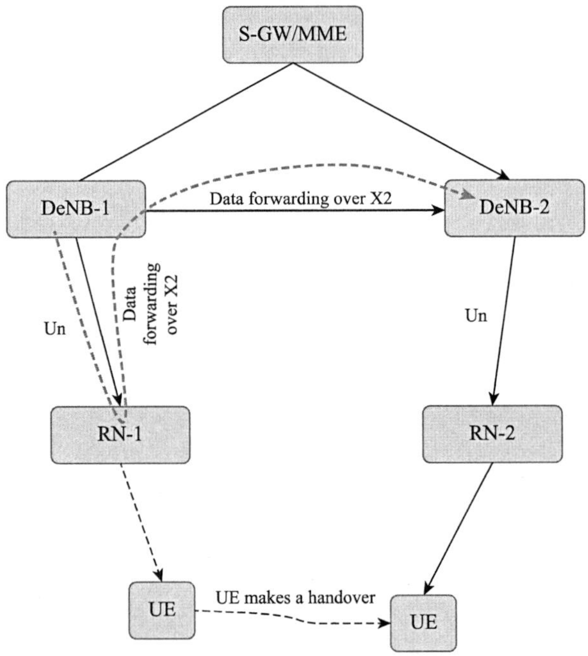

| 그림 4.15 | Data forwarding(출처: EU FP7 INFSO-ICT-247223 ARTIST4G Project Deliverable D3.5c: Moving Relays and Mobility aspects)

target eNB로 이동 시 GTP로 데이터가 전달되게 된다.

Source eNodeB는 단말로 핸드오버 명령을 보내는데 여기에는 target eNodeB로부터 받은 transparent 컨테이너가 포함되어 있다. Source eNodeB는 integrity protection과 ciphering을 수행한다.

Source eNodeB는 target eNodeB로 SN status transfer 메시지를 보낸다. 여기에는 PDCP status preservation이 적용된 EPC 베어러의 상향링크 PDCP SN 수신기 상태와 하향링크 PDCP SN 송신기의 상태가 포함된다.

단말은 핸드오버 명령을 받은 후, target eNodeB와 동기를 맞추고 target cell에 접속하게 된다. 그리고 상향링크 할당과 timing advance를 수행하게 된다.

단말이 성공적으로 target cell에 접속하게 되면 단말은 핸드오버 confirm message(C-RNTI)를 보내게 되고, target eNodeB는 해당 C-RNTI를 확인한다.

Target eNodeB는 MME에 path switch request를 보내어 해당 단말의 셀이 변경되었음을 알린다.

MME는 유저 플레인 Update Request를 Serving Gateway로 보내어 하향링크 tunnel switch를 진행하게 한다(경우에 따라서는 UL tunnel endpoint 또한 변경된다). 그렇게 되면 serving Gateway는 하향링크 데이터 경로를 target side로 변경하게 된다.

Serving Gateway는 유저 플레인 업데이트 응답(update response)을 MME로 보내게 된다.

MME는 pathswitch ACK를 보낸다. 여기에는 경우에 따라 새로운 업데이트 터널링 앤드포인트(UL tunnel endpoint)를 포함하기도 한다.

Target eNodeB는 Source eNodeB로 resouce release command를 보낸다. 그러면 source eNodeB는 해당 명령을 받은 후, UE context에 관련된 무선 리소스와 컨트롤 플레인의 리소스들을 해제하게 된다. 그렇지 않게 되면, 데이터 포워딩은 계속 진행된다.

실제로 UE(User Equipment Diagnostic Monitor)에서 캡처한 핸드오버 시그널링 로그를 살펴보면, DM 로그 우측에서는 Measurement report (단말에서 source eNB로) RRC connection reconfiguration(source eNB에서 단말로) RRCconnection reconfiguration complete(단말에서 target eNB로)의 순으로 핸드오버가 진행됨을 확인할 수 있고, LTE의 핸드오버는 hard 핸드오버이기 때문에 핸드오버 순간 L1 그래프나 BLER(Block Error Rate), 전송 속도 등의 값이 잠시 급격하게 떨어진다. 물론 CQI(Channel Quality Indicator)값도 떨어지게 된다.

4.3.2 LTE에서의 CAC(호 수락제어)

이동통신 네트워크에서의 CAC(Call Admission Control)는 그동안 여러 기술 개발에서 연구되어 왔다. 그러나 5G에서의 Ultra reliable Low latency 조건을 요구하는 mission critical 서비스까지 아직 고려하지 않더라도, 지연에 민감한 다양한 QoS 요구 조건과 이기종 망의 다양한 트래픽 패턴 등으로 인해 효율적인 CAC 알고리즘을 설계하는 것은 도전적인 일이다. 특히 핸드오버 호 가입자의 경우 통화 중간에 끊기고 되면, 새로 호 attach를 시도하는 가입자에 비해 불만이 높기 때문에 CAC에서는 우선순위를 핸드오버 가입자에게 두는 경향이 있다. 그래서 핸드오버 가입자에 우선순위를 두면서도 새로 attach를 시도하는 가입자도 충분히 안배할 수 있는 CAC 알고리즘에 대해 생각해보기로 한다.

기존의 CAC 알고리즘은 정적인 것과 동적인 것으로 나뉘게 된다. Static 알고리즘은 핸드오버 호를 위해 고정된 양의 리소스를 예약하는 방식으로 셀당 가입자 수나 베어러(bearer) 수를 제한하는 방식이지만, 한정된 리소스를 충분히 사용하는 효율의 측면에서 문제점이 있다. 동적인 알고리즘은 핸드오버 호의 동작을 예측하여 예약하는 리소스량을 동적으로 조절하는 방식으로 셀 리소스를 좀 더 효율적으로 사용할 수 있는 장점이 있다. 하지만 LTE에서는 다양한 종류의 요청 호들에 대해 서로 다른 QoS 요구 사항을 반영해야 하는데 그렇게 하기 어렵기 때문에 아직은 제대로 사용되지 못하고 있다.[2]

일반적으로 기존의 CAC 알고리즘은 크게 정적인 CAC 알고리즘과 동적인 CAC 알고리즘으로 나뉘는데 각각의 개요는 다음과 같다.

먼저 정적인 CAC 알고리즘은 전체 채널 N개 중에서 핸드오버 호를 위한 M개의 채널을 사전에 예약하여 둔다. 핸드오버 호가 eNodeB로 도착할 경우, N개의 채널 중 사용 가능한 채널이 존재할 경우에만 수락되고 그렇지 않으면 거절된다. 이러한 알고리즘은 구현이 간단하지만 시시각각 변하는 RF 환경에서 최적의 M값을 결정하는 것은 어렵다. 이 값이 너무 크면 상대적으로 초기 호에 접속하려는 가입자를 수용하는데 불필요한 제약이 생기게 되며, 너무 작으면 핸드오버 호의 절단률이 높아지게 되는 것이다.

동적인 CAC 알고리즘에서는 추정을 위한 여러 가지 고려 사항이 있을 수 있겠지만 크게 중앙 예측 CAC 알고리즘과 분산 CAC 알고리즘으로 나눌 수 있다. 중앙 예측 CAC 알고리즘의 경우 eNodeB가 단독으로 초기 호 접속 호 및 핸드오버 호에 대한 사용 대역폭의 양을 추정하여 리소스를 예약하게 된다. 그리하여 위에서 언급한 정적인 CAC 알고리즘에 비해 리소스 사용 효율이 높게 된다. 뿐만 아니라 인접 eNodeB와의 정보 교환으로 인한 오버헤드가 적은 장점이 있지만, 핸드오버 호에 대한 정확한 예측이 어려운 단점도 있다.

분산 CAC 알고리즘은 해당 eNodeB와 인접 eNodeB의 정보를 활용하여 CAC 알고리즘을 수행한다. eNodeB는 인접 eNodeB들의 정보를 바탕으로 핸드오버 호에 대한 도착률을 예측하고 이를 바탕으로 해당 eNodeB가 최대 수락 가능한 호 개수에 따른 임계(threshold)값을 결정한다. 이 알고리즘은 인접 eNodeB로부터 호 도착률, 요구 대역폭 등 핸드오버에 대한 정보를 인접 eNodeB들로부터 전달받기 때문에 중앙 예측 CAC 알고리즘에 비해 핸드오버 호에 대한 QoS 제공이 용이한 장점이 있는 반면, 이와 같은 정보들은 결국 오버헤드가 되어 네트워크에 부담을 주게 된다.[3]

개선 포인트로 생각해 본 것은, 만약 핸드오버 호 사용자에 대한 사용 대역폭 예측을 좀 더 효율적으로 진행한다면, 핸드오버 호의 blocking rate를 줄일 수 있고, 초기 호 접속 가입자의 경우 핸드오버 호 가입자에 의해 리소스 부족으로 인해 거부가 되는 경우가 줄어들 수 있게 할 수 있다.

4.4 eNB 스케줄링 개선

이동통신 네트워크의 스케줄링 알고리즘에 대해서는 이전부터 여러 연구가 진행되어 왔고 다양한 알고리즘들이 최적의 스케줄링을 구현하기 위해 제안되어 왔다. 그리고 이동통신 사업자들은 개선된 성능의 LTE 스케줄링 알고리즘을 연구하고, 그 기능이 제대로 구현되었는지를 검증한다. LTE에서 스케줄링은 어떠한 단말에게(하향링크) 혹은 어떠한 단말로부터(상향링크) 어떤 리소스 블록을 통해 데이터를 송수신 할지를 결정하는 일이다. 그리고 스케줄러는 LTE 시스템의 핵심 요소로서 많은 경우 시스템의 전반적인 동작을 결정하게 된다. 그리고 가입자의 분포 및 인접 셀의 분포에 따른 다이나믹한 LTE 스케줄링 알고리즘과 기존의 주파수 선택적(frequency selective) 스케줄링을 개선하여 모든 부반송파들을 가급적 효율적으로 활용하는 방안을 같이 확인해 보도록 한다.

LTE 가입자가 증가하여 같은 셀 내에서 여러 다른 RF 조건에 있는 가입자들에 대해 어떤 식으로 스케줄링할 것인지에 대한 알고리즘이 중요하게 대두되고 있다. 특히 국내 이동통신 사업자들은 장비 제조사별로 스케줄링 알고리즘이 제대로 구현되어 있는지에 대해 지대한 관심을 갖고, 성능 개선을 요구하며 검증을 강화하여 실제 사이트에서 최대 다수의 가입자에게 가장 만족할 만한 성능을 제공하려고 하고 있다.

스케줄링은 기본적으로 eNB와 1개의 UE 간 리소스 할당을 어떤 식으로 할지, 즉 다이나믹 스케줄링으로 할지 아니면 semi-persistent로 할지에 대한 구분뿐만 아니라 여러 가입자에 대해 어떠한 스케줄러로 서비스를 할 것인지에 대한 것을 의미한다. LTE 상용망에서 필요한 스케줄링 요구 조건으로 다음과 같은 사항을 들 수 있다.

1) 스케줄러는 1 ms TTI 단위로 동작할 수 있어야 하며, 대역폭에 비례 많은 수의 동시 사용자 스케줄링이 가능하여야 한다.
2) Proportional Fair, MAX CI, Round Robin 등의 스케줄링 알고리즘을 지원할 수 있어야 한다.
3) 단말의 피드백 정보(CQI, PMI, RI)를 반영하여 스케줄링이 가능하여야 한다.
4) 단말의 부반송파별 CQI 피드백을 반영하여 최적의 PRB(Physical Resource Block)을 할당하는 주파수 선택적 스케줄링이 가능하여야 한다.
5) 단말의 LCG(logical channel group) 단위, RS(레퍼런스 시그널) 및 파워 헤드룸(Power headroom) 정보를 기반으로 상향링크 스케줄링이 가능하여야 한다.
6) 스케줄링의 QoS를 지원하여 QCI, MBR/GBR, UE-AMBR 등의 QoS 요구 조건을 만족할 수 있도록 하향링크/상향링크 스케줄링이 가능하여야 한다.

이번에는 LTE에서의 스케줄링 원리 및 방식에 대해 살펴보고, 새롭게 개선하여 서비스 현장에 적용할 만한 LTE 스케줄링 알고리즘을 살펴본다. 즉 기존의 RF 품질이나 리소스 블록 기할당 등을 주요 기준으로 한 가입자 분류 방식을 떠나, 가입자의 분포 따라 다이나믹하게 스케줄링 알고리즘을 구현하여 가입자의 분포에 따라 가장 적합한 스케줄링 알고리즘으로 변환할 수 있도록 한다. 또한 기존의 주파수 선택적 스케줄링을 개선한 방안도 살펴본다. 그리고 지역마다 다양하게 다른 셀 설계에 맞도록 인접 셀의 분포 상태를 주기적으로 체크하여 유기적인 스케줄링이 이루어지도록 하는 알고리즘 변경 방식도 확인해 본다.

4.4.1 LTE에서의 스케줄링

스케줄링 알고리즘을 결정하기 위해서는 다음 사항을 고려해야 한다.[2]

1. **시스템 용량(throughput)**: 가장 기본적인 목적으로 스케줄링 알고리즘은 최대한 전송속도를 증대시킬 수 있어야 한다.
2. **효율성(Efficiency)**: 무선 링크 적응 및 무선 리소스 공유 등을 통해 효율성을 높일 수 있어야 한다.
3. **QoS 지원**: 서로 다른 서비스 애플리케이션에 따라 서로 다른 종류 및 등급의 QoS를 지원할 수 있어야 한다.
4. **형평성**: 셀 전체에 임의로 분포하고 있는 통화자들에 대한 적절한 서비스 형평성이 보장되어야 한다.
5. **구현의 복잡도 및 운용의 복잡도**: 고속 통신망에서는 스케줄러의 결정이 빠르게 이루어져야 하기 때문에 스케줄러는 반드시 낮은 복잡도를 가져야 한다.

LTE의 경우 주파수와 시간 축으로 되어 있는 2차원 상의 리소스를 사용하게 된다. 마치 바둑판처럼 생긴 2차원 리소스가 기지국과 단말 사이의 무선 구간인 공중을 계속 날아다닌다고 상상해도 좋을 것 같다. 그리고 스케줄러는 기지국에서 실제로 스케줄링을 하는 부분인데 3GPP 표준에서 정의하기 보다는 주로 각 제조사별 구현 이슈로 남겨 놓아 각 제조사의 핵심 기술과 전략을 포함하게 된다. 스케줄링의 종류는 크게 다음과 같이 4가지로 구분할 수 있다.[3]

1. **Round Robin 방식**: 이것은 셀 내 사용자의 채널 상태와 관계없이 셀 내의 사용자들에게 차례대로 리소스를 공평하게 할당하는 방식이다.

사용자 간의 형평성 측면에서만 본다면 좋은 방식이지만, 순시 채널 상태를 고려하지 않고 스케줄링 하게 되기 때문에 셀 용량이 낮아지는 단점이 있다. 좀 더 구체적으로 설명하면 이것은 마지막 스케줄링 그랜트 이후 가장 오랜 시간을 기다린 무선 베어러를 최우선 순위로 선정하게 된다. 대부분의 서비스에 무난하게 사용된다. 그러나 이 알고리즘은 각 사용자 별 채널 상태를 전혀 고려하지 않기 때문에 스케줄링 이득을 얻을 수는 없다.

2. Proportional Fair 방식: 사용자들 간의 어느 정도 형평성을 고려하여 리소스를 할당하며 순시 채널 상태 또한 함께 고려하는 방식이다. 채널 상태와 사용자가 서비스 받지 못하는 시간을 함께 고려하여 스케줄링 하게 되는데, 서비스를 받지 못하는 시간이 길어질수록 우선순위(Priority)가 증가하게 되어 이 우선 순위와 C/I가 같이 고려된다. 다음에 나오는 Max C/I 방식과 Round Robin 방식을 혼합한 형태로서 시스템의 용량 측면과 여러 사용자의 QoS를 어느 정도 만족시키게 된다. 공평성(fairness)의 정도에 따라 세분하여 Proportional Fair High, Proportional Fair Medium, Proportional Fair Low 방식으로 구분하게 된다.
3. Maximum C/I: 이것은 공평성이 가장 떨어지는 알고리즘이다. 이것이 사용되게 되면 스케줄러는 셀의 용량을 극대화 하기 위해 가장 좋은 무선 채널 환경에 있는 가입자들에게 무선 리소스를 할당하게 된다. 여기서 C/I는 신호 전력 대비 간섭 전력의 비이고, 이 값이 클수록 채널의 상태가 좋다는 것을 의미한다. 그러나 채널 상태가 좋지 않은 사용자는 계속해서 리소스를 할당 받지 못해 데이터를 주고 받을 수 없게 된다. 즉 QoS를 만족시키지 못하게 되는 것이다.

4. Equal Rate 스케줄링: 이것을 사용할 경우에 스케줄러는 셀 내에 있는 flow에 대해 같은 평균 전송 속도가 나오도록 한다. 즉, 오히려 공평한 속도를 만족시키려면 채널 상태가 나쁜 사용자에게 평균적으로 더 많은 리소스를 할당해 주어야 한다. 이로 인해 셀 평균 전송속도의 측면에서는 전체를 하향평준화 하게 되는 것이다. 다른 proportional fair 스케줄링의 경우 셀의 용량과 셀 가장자리의 전송 속도 간의 균형을 추구하게 된다.

그리고 LTE의 기본 동작은 다이나믹 스케줄링으로서 eNB는 매 1 ms TTI 마다 선택된 단말들에게 스케줄링 정보를 보내어 하향링크와 상향링크 전송 활동을 제어하게 된다. 기본적으로 어떤 원리로 동작하는지를 살펴보려면 UE DM(Diagnostic Monitor) 로그를 통해 확인할 수 있다. 일반적인 LTE DM 로그를 보면, LTE의 스케줄링 단위인 1 ms마다 MCS level이 정해지고, 이에 따라 변조 방식과 전송 블록 크기가 변화함을 알 수 있다.

eNB의 MAC 프로토콜 단에 DL-SCH와 UL-SCH 전송 채널을 위해 물리계층의 리소스들을 할당하는 다이나믹 스케줄러가 위치하게 된다. 스케줄러는 단말들 간에 스케줄링 리소스들을 공유해야 할 경우, 각 단말과 관련된 데이터 베어러에 대해 트래픽의 크기와 QoS 조건들을 고려해야 한다.[4]

스케줄러들은 단말을 통해 보고되고 eNB에서 해석된 RF 조건들을 바탕으로 리소스들을 할당하게 된다. 그리고 그 리소스 할당은 매 TTI(time to interval)마다 발생하게 된다. 리소스 할당은 PRB(physical resource block)와 MCS(Modulation and Coding Scheme)로 구성된다. 만약 스케줄링 대상 가입자 및 데이터가 많다면, 1 ms TTI 이상의 주기로 리소스 할당을 하는 경우 하향링크 스케줄러는 데이터를 전송할 단말들을 동적으로 제어하고 각 단말에 대해 각 단말의 DL-SCH가 전송되어야 하는 리소스 블록들을 다이나믹하게 제어하는 역할을 한다. 상향링크 스케줄러도 비슷한 목적으로 동작하게 되는데 어떤 단말들이 UL-SCH 상으로 전송을 하고 어떤 상향링크 리소스를 사용할지를 다이나믹하게 제어한다. 특히 eNB의 스케줄링은 단말의 피드백 정보(CQI, PMI, RI)를 반영하여 진행이 되는데, 그러면 실제로 단말을 FTP 서버에 접속하고 파일을 다운로드하면서 채널 품질을 확인하면 각 케이스별로 (강전계, 약전계) MCS 레벨이 달라지게 되며 이로 인해 스케줄링이 달라짐을 확인할 수 있다. 예를 들면 강전계의 경우 cqi =15 ri=2 DLMcs (CW1)=28 DLMcs (CW2)=28, 약전계의 경우 cqi=10 ri=2 DLMcs (CW1)=22 DLMcs (CW2)=22 정도를 생각해 볼 수 있다.

즉, 단말로부터 보고되는 CQI와 RI가 변경됨에 따라 MCS와 코드워드의 스케줄링이 eNB의 설계 구현에 따라 달라진다.

4.4.2 개선된 LTE 스케줄링 알고리즘

이번에는 개선된 LTE 스케줄링 알고리즘을 살펴본다. 이러한 개선 방안을 확인하면서 스케줄링에 대한 이해를 높일 수 있을 것이다. 먼저 가입자의 강전계/약전계 위치 분포 기반의 새로운 스케줄링 및 부반송파(subcarrier) 할당 방안에 대해 생각해 보자. 이것은 기존의 RF 품질을 주요 기준으로 한 가입자 분류 방식을 떠나, LTE 기지국에서 현재 접속되어 서비스 중인 가입자의 강전계/약전계 위치 분포를 바탕으로 한 다이나믹한 스케줄링 알고리즘을 구현하는 것인데, 현재 가입자 분포 상태에 따른 스케줄링 알고리즘이 동적으로 변화하여 기지국 데이터 용량을 최대화시킬 수 있게 된다.

그리고 주파수 선택적(frequency selective) 스케줄링 개념을 이용하여 셀의 가장자리 지역에는 frequency selective 스케줄링에 해당하는 부반송파들을 최고로 할당해 주고, 강전계에 있는 가입자들은 비교적 해당 부반송파가 양호할 것이므로 이 부분을 집중 스케줄링해 줄 수 있다. 즉 약전계에 가입자들이 많을 경우 기존의 주파수 선택적 스케줄링 알고리즘을 향상시켜 강전계에 있는 가입자에게 주파수 선택적 스케줄링에서 사용 안 되는 부반송파를 할당하여 스케줄링 리소스의 사용 효율을 극대화하도록 한다. 이 알고리즘을 순서도로 명기하면 [그림 4.16]과 같다.

순서도에서 보듯이, 먼저 셀에 다수의 가입자가 포함되면 기지국은 가입자 단말로부터 올라오는 CQI를 확인하게 된다. 이때 CQI 값을 10 정도로 기준으로 하여 강전계 혹은 좋은 RF 품질의 지역에 있는 가입자의 개수와 그렇지 않은 지역에 있는 가입자의 수를 계수하게 된다. 그리고 강전계 가입자 수가 약전계 가입자 수보다 많을 경우, 스케줄링에서 전체적 형평성을 감안하기 하지만 강전계 가입자들에게 좀 더 리소스 할당 우선권을 주게 되는 proportional fair high 알고리즘으로 스케줄링을 다이나믹하게 변경하게 된다. 그 다음에는 주파수 선택적 스케줄링을 실시하여 10 MHz 밴드에 있는 600개의 부반송파 중에서 일정 임계값(threshold) 이상의 RF 품질이 좋은 것들만 약전계 가입자에게 할당하고, 그 밖의 나머지 부반송파들에게는 강전계 가입자들에게 할당하여 개선된 주파수 선택적 스케줄링을 실시하게 된다. 그런 다음, 일정 주기로 CQI 기반의 강전계 가입자와 약전계 가입자 수를 확인하여 강전계 가입자 수가 여전히 약전계 가입자 수보다 많은지 체크하고 그렇지 않을 경우에는 proportional fair high로 알고리즘을 변경하여 약전계 가입자들에게 좀 더 많은 스케줄링 리소스를 할당할 수 있다.

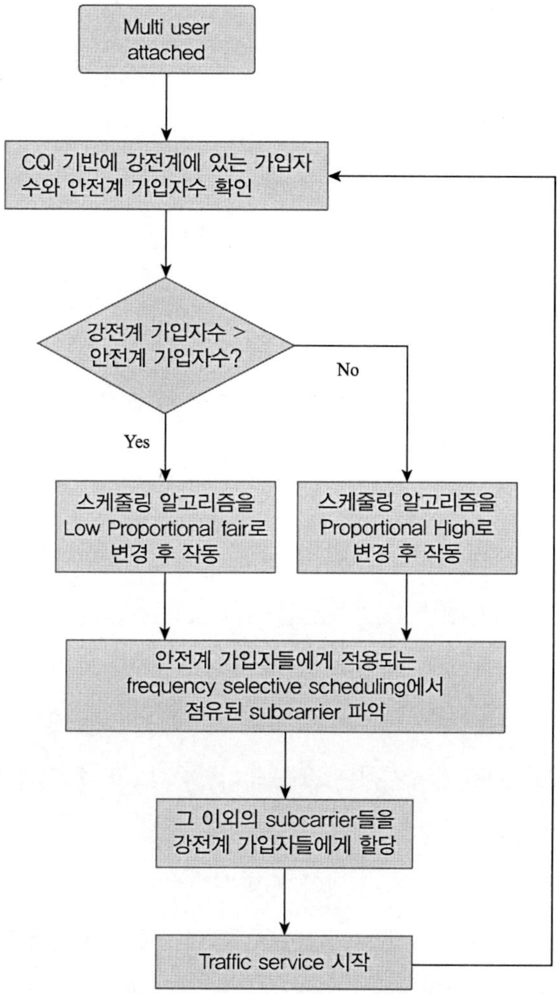

| 그림 4.16 | 가입자 위치 분포 기반의 개선된 스케줄러 동작

그리고 두 번째 방안으로, 인접셀 분포 기반의 새로운 스케줄링 및 부반송파 할당을 생각해 볼 수 있다.

지역마다 다양하게 다른 셀 설계에 맞도록 유기적인 스케줄링 알고리즘 변경 방식을 생각해 본 것인데, 도심같이 셀이 조밀하게 설계된 곳에서는 스케줄링 알고리즘이 max C/I로 설정되어 동작하게 한다. 이 경우 셀이 조밀하게 설계되었는지의 여부는 Event A3 발생 이후 단말에서 보고하는 인접 셀의 RSRP가 높을 경우에는 도심 지역으로 간주할 수 있다. 단말이 Measurement report를 올릴 때에는 serving cell과 target cell의 RSRP 및 RSRQ 정보를 같이 올리게 된다. 여기서 확인할 수 있는 serving cell의 RSRP값을 활용하여 serving cell 근처에 있는 target cell의 분포를 어느 정도 파악할 수 있게 된다.

반대로 셀이 듬성듬성 존재하는 비도심 지역에서는 Event A3 조건이 serving cell의 RSRP가 상당히 낮아진 다음 충족하게 될 것이다(이것은 UE가 강전계에서 상당히 멀리 이동한 다음 셀의 가장자리에 진입하게 됨을 의미한다). 물론 이런 경우에는 Proportional fair low로 동작하면 된다. 이런 방식으로 eNode-B는 UE가 보내는 measurement report를 통해 현재 자신이 도심 지역과 같이 밀접한 셀 환경에 놓여 있는지를 파악할 수 있게 되고 그럴 경우에는 자동으로 Max C/I로 동작하게 되는 것이다. 그렇지 않을 경우 PF HIGH로 동작시키는 것을 의미한다. [그림 4.17]과 같이 알고리즘은 다음과 같다.

동작 원리는 먼저 가입자가 셀의 가장자리로 이동하면서 event A3 조건을 충족하게 되면 measurement report를 기지국에 올리게 된다. 그리고 보고되는 serving cell의 RSRP 값을 체크해 본다. 도심같이 셀이 조밀하게 배치된 지역에서는 상기 RSRP 값이 높게 나오게 된다(기지국에서는 이 기준 값을 임계값 파라미터로 설정한다). 이럴 경우 serving cell의 중전계 지역 정도에서도 인접 셀이 감지될 경우에 해당하므로 셀이 조밀한 경우로 간주하여 기지국 스케줄링 알고리즘을 Max C/I로 변환한다. 그렇지 않을 경우, 즉 measurement report에 있는 serving cell의 RSRP값이 낮게 나올 경우 셀의 가장자리 지역이 강전계로부터 멀리 떨어져 있는 경우이므로

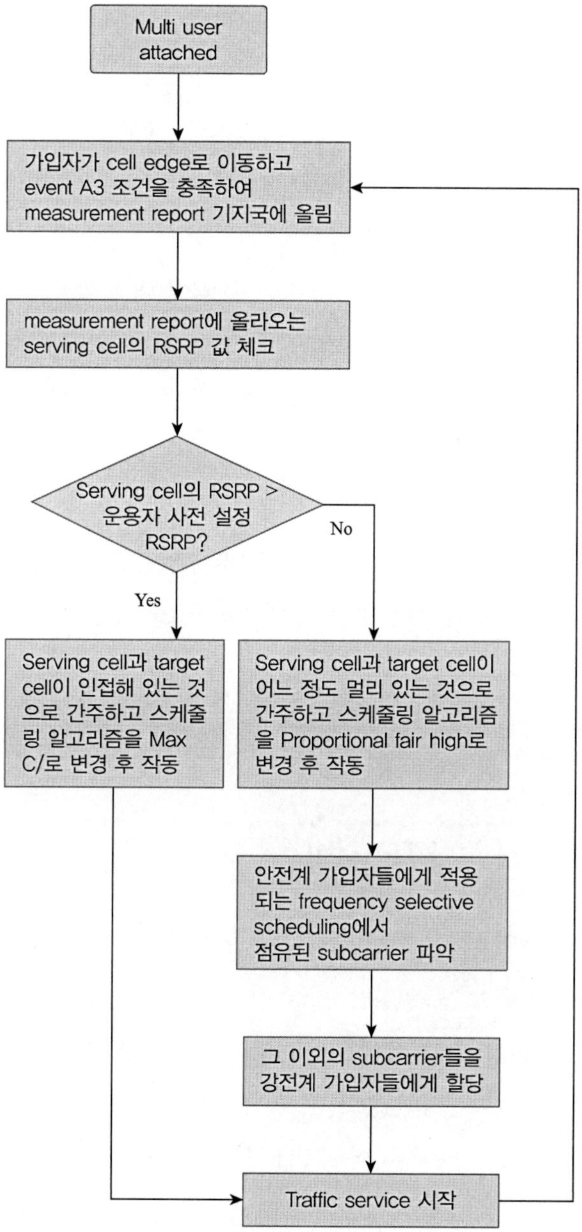

┃그림 4.17┃ 인접셀 분포 기반의 개선된 스케줄러 동작

이런 경우에는 proportional fair high로 기지국 스케줄링 알고리즘을 변환하여 넓게 분포해 있는 다수의 셀의 가장자리 가입자들을 배려한다. 아울러 주파수 선택적 스케줄링을 활용하여 edge 지역의 가입자들에게 먼저 좋은 품질의 부반송파들을 할당하고 강전계에 있는 가입자들에게는 남은 부반송파들을 할당하도록 한다.

이상으로 LTE에서의 스케줄링 원리 및 방식에 대해 살펴보고 각 스케줄링 알고리즘 별 성능을 분석해 보았으며 가입자의 분포 및 인접 셀의 분포에 따라 다이나믹하게 스케줄링 알고리즘을 구현하여 가입자의 분포에 따라 가장 적합한 스케줄링 알고리즘으로 변환할 수 있도록 하는 개선된 LTE 스케줄링 알고리즘을 생각해 보았다. 그리고 인접 셀의 분포 상태를 주기적으로 체크하여 지역 특성을 파악하고 상황에 맞는 최적의 스케줄링이 될 수 있도록 하는 방안과 기존의 주파수 선택적 스케줄링을 개선한 방안 등도 확인해 보았다.

4.5 개선된 VoLTE 서비스

앞의 장에서 이동통신 세대별 진화를 살펴 보았는데, 고속 통신으로 계속 진화하는 경향이 주류이지만, 가장 기본적인 서비스는 바로 음성통화이다. 그리고 LTE 서비스가 국내에서 본격화된 후 국내 이동통신사가 VoLTE에도 집중하여 고품질 음성통화 서비스를 실시해 오고 있다. 'VoLTE'란 'Voice over LTE'의 축약 용어로 LTE 환경에서 제공되는 음성 서비스를 의미한다. VoLTE는 음성 서비스 영역을 가리키지만, LTE 기술은 All-IP 기반의 데이터 전용 네트워크이기 때문에 실제로 제공되는 VoLTE 서비스는 디지털 데이터의 형태로 구현된다. 따라서 음성, 문자, 영상, 채팅, 멀티미디어 콘텐츠를 인터넷 전화의 주요 통화 솔루션인 SIP(session initiation protocol) 방식으로 전송하게 되며, IMS(IP Multimedia Sub-system) 아키텍처를 통해서 데이터로 존재하는 음성 및 문자와 같은 서비스를 전송한다.

이번 장에서는 먼저 VoLTE의 기본 원리에 대해 살펴보고 VoLTE 품질 개선을 위해 도입되고 있는 기능들에 대해 살펴본다.

4.5.1 VoLTE 원리

VoLTE는 기술/네트워크 측면에서는 PS 서비스를, 고객 측면에서는 CS 서비스를 제공하는 기술이다. LTE를 통해 QoS를 제공하는 PS 서비스를 이용하여 음성/SMS/MMS 등의 서비스를 제공하는 것으로, LTE 무선망에서 QoS를 지원하는 VoIP라고 할 수 있다. 음성, 영상통화, SMS over IP를 지원하는 간략한 VoLTE 네트워크의 전체 구성도는 다음과 같다. 즉 무선 엑세스 파트, EPC 파트, 그리고 IMS 파트로 나뉘게 된다. 아래 그림의 각 구성요소는 다음과 같이 정의된다.

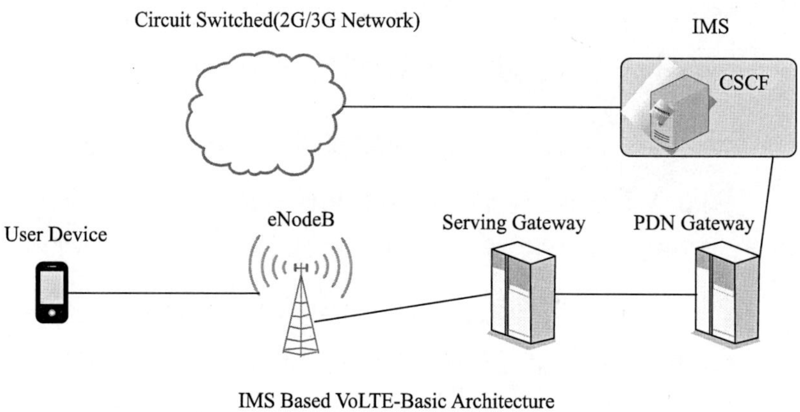

그림 4.18 VoLTE 기본 구조

1. CSCF : IMS 네트워크에서 SIP 착발신 호 세션 제어를 하는 역할을 한다. 그리고 사용자 프로파일 설정에 기반하여 서비스 인증을 진행하고, 어플리케이션의 다중 활성화를 진행한다. CSCF는 P-CSCF, I-CSCF, S-CSCF 등으로 구성된다. 특히 E-CSCF는 응급 통화와 BGCF를 지원하게 된다.
2. PCRF : policy 제어 결정과 과금 제어를 지원한다. Policy 제어는 PCRF가 POCE에 EPS 베어러를 어떻게 제어할지 알려주는 프로세스이다. 여기서 policy는 PCEF에 설치되어 필요한 서비스를 허용하게 될 정보인 것이다.
3. TAS(Telephony Application Server) : TAS는 네트워크를 통해 메시지를 라우팅하는 것과 직접 관련이 없는 기능을 수행하는 통신 네트워크 상의 엔티티이다. 해당 기능으로는 네트워크 내 자동 응답기, 전화 교환, 자동 착신 전환, 컨퍼런스 브리지 및 기타 여러 유형의 애플리케이션 등이 포함될 수 있다.

그리고 MMTEL은 착발신 가입자의 입장에서 GSMA PRD IR.92 profile이 정의한 것인데, 착발신 가입자의 communication capability를 모은 것이다. 크게 다음 두 가지 서비스가 해당하게 된다.

- MMTel full duplex speech : MMTEL은 Multimedia Telephony의 약자인데 전통적인 텔레포니 개념이 아닌 새로운 멀티미디어 서비스로서 어느 미디어에 의한 어떤 디바이스나 어느 네트워크인지에 상관없이 지원된다. 즉 이것은 MMTel device A와 B 간에 full duplex speech를 의미한다. 세션이 진행 중일 때 음성 구성 요소가 추가되기도 하고 해제될 수도 있다. 부가 구성 요소와 함께 VoLTE로 GSMA

IR.92 프로파일에 정의된 음성통화의 근간을 이룬다.

- MMTel real time video : 실시간 화상통화가 이에 해당한다. Full duplex나 half duplex 모두 지원 가능하다. 음성통화도 동시에 지원되며 화상과의 동기화도 지원된다. 역시 세션 중 화상 구성 요소들이 추가되거나 해제될 수 있다. 그리고 VoLTE의 진화 단계는 다음과 같다.

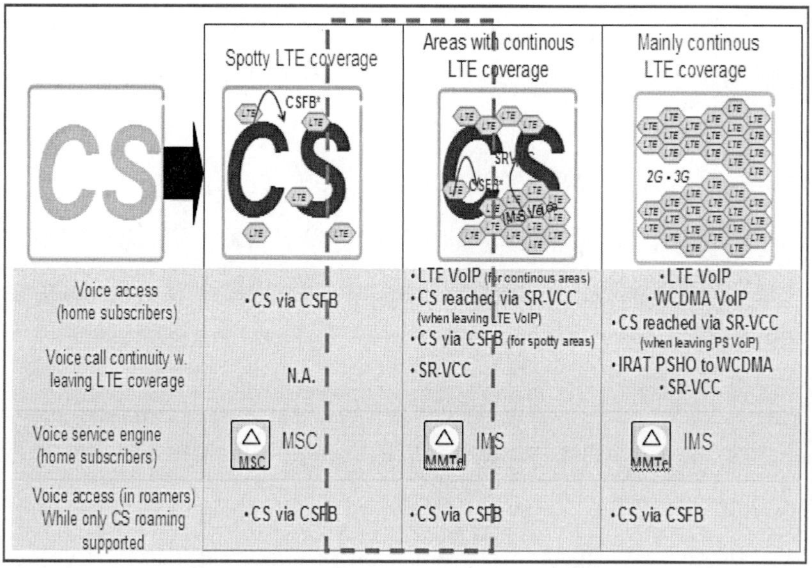

| 그림 4.19 | VoLTE의 진화 단계(출처 : IMTC VoLTE Webinar–Voice over LTE: Industry, Standardization and Market Realities and Perspectives)

4.5.2 VoLTE망의 전개와 개선

LTE망 구축 초장기에는 위의 그림과 같이 필연적으로 회선교환(CS) 방식과 공존상태가 된다. 하지만 일부 다른 사업자들은 처음부터 바로 IMS 기반의 VoLTE 서비스를 지향하는 경우도 있다. 그리고 이러한 모든 기술들이 상용망에서 지원 가능하게 되면 사업자들은 동시에 모든 기술들을 사용하게 될 것이다. 다만 어떤 것을 사용하여 음성 서비스를 할 것인가는 네트워크 커버리지와 용량, 그리고 가입자 단말의 지원 가능한 서비스와 사업자의 네트워크 운용 전략에 따라 달라지는 것이고, 추가로 IMS/LTE 로밍, 응급 통화 지원 여부 등에 따라서도 달라질 수 있다.

위의 [그림 4.19]에서 보듯이, 먼저 1단계는 CS만 존재하는 상태이다. 그러는 가운데 LTE 네트워크가 조금씩 런칭되는 2단계에 접어들게 되는데, 이 때 음성 서비스는 오직 CSfallback으로만 지원된다. 그리고 음성 서비스는 MSC가 주요 요소가 된다. 이때에는 LTE 서비스가 지속적으로 연결되는 지역에서는 LTE VoIP가 지원되고, LTE VoIP 지역을 벗어날 경우에는 SR-VCC(Single Radio Voice Call Continuity)를 통해 CS가 지원된다. 만약 LTE 지역이 듬성듬성 있을 경우에는 기존 CS 망으로 CS fallback이 이루어지게 된다. 가입자에게는 IMS가 음성 서비스의 주동력이 된다.

마지막 4단계는 LTE 네트워크 구축이 완료되어 커버리지가 충분히 갖추어 지게 되는 경우로서, 이 때에는 LTE VoIP를 주로 이용하게 되고 기존 3G 망에도 WCDMA VoIP가 지원된다. PS VoIP 서비스에서 벗어나게 될 경우에는 기존처럼 SR-VCC를 통해 CS가 지원된다. 그리고 LTE 지역이 충분히 갖추어져 있지만 WCDMA로 넘어갈 경우에는 PSHO relocation을 설정하게 된다.

그리고 VoLTE 서비스 품질을 측정하는 방법으로 MOS(Mean Opinion Score) 측정이 있다. 이것은 VoIP에서 사용되면 음성에 대한 질적 평가를 수치적으로 나타내는 방법을 의미한다. 등급은 (1) bad, (2) poor, (3) fair, (4) good, (5) excellent가 된다[4]. 즉 호출 소리를 듣고 1-5(5는 음성 품질이 완벽함을 의미)까지 결과를 표시하는 사람에 의한 주관적인 측정을 의미하는 것인데 실제 시험에서는 단말 DM에 해당 기능이 포함되어 있어서 DM에서 MOS 측정을 하게 된다.

그러면 VoLTE 서비스를 하면서 QoS 관점과 성능 관점에서 이슈가 되는 사항들은 무엇이 있을까? 일반적으로 VoLTE QoS 관점에서 주요한 두 가지 KPI(Key Performance Indicator)가 있는데 첫째는 다른 단말 상태별 VoLTE session set-up time이고 그 다음은 VoLTE(conversational) 음성 품질(speech quality)이다. 이것의 기준은 음성 품질 측정과 음성 경로 지연 시간인 SPD(speech path delay) 그리고 FER(frame error rate) 측정이다.

Mouth-to-ear delay	User acceptance
Below 200 ms	Users very satisfied
Between 200 ms and 285 ms	Users satisfied
Between 285 ms and 390 ms	Some users dissatisfied

❙ 그림 4.20 ❙ 음성통화를 위한 delay 기준

(1) Call Setup time

VoLTE의 session setup time은 일반적인 서비스 환경에서 대략 3.8초가 된다. 실질적으로 재전송을 위한 security margin을 고려하면 3.9초 정도가 된다.

(2) Speech quality

VoLTE 음성 품질의 최종 목표는 기존 2G/3G 서킷 스위치 기반 텔레포니(CS telephony) 보다 월등한 음성 품질을 갖는 것이다. 이것은 speech path delay, frame error rate and handover 성능이 기존 레거시 망의 수

준 이상이 되어야 한다는 의미이다. 이를 위해 다음과 같은 음성 품질 개선 기능을 갖추어야 한다.

- Speech codec
- Discontinuous Transmission(DTX)
- Network Echo Canceller

CHAPTER

5

5G 네트워크를 위한 NFV와 SDN의 이해

이번 장에서는 NFV(Network Function Virtualization)과 SDN(Software Defined Networking)에 대해 확인해 본다. NFV는 5G로 가는 길목에 있는 중요한 디딤돌에 해당한다. 5G로 가는 여정을 등산에 비유한다면, 5G가 산 정상에 해당하고 NFV는 정상을 정복하기 위한 등정길에 있는 베이스캠프와 같은 위치에 해당한다고 할 수 있다. 특히 이러한 여정의 출발점은 용량 증대, IoT, 신규사업 등 여러 가지가 있는데 어떤 경우이든 NFV는 5G라는 정상으로 올라가는데 꼭 거쳐 가야 하는 지점인 것이다.

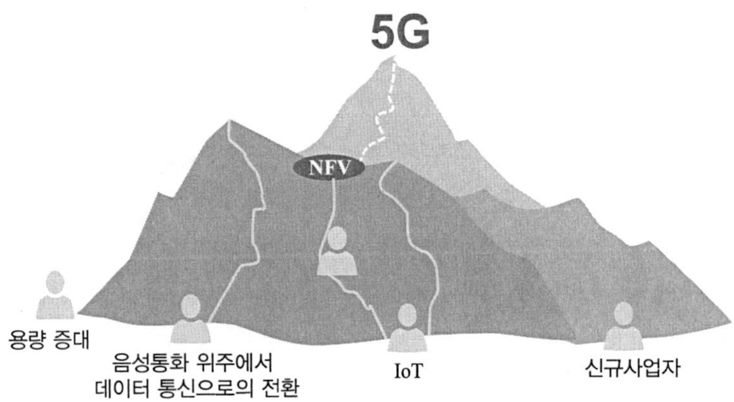

▎그림 5.1 ▎ 5G로 가는 여정

그리고 이번 장에서는 클라우드 인프라 전체의 리소스 할당, LCM(Life Cycle Management) 등의 역할을 하는 클라우드 오케스트레이터에 대해서도 확인해 본다. 아울러 SDN의 기본 개념 및 주요 기술에 대해서도 살펴보도록 한다.

먼저 NFV란 무엇인지, ETSI 및 OPNFV의 의미를 알아보고, NFV 프레임워크가 무엇인지 NFV MANO 아키텍처 및 기능 블록을 살펴보도록 하겠다.

5.1 NFV란?

NFV는 Network Function Virtualization의 약어이다. 기존의 고정된 전용 하드웨어와 결합된 네트워크 기능 소프트웨어(SW)를 하드웨어와 디커플링 시키는 것으로 범용 하드웨어 상에서 네트워크 기능 소프트웨어를 가상머신 형태 등의 가상화 환경 위에서 동작하게 하여 빠르게 설치, 운영, 삭제, 크기 변경(스케일링)을 할 수 있게 함으로써 고객의 요구에 빠르게 대응할 수 있게 된다.

5G 이동통신 네트워크는 대부분 NFV 기반으로 구현될 것이다. 즉 이동통신 네트워크의 각 요소들(vSGW, vPGW, vMME, vRAN, vIMS 등)이 각각 하나의 VNF 형태로 NFVI 위에 올라가 네트워크가 만들어지고, 각 element들이 연결되어 네트워크 서비스를 구성하게 되는 것이다. 그래서 5G 이동통신 네트워크를 이해하기 위해서는 NFV가 필수라고 할 수 있다. 그리고 이 NFV가 5G 이동통신 네트워크의 혁신적인 변화중 하나가 된다.

그럼 NFV가 도래하게 된 네트워크 시장 상황을 살펴보자. 그동안 통신 사업자들은 비즈니스 KPI를 충족시키며 용량, 커버리지를 동시에 증대시킬 수 있는 방안을 계속 해서 찾아 왔다. 그리고 새로운 비즈니스 모델을 구현하기 위한 혁신을 모색해왔고, 새로운 서비스를 빨리 적용할 수 있는 필요성을 절감해 왔다. 뿐만 아니라 네트워크와 운영을 단순화해야 하는 효율성도 필요했다. 이러한 통신 사업자의 요구 사항들을 충족시키는 방법으로 NFV가 매우 적합한 솔루션이 된다고 할 수 있다. 위의 요구 사항에 부응하기 위해 기술적으로는 네트워크가 프로그램(programmable)이 가능해야 하고, 추상화도 되며, 단순화되어야 한다. 그리고 이런 움직임은 표준화와 개방화(오픈소스)로 가는 것이 현재의 방향이다. 전통적인 표준화의 의미는 문서로 작성된 표준이지만 이 경우 실제로 구현한 것은 아니었다. 그리고 여러 제조사, 통신 사업자의 협의로 만들어진 표준이지만, 각각 IPR로 통제가 가능한 환경에 있다는 특징이 있다. 오픈소스의 경우 개발에 들어가는 노력을 서로 공유한다는 의미가 있는데 만약 이것이 IPR이나 라이선스의 이슈로 갈 경우 매우 복잡해지고 통신 사업자 간 혹은 제조사 간에 어려운 분쟁이 생길 소지도 있긴 하지만, 오픈소스를 통해 각 주체들이 생태계를 이루어 서로 긍정적인 영향을 주고 불필요한 노력을 줄일 수 있다.

그럼 NFV를 통해 얻을 수 있는 이득은 어떤 것이 있을까?

1. 개방성과 상호 호환성(Openness & Ease of Interoperability) : 방금 언급한대로 개방과 표준화로 누릴 수 있는 혜택이 ETSI NFV에서도 가능하다.
2. 적은 리스크로 혁신적인 서비스가 가능 : 클라우드의 특성인 신속한 탄력성(rapid elasticity)을 통해 새로운 서비스에 대한 배치 및 해제가 매우 손쉽기 때문에 실패 리스크에 대한 부담이 적고 다양한 새로운 시도를 어렵지 않게 해볼 수 있다.
3. CAPEX, OPEX를 줄이고 ROI를 높일 수 있다 : 전용 하드웨어를 사용할 필요가 별로 없고, 리소스 풀링을 통한 리소스 활용률(resouce usage rate)을 올릴 수 있기 때문에 투자에 대한 회수(return of investment)도 같이 올라가게 된다.
4. TTM(time to market)을 단축시킬 수 있다 : 광범위하게 네트워크에 접속(broad network access) 혹은 신속한 탄력성(rapid elasticity)의 특성에 기반을 두어 시장의 요구에 대응할 수 있는 속도가 빨라진다.
5. 더욱 유연하다(Greater Flexibility) : 역시 클라우드의 특성을 기반으로 하기 때문에 네트워크 기능의 민첩한(Agile)한 구현 및 운영이 쉽다.

NFV는 앞에서 언급한 통신 사업자들의 요구 사항인 재빠르게 새로운 서비스를 런칭 할 수 있도록 해준다. 그리고 통신 사업자의 네트워크가 더욱 민첩해지고 시장적시성(time-to-market)이 더욱 빠르게 된다.

ESTI NFV는 2012년 하반기에 첫 백서가 나온 후로 계속 발전을 거듭해왔는데, 그럼 현재의 당면 과제는 무엇이 있을까? 무조건 VNF로 한다고 해서 가치가 생기는 것은 아니다. 통신 사업자가 문제없이 안정적으로 서비스를 운영할 수 있는 캐리어급(Carrier Grade) 서비스에 대해 시시각각 동적으로 변화하는 필요로 하는 성능과 지속적인 신뢰성 모두를 충족해야 한다. 또한 특정 제조사에 종속되는 제조사 lock in을 피하면서도 캐리어급(Carrier Grade)을 유지할 수 있어야 하며 보안 기능도 향상되어야 한다.

통신 네트워크에서 계속 요구되는 민첩성, 효율성 및 속도 때문에 기존 네트워크를 NFV로 변환하고 이후에는 5G로 전환된다. NFV는 완전히 가상화 된 포트폴리오를 제공하여 여러 사이트 간에 네트워크 기능을 배포하고 이를 위한 기본 자동화 기능도 제공할 수 있다.

NFV의 당면 과제는 일정 기간 내에 NFV에 상업 서비스를 시작하고 OPEX를 낮추며 필요시 적시에 새로운 서비스를 론칭할 수 있는 민첩성을 보장하도록 하는 것이다. 이 과정에서 다음과 같은 3가지 사항을 고려해야 한다.

1. **기존 네트워크에 NFV를 통합** - 사업자는 기존 장비에 대한 투자를 가급적 제한하려고 한다. 이것은 결국 NFV가 기존 네트워크에서 작동하도록 조정되어야 한다는 것을 의미한다. 그리고 PNF(Physical Network Function)와 VNF 간의 기능도 서로 동등하게 연동될 수 있어야 한다.
2. **하이브리드 네트워크에 대한 서비스 보장** - OSS 및 BSS는 NFV와도 함께 동작하도록 조정되어야 한다.

3. 캐리어급(Carrier Grade) 서비스 품질 - 출시된 모든 서비스는 상업적으로 문제없는 품질을 가져야 한다.

5.2 ETSI NFV와 OPNFV

그러면 앞에서 언급한대로 클라우드 관점에서 표준화와 오픈소스가 더욱 중요한 이유는 무엇일까? 먼저 클라우드에서 오픈소스는 기초가 된다. 예를 들면, 리눅스나 오픈스택을 들 수 있는데 실제로 오픈 소스 없이 대부분의 클라우드 개발은 불가하게 된다.

그리고 표준 규격이 클라우드를 더욱 사용하기 좋게 만든다고 할 수 있다. 예를 들면 x86 서버나 IPMI와 같은 인터페이스, 이더넷 등의 규격이 클라우드의 주요 구현 기술 요소인 것이다.

표준화라는 것은 결국 클라우드 생태계가 발생하기 위해 사용할만 하고 잘 정의된 환경이 존재해야 하는데 여기에 두 가지를 고려할 수 있다. 하나는 사실상의 표준으로 대형 업체 자체가 비즈니스 규모가 크기 때문에 그 자체가 만든 것이 규격이 된다. 하지만 그 기술 규격들은 그 이외의 모든 사람들을 위한 여지를 갖고 있다.

클라우드 생태계가 성숙해감에 따라 표준의 중요성이 더욱 증대되고 있다. 대표적인 경우가 ETSI NFV이다. NFV는 ETSI에서 제정한 규격으로 보통의 IT 가상화를 진화시켜 캐리어급(Carrier Grade)의 오퍼레이션을 지원하게 된다. 이를 통해 기존의 특화된 하드웨어 box형 통신 장비에서 탈피하자는 것이다. 그리고 NFV는 가상 네트워크 기능을 운영하는 플랫폼이다. 곧 언급할 SDN과 서로 배치되는 개념이 아니고 상호보완적인 개념인 것이다. ETSI는 telco 네트워크 관점에서 NFV의 표준 개발을 추진하고 있다.

ETSI에는 여러 메이저급 통신 회사들이 회원으로 되어 있고 이 개발에 기여를 하고 있다. ETSI NFV의 초창기 워킹그룹은 다음과 같았다.

- NFV : 아키텍처 프레임워크, 요구조건, 유즈케이스(Architectural Framework, Requirements, Use Cases)
- NFV INF: 인프라, 컴퓨트, 하이퍼바이저 (Infrastructure, 컴퓨트, 하이퍼바이저)
- NFV MANO : 매니저먼트 및 오케스트레이션(Management and Orchestration)
- NFV SEC : 보안(Security)
- NFV PER : 성능 및 이식성(Performance and Portability)
- NFV SWA : 소프트웨어 아키텍처(Software 아키텍처)

그러나 NFV INF, MANO, SWA, PER 워킹그룹은 폐지되었고, 현재는 TST(Testing, Implementation & Open source), SOL(Solution), REL (Reliability), IFA(Interface & Functional Architecture), EVE(Evolution and Ecosystems), SEC(Security) 등의 워킹그룹으로 구성되어 있다.

그러나 여기부터는 본 책의 작성 시점의 시장(산업계)에서 사용되고 있는 NFV 기술 중심으로 설명하도록 하겠다.

이번에는 OPNFV에 대해 잠시 살펴보겠다. 이 NFV의 구성 요소의 개발을 촉진하고 NFV 생태계를 확산시키기 위한 OPNFV(Open Platform for NFV)는 NFV를 위한 업체 간 협력적인 오픈소스 플랫폼이다. 리눅스 재단 산하의 협력 프로젝트로 오픈소스의 NFV를 통해 글로벌 네트워크를 변환하기 위한 활동을 하고 있다. NFV 초창기에 ETSI 주도로 NFV 충분히 빠르게 진행되지 않는 것을 타개하기 위함이었는데, 오픈 소스 활동과 함께 진화의 속도를 가속화하고 조정을 증가시키기 위해 탄생했다. 2013년 11

월부터 논의가 시작되었고 처음에는 미국의 통신 사업자인 AT&T가 주도했는데 이들의 목표는 ETSI 요구 사항을 충족하는 NFV 플랫폼 구현의 방향으로 관련 사업자 및 제조사가 가능한 한 빨리 이동하는 것이다. 그리하여 2014년 9월 30일에 OPNFV가 공식적으로 출범하게 되었다.

그러면 OPNFV가 나오게 된 배경은 무엇일까? 통신 사업자들에게는 네트워크의 성능과 연속성을 항상 보장받기 위해 복잡한 복수의 공급 업체를 관리해야 하는 어려움이 있다. 특히 다양한 공급 업체 장비 간의 상호 호환 및 운용이 가능하도록 하려는 필요가 있다. 그런데 OPNFV를 통해서는 다양한 공급 업체 장비들의 통합(Integration) 비용 및 제조사 종속을 줄일 수 있으며, VNF를 좀 더 빠르게 활용할 수 있는 가능성이 높아진다고 할 수 있다. OPNFV를 통해 업스트림 기능 구현에 제조사들이 힘을 합치고, 서로 개방성 및 상호 운용성을 촉진할 수 있다. 그런데 OPNFV에서 나오는 산출물은 어떤 배포물이나 제품 자체가 아니고 구현의 레퍼런스를 제공하는 것이다.

NFV로 전환하게 되면 가상 인프라 계층을 여러 제조사별 특정 구현 방식에 맞춰야 하는 이슈가 생길 수 있는데, 이를 방지하기 위해 통신 사업자와 제조사는 ETSI NFV ISG를 구성하여 일관성을 갖도록 하였다. 그리고 OPNFV는 구현을 통해 문제에 접근하도록 형성되었으며 이를 통해 프로세스 속도를 높일 수 있다.

OPNFV는 다양한 오픈 소스 생태계에서 NFV 구성 요소의 개발 및 발전을 촉진한다. 시스템 레벨 통합, 배포 및 테스트를 통해 OPNFV는 엔터프라이즈 및 서비스 제공 업체 네트워크의 변환을 가속화하도록 레퍼런스가 되는 NFV 플랫폼을 만든다. 매우 개방적이어서 회원 기업의 직원이든 네트워크 혁신에 대한 의지만 있다면 누구에게나 열려 있다고 한다. 그리고 OPNFV 레퍼런스 플랫폼은 기존 기술들을 활용해 소프트웨어의 구성 요소들과 플랫폼 사이의 인터페이스를 지원하는데 중점을 두고 있다.

OPNFV의 프로젝트는 다음과 같다(참고로 OPNFV 역시 본 책의 작성 시점의 시장(산업계)에서 사용되고 있는 기술 중심으로 기술하였다).

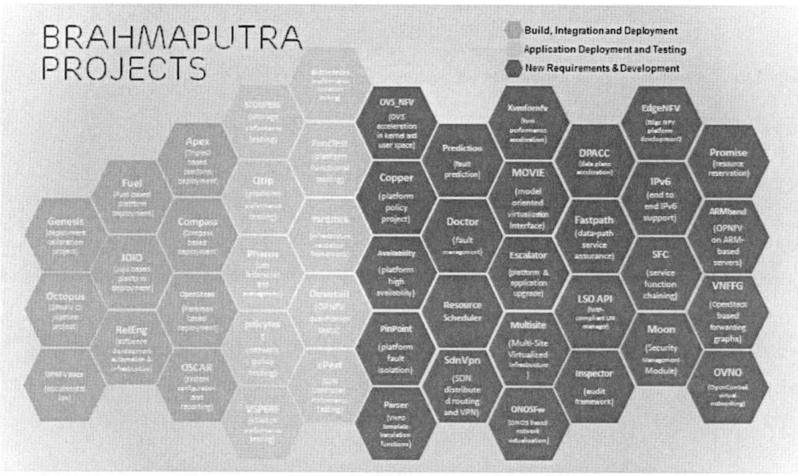

| 그림 5.2 | OPNFV 프로젝트

5.3 NFV 프레임워크

NFV 프레임워크는 네트워크 기능의 가상화를 통한 네트워크 서비스를 구성, 제어 및 관리하기 위한 통합구조이다. 이 NFV 프레임워크를 통해 기존에 비해 하나의 프레임워크 위에서 여러 가지의 기능들이 동작되고, 필요에 따라 동일한 프레임워크에서도 기존 기능을 새로운 기능으로 대체할 수 있게 된다.

ETSI에서는 NFV 모델을 다음과 같이 정의하였다.

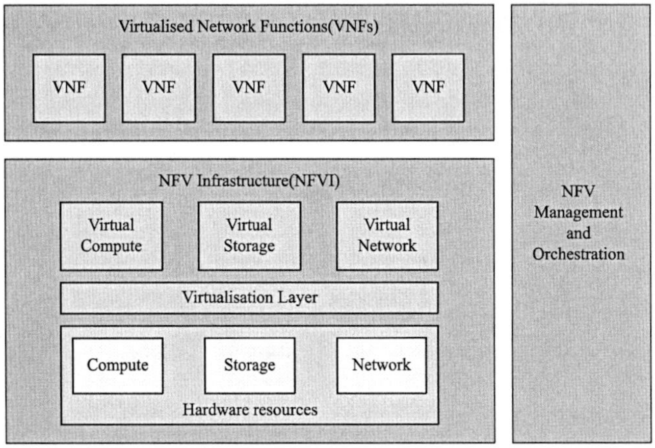

| 그림 5.3 | NFV 아키텍처

Network Functions Virtualization은 NFVI 위에서 동작하는 소프트웨어만으로 된 개체로서 NF를 구현한 것이다. 위의 그림은 개략적인 NFV 프레임워크인데 NFV 레퍼런스 아키텍처는 다음과 같이 3개 동작 영역으로 구성되어 있다.

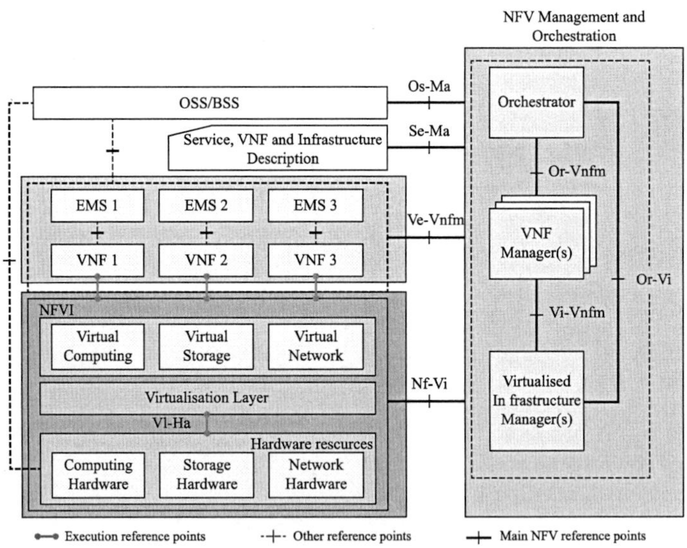

| 그림 5.4 | NFV 아키텍처 중 3개 동작 영역

- VNFs: 가상화된 네트워크 기능들의 집합이다. NFVI 위에서 동작할 수 있는 네트워크 기능들을 구현한 소프트웨어인 것이다. 물리적 네트워크 기능의 특성과 외부 인터페이스는 동일하다.
- NFVI: 컴퓨트, 스토리지, 네트워크 기능을 지원하는 물적 리소스인데, 이것들이 어떻게 가상화될 수 있는지도 담당한다. NFVI는 VNF의 실행을 지원한다. NFVI는 가상 머신과 연결되기 위해 L2/L3 네트워크 및 로드 밸런싱과 방화벽과 같은 서비스를 필요로 한다.
- Management와 Orchestration: 인프라의 가상화를 지원하는 물리리소스와 소프트웨어 리소스들의 오케스트레이션 및 라이프사이클 관리를 담당한다. 즉 물리 및 가상화 리소스들을 관리하고 VNF 라이프사이클 관리 기능을 제공한다. 이것은 NFV 프레임워크에 필요한 모든 가상화 관련 task들에 초점을 두고 있다.

이제 NFV 레퍼런스 아키텍처 프레임워크에 대해 좀 더 자세히 알아보자.

기본적으로 NFV 아키텍처 프레임워크는 통신 사업자 네트워크에서 네트워크 기능 가상화 프로세스로 인해 발생할 수 있는 변화들에 초점을 두고 있다. 즉 네트워크의 가상화로 인해 생긴 새로운 기능 블록들과 레퍼런스 포인트들을 중심으로 확인하면 된다.

해당 기능 블록들은 다음과 같이 구성되어 있다.

- Virtualized Network Function(VNF)
- Element Management(EM)
- 하드웨어와 가상화 리소스, 가상화 레이어를 포함하는 NFV Infrastructure

- Virtualized Infrastructure Manager(VIM)
- NFV 오케스트레이터
- VNF 매니저(VNFM)
- Service, VNF 및 Infrastructure Description
- Operations 및 Business Support Systems(OSS/BSS)

각각에 대해 살펴보면 다음과 같다.

(1) Virtualized Network Function(VNF)

VNF는 앞에서 언급한대로 기존 비가상화 네트워크에서의 네트워크 기능을 가상화한 것이다. 예를 들면 Evolved Packet Core(EPC)에 해당하는 Mobility Management Entity(MME), Serving Gateway(SGW), 패킷 데이터 네트워크 게이트웨이(PGW), 그리고 홈네트워크의 구성 요소에 해당하는 Residential Gateway(RGW), 그리고 전통적인 네트워크 기능인 (conventional) DHCP(Dynamic Host Configuration Protocol) 서버, 방화벽 등을 들 수 있다. 이런 네트워크 기능의 기능적인 동작과 상태는 네트워크 기능이 가상화되어 있느냐의 여부에 상관없이 독립적이다. 즉 PNF(Physical 네트워크 function)나 VNF나 기능적 동작과 외부 인터페이스는 동일해야 하는 것이다.

VNF에는 여러 개의 내부 구성 요소가 있다. 예를 들면 하나의 VNF가 여러 개의 가상머신에 배치될 수 있고 이 경우 각각의 가상머신은 VNF의 개별 요소들을 수용하게 된다. 하지만 경우에 따라서는 VNF 전체가 하나의 가상머신에 수용되기도 한다.

(2) Element Management(EM)

Element Management은 한 개 혹은 복수 개의 VNF에 대한 기존의 전통적인 관리 기능을 계속 수행한다. VNF 설정, 모니터링, 로깅(logging) 등의 기능이 있다.

(3) NFVI(Infrastructure)

NFV Infrastructure(이하 NFVI)는 VNF가 배포 및 관리 되며 실행하게 하는 환경을 만드는 모든 하드웨어와 소프트웨어를 의미한다. NFVI는 NFVI-PoPs가 운영되는 여러 지점들에 거쳐 있다. 이러한 지점들 간의 연결을 제공하는 네트워크도 NFVI의 일부로 간주한다.

VNF 관점에서 보면, 가상화 계층과 하드웨어 리소스들은 분리되어 있지 않고, 마치 필요로 하는 가상 리소스들을 제공해 주는 하나의 요소로 보인다.

1) 하드웨어 리소스들

NFV에서는 하이퍼바이저와 같은 가상화 계층을 통해 프로세싱, 스토리지, 그리고 VNF에 대한 연결을 제공하는 컴퓨트, 스토리지, 네트워크 리소스들이 물리적인 리소스에 해당한다.

컴퓨팅 하드웨어는 COTS(common off the shelf)에 해당하며 범용으로 사용 가능하다. 스토리지 리소스들은 공유된 NAS(네트워크 Attached 스토리지)와 서버 자체에 있는 스토리지에 따라 다르다. 컴퓨팅, 스토리지 리소스들은 공통으로 풀링된다. 네트워크 리소스들은 라우터나 유무선 링크와 같은 스위칭 기능으로 구성된다. 또한 네트워크 리소스들은 다른 도메인으로 확장 가능하다. 하지만 NFV의 차별점은 다음 두 가지 네트워크 유형에 있다.

- **NFVI-PoP 네트워크** : NFVI-PoP에 포함된 컴퓨팅 및 스토리지 리소스들을 연결해 준다. 또한 외부 연결을 위한 특정 스위칭/라우팅 기기들을 포함한다.
- **전송 네트워크** : NFVI-PoP 간을 연결해 주거나, NFVI-PoP를 동일하거나 다른 네트워크 운영자가 소유한 다른 네트워크에 연결하는 네트워크, 혹은 NFVI-PoP를 NFVI-PoP에 포함되지 않은 다른 네트워크 장비 또는 터미널에 연결할 수 있다.

2) 가상화 계층과 가상화 리소스

가상화 계층은 하드웨어 리소스들을 추상화시키고 VNF 소프트웨어를 아래 계층에 있는 하드웨어와 분리시켜 준다. 이를 통해 VNF별로 하드웨어로부터 독립적인 라이프사이클을 보장해 준다. 즉, 가상화 계층은 다음과 같은 기능을 담당한다.

- 물리 리소스의 추상화 및 논리적 파티셔닝
- VNF를 구현하는 소프트웨어가 하부 가상 인프라를 사용하도록 함.
- 가상 리소스들을 VNF에 제공하여 그 다음 과정이 진행될 수 있도록 함.

(4) VIM(Virtualized Infrastructure Manager)

NFV 관점에서 VIM은 VNF의 컴퓨트, 스토리지, 네트워크 리소스들과 상호작용을 통제하고 관리하는 데 사용되는 기능들로 구성되어 있다. 아키텍처에 언급된 하드웨어 리소스들의 목록에 따르면 VIM은 다음과 같은 기능들을 수행한다.

- **리소스 관리** : 하이퍼바이저 같은 소프트웨어 인벤토리, NFVI에 할당되어 있는 컴퓨트, 스토리지, 네트워크 리소스들. 예를 들면 컴퓨트, 스토리지, 관련 네트워크 연결 등의 가상화 주체의 할당, 인프라 리소

스들의 관리 및 할당(예를 들면 가상머신에 대한 리소스 증가, 에너지 효율 향상 등)

- **운영** : NFVI의 시각화 및 관리, NFVI에서의 성능 이슈 발생 시 원인 분석, 인프라에서 발생한 오류관련 정보의 수집, 용량 설계/모니터링/최적화를 위한 정보의 수집 등

(5) NFV Orchestrator

NFV 오케스트레이터는 NFVI와 소프트웨어 리소스들의 오케스트레이션 및 관리를 담당한다. 그리고 NFVI의 네트워크 서비스를 구현한다.

(6) VNF Manager

VNF 라이프 사이클 관리를 담당한다(예를 들면 instantiation, update, query, scaling, termination). 그리고 복수 개의 VNF Manager가 배포되거나, 하나의 VNFM이 여러 개의 VNF를 지원할 수 있기도 하다.

(7) 서비스, VNF 및 인프라 Description

이 데이터 집합은 VNF 배포 템플릿, NF Forwarding Graph, 서비스 관련 정보, NFV 인프라 정보 모델 등에 대한 정보를 제공한다. 이 템플릿, descriptor는 NFV MANO내에서 내부적으로 사용된다. NFV MANO 기능 블록들은 해당 템플릿/descriptor 내에 포함된 정보들을 다루고 필요한 경우 그러한 정보들을 적용 가능한 기능 블록들에 제공하게 된다.

(8) Operations Support System 및 Business Support Systems (OSS/BSS)

OSS는 해당 VNF의 오퍼레이션을 지원하며 BSS는 과금 등의 통신 사업자 비즈니스 관련 업무를 지원한다.

5.4 NFV 프레임 아키텍처의 표준 인터페이스

이번에는 NFV 프레임 아키텍처에서의 표준 인터페이스를 레퍼런스 포인트 관점에서 알아본다.

(1) Virtualization Layer–Hardware Resources–(Vl–Ha)

이 레퍼런스 포인트는 가상화 계층과 실제 하드웨어 리소스 간의 인터페이스로서 VNF를 위한 실행 환경을 구성하고 VNF를 관리하기 위한 관련 하드웨어 리소스의 상태 정보를 수집한다. 어떤 하드웨어 플랫폼에도 종속되지 않는다.

(2) VNF–NFV Infrastructure(Vn–Nf)

VNF와 VNFM 간의 레퍼런스 포인트로서 NFVI가 VNF에 제공하는 실행 환경을 대표한다. 하지만 특정 제어 프로토콜에 대한 것은 아니다. VNF에 대해 하드웨어에 독립적인 라이프 사이클, 성능, 이동성 요구 조건 등을 보장하기 위해 NFV의 범위에 들어가 있다.

(3) NFV Orchestrator–VNF Manager(Or–Vnfm)

NFVO와 VNFM 간의 레퍼런스 포인트이고 다음과 같은 용도로 사용된다.

- 리소스 관련 요청, 예를 들면 VNFM에 의한 인증, 확인(Validation), 예약, 할당
- VNFM에 환경 정보를 보내어, 네트워크 서비스에서의 VNF Forwarding Graph 내에서 적절히 기능하도록 VNF가 설정될 수 있다.
- 네트워크 서비스 라이프 사이클 관리에 필요한 VNF의 상태 정보 수집

(4) Virtualized Infrastructure Manager–VNF Manager(Vi–Vnfm)

VIM과 VNFM 간의 레퍼런스 포인트로서 다음과 같은 용도로 사용된다.

- VNFM에 의한 리소스 할당 요청
- 가상 하드웨어 리소스의 환경 및 이벤트 정보와 같은 상태 정보 교환

(5) NFV Orchestrator–Virtualized Infrastructure Manager(Or–Vi)

NFVO와 VIM 간의 레퍼런스 포인트로서 다음과 같은 용도로 사용된다.

- NFVO에 의한 리소스 예약 혹은 할당 요청
- 가상화된 하드웨어 리소스의 환경 및 이벤트 정보와 같은 상태 정보

(6) NFVI–Virtualized Infrastructure Manager(Nf–Vi)

NFVI와 VIM 간의 레퍼런스 포인트로서 다음과 같은 용도로 사용된다.

- 리소스 할당 요청에 대한 응답으로 가상 리소스의 특정 할당
- 가상 리소스 상태 정보의 전달
- 하드웨어 정보 환경 및 이벤트와 같은 상태 정보의 교환

(7) OSS/BSS–NFV Management and Orchestration(Os–Ma)

OSS/BSS와 NFVO 간의 레퍼런스 포인트로서 다음과 같은 용도로 사용된다.

- 네트워크 라이프사이클 관리 요청
- VNF 라이프사이클 관리 요청
- NFV 관련 상태 정보의 전달
- Policy 관리 정보 및 데이터 분석 정보 교환

- NFV 관련 회계 및 사용 기록 전달
- NFVI 용량 및 인벤토리 정보 교환

(8) VNF/EM-VNF Manager(Ve-Vnfm)

VNF/EM와 VNFM 간의 레퍼런스 포인트로서 다음과 같은 용도로 사용된다.

- VNF 라이프사이클 관리 요청
- 환경 정보 교환
- 네트워크 서비스 라이프사이클 관리에 필요한 상태 정보 교환

5.5 NFV MANO

5.5.1 MANO-관리와 오케스트레이션

이제 NFV에서 관리(Management)와 오케스트레이션(Orchestration)을 담당하는 MANO에 대해 알아보겠다. 앞에서 언급한대로 NFV는 하드웨어와 소프트웨어가 서로 느슨하게 연결된다는 새로운 패러다임인데 하드웨어와 소프트웨어가 강하게 결속된 기존 네트워크 장비의 Management와 Orchestration 시스템은 NFV에 적합하지 않다. 그래서 NFV에 적합한 Management와 Orchestration 시스템의 필요성이 제기되었다.

Management 및 Orchestration은 물리 리소스 및 가상화 리소스 관리하고 VNF 관리 기능을 제공하며 단일 NFVI PoP이나 다중 NFVI PoP가 가능하다. NFVI 레퍼런스 아키텍처를 보면 MANO는 Orchestrator, VNF

Manager, 그리고 VIM으로 구성된다. 여기서 VIM은 NFVI의 물리적 리소스와 가상화된 리소스를 관리하는 역할을 수행한다. VNF Manager는 제조사에 종속적이며, 각 VNF들을 관리하는 역할을 하게 된다. 그리고 Orchestrator는 여러 서비스 유형에 관계 없이 통합적으로 조정하는 역할을 수행한다. 여기서 Orchestrator의 핵심은 NFV의 자동화된 프로비저닝을 제공하는 것이고 이를 통해 통신 사업자는 운영 비용을 낮출 수 있기 때문에 매우 중요한 컴포넌트가 된다.

그리고 네트워크 서비스가 NFV 프레임워크에 등록되어 수행하기까지의 등록, 인스턴스 생성, 스케일링, 종료 등의 라이프 사이클로 진행된다.

아래 아키텍처를 보면 NFV-MANO는 3개의 기능 블록(Functional Block)과 4개의 Data Repository로 구성되어 있다. 기능 블록은 NFV에서 Management와 Orchestration을 위한 기능을 제공하는 역할을 하고, Data Repository는 NFV에서 Management 와 Orchestration에 필요한 정보를 저장하는 역할을 한다.

먼저 기능 블록(Functional Block)들은 앞에서 언급한 레퍼런스 포인트(Reference point)를 통해 연결되어 있다. 여기서 레퍼런스 포인트라는 것은 인터페이스로 보면 된다. 이러한 레퍼런스 포인트를 통해 기능 블록은 통신(Communication)을 수행하고 상호 작용을 하게 된다. 즉 정보 요소(information element)를 교환하게 된다.

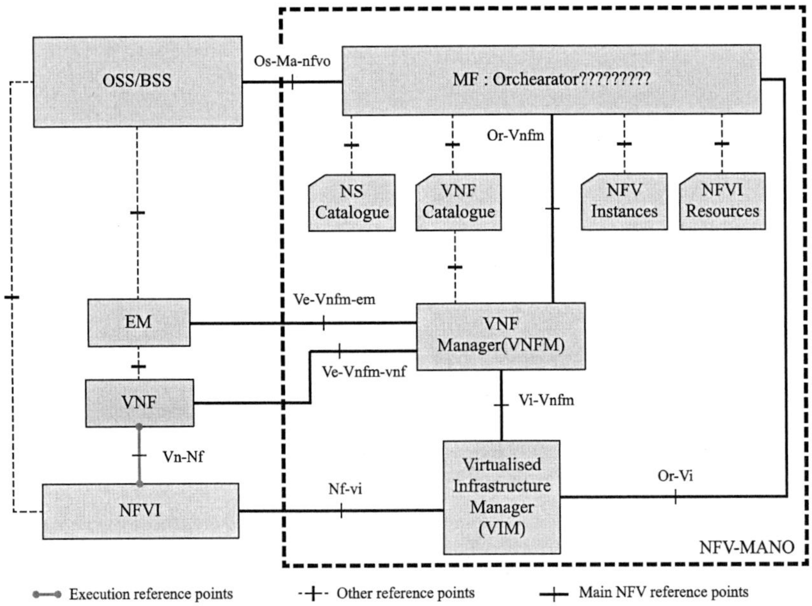

❙ 그림 5.5 ❙ NFV MANO

NFV MANO(Management and Orchestration)가 담당하는 기능은 크게 NFV에서 제공하는 리소스 할당 및 네트워크 서비스 관리이다.

먼저 VNF 관리 기능은 아래와 같이 크게 3가지로 나눌 수 있다.

1. VNF 리소스 관리 : 일반적인 VNF 라이프사이클 관리에 해당하며 Define, Instantiate, Decommission, Start, Stop, Migrate, Copy 등을 들 수 있다. Cloud Manager가 해당 기능을 수행한다.
2. VNF Configuration 관리 : 네트워크 기능에 특화된 환경 관리에 해당한다. Element Management 시스템이 주체가 된다.
3. VNF FM(오류 관리)/PM(성능 관리) : 네트워크 기능에 특화된 오류(Fault) 관리, 성능(Performance) 관리에 해당한다. Element Management 시스템과 Cloud Manager가 같이 수행한다.

그리고 VNF의 라이프사이클은 아래와 같이 4단계로 구분된다.

1. Onboarding: 새로운 VNF나 VNF의 새로운 릴리즈를 클라우드 매니저에 배포하는 단계. 여기서는 서비스 카탈로그에 있는 offer를 생성하거나 가상머신 이미지를 들여오는 것이 포함된다.
2. Instantiation: VIM을 통해 NFVI로 VNF의 새로운 인스턴스를 생성하거나 제공하는 단계
3. Runtime Management: FCAPS(fault, configuration, accounting, performance, security) 운영을 다루지만 일반적으로는 VNF의 변경사항 발생 시 스케일 아웃이나 스케일 인을 수행한다(참고로 스케일 아웃은 가상머신의 수를 증가, 스케일 인은 가상머신의 수를 감소시키는 작업이다).
4. Decommissioning: VNF 인스턴스의 해제나 종료 단계이다. 해당 VNF 관련 데이터의 안전한 종료를 포함한 모든 보조적인 활동에 해당한다.

5.5.2 NFV-MANO 아키텍처 프레임워크

다음에 나열된 엔티티들이 바로 NFV-MANO 아키텍처 프레임워크 범위 안에 있다.

1) NFV-MANO에 속한 것으로 판명된 기능 블록들
2) 레퍼런스 포인트를 통해 NFV-MANO에 연동되는 다른 기능 블록들
3) NFV-MANO 내부 혹은 외부로 통신을 가능하게 하는 모든 레퍼런스 포인트들

위의 그림은 NFV-MANO 아키텍처 프레임워크인데 기능블록 레벨로 보

여주고 있다. 그리고 위의 그림에서 레퍼런스 포인트(reference point)로 표기된 부분을 통해 기능 블록 안에서 peer to peer간 관계를 규명할 수 있고, 인터페이스 명세(description)를 통해 공급자에 해당 하는 기능 블록들에 의해 제공되는 용량이 어떻게 수요자에 해당하는 기능 블록들에게 노출되는지에 대해 잘 이해할 수 있다.

NFV-MANO 아키텍처 프레임워크에서는 다음과 같은 데이터 repository를 정의하고 있다.

- NS Catalogue
- VNF Catalogue
- NFV Instances repository
- NFVI Resources repository

NFV-MANO 아키텍처 프레임워크에서는 아래와 같은 기능 블록들이 NFV-MANO와 레퍼런스 포인트를 공유한다.

- Element Management(EM)
- Virtualized Network Function(VNF)
- Operation System Support(OSS)과 Business System Support functions(BSS)
- NFV Infrastructure(NFVI)

그리고 NFV-MANO 아키텍처 프레임워크에서는 다음과 같은 주요 레퍼런스 포인트를 정의하고 있다.

- Os-Ma-nfvo, OSS/BSS와 NFVO 간의 레퍼런스 포인트
- Ve-Vnfm-em, EM와 VNFM 간의 레퍼런스 포인트
- Ve-Vnfm-vnf, VNF와 VNFM 간의 레퍼런스 포인트

- Nf-Vi, NFVI와 VIM 간의 레퍼런스 포인트
- Or-Vnfm, NFVO와 VNFM 간의 레퍼런스 포인트
- Or-Vi, NFVO와 VIM 간의 레퍼런스 포인트
- Vi-Vnfm, VIM과 VNFM 간의 레퍼런스 포인트

그럼 다음에는 NFV-MANO의 기능 블록에 대해 자세히 알아보자.

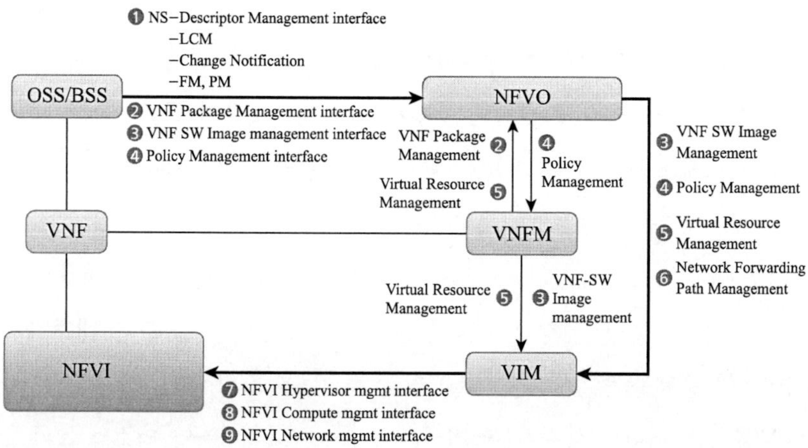

▍그림 5.6 ▍ NFV MANO 인터페이스

5.5.3 NFV-MANO 아키텍처 프레임워크의 기능 블록

앞서 언급한대로 여러 NFV 기능 블록들 중에서 NFV-MANO의 3가지 기능 블록은 다음과 같다.

- Virtualized Infrastructure Manager(VIM)
- NFV Orchestrator(NFVO)
- VNF Manager(VNFM)

MANO 각 기능 블록들의 주 기능은 다음과 같다.

(1) NFV Orchestrator(NFVO)

NFV 오케스트레이터의 두 가지 주 기능은 다음과 같다.

- 네트워크 서비스 오케스트레이션 기능을 충족하며 네트워크 서비스에 대한 라이프 사이클 관리
- 리소스 오케스트레이션 기능을 충족하며 Multiple VIM들에 대한 NFVI 리소스들의 오케스트레이션

➤ NFVO의 서비스 오케스트레이션

먼저 서비스 오케스트레이션 기능에 대해 알아보자. NFVO는 네트워크 서비스 오케스트레이션 기능을 사용하여 네트워크 서비스로서의 VNF 인스턴스들의 그룹을 조정하도록 한다. 이 네트워크 서비스는 공동으로 복잡한 기능을 구현하게 되는데 joint instantiation 및 joint configuration, 다른 VNF 간 연결 설정, 설정된 환경의 동적인 변화 관리(예를 들면 네트워크 서비스의 용량을 증가 혹은 감소시키는 것) 등을 포함한다.

네트워크 서비스 오케스트레이션은 또한 VNF 매니저와 리소스 오케스트레이션 기능을 통해 노출된 서비스를 사용한다. 다음은 네트워크 서비스 오케스트레이션 기능을 통해 NFVO에 의해 제공되는 기능들이다. 이것들은 MANO 기능 블록이나 인증된 외부 엔티티에 의해 사용되는 인터페이스를 통해 노출되어 있다.

- 네트워크 서비스 배포 템플릿과 VNF 패키지의 관리(예를 들면 온보딩 새로운 네트워크 서비스와 VNF 패키지). 네트워크 서비스와 VNF의 온보딩 중에는 확인 단계가 필요하다. 이 단계에서는 네트워크 서비스와 VNF 각각의 subsequent instantiation를 지원하기 위해, 제공된 배포 템플릿의 integrity와 authenticity를 검증함으로써 모든 필수

정보들이 존재하고 지속되는지를 확인한다. 덧붙여서 VNF의 온보딩 중에는 다른 VNF 구성 요소들에 대한 VNF 패키지에 제공되는 소프트웨어 이미지들이 VIM에 의해 NFVI-PoPs에 카탈로그 형태로 저장된다.

- 네트워크 서비스 인스턴스 생성(instantiation)과 네트워크 서비스 인스턴스의 라이프사이클 관리(예를 들면 업데이트, 쿼리, 스케일링, 성능 측정 결과 수집, 이벤트 수집, 이벤트 correlation, 종료 등)
- 가능한 VNF 매니저의 instantiation 관리
- VNF 매니저와 협력하여 VNF instantiation의 관리
- VNF 매니저로부터 NFVI 리소스 요구에 대한 유효성 검사 및 권한 부여(Validation 및 authorization). 이로써 네트워크 서비스에 영향을 끼치게 된다(요청된 작업의 부여에는 정책이 적용되어야 함).
- 라이프사이클을 통한 네트워크 서비스 인스턴스의 무결성 및 가시성을 관리하며, NFV 인스턴스 저장소(repository)를 사용하여 네트워크 서비스 인스턴스와 VNF 인스턴스 간 관계를 관리한다.
- VNF 포워딩 그래프에 대한 생성, 업데이트, 검색, 삭제(create, update, query, delete VNF Forwarding Graphs)와 같은 네트워크 서비스 인스턴스들을 관리한다.
- 네트워크 서비스 인스턴스의 자동화 관리
  네트워크 서비스 인스턴스와 NFV 인스턴스에 대한 Policy 관리와 측정. 예를 들면 affinity/anti-affinity 관련 policy, 스케일링, FM, PM, 네트워크 서비스 토폴로지, 규제 규칙(regulatory rules) 등

➤ NFVO의 리소스 오케스트레이션

이제는 리소스 오케스트레이션 기능에 대해 살펴본다. NFVO는 리소스

오케스트레이션 기능을 사용하여 어떤 VIM과도 독립적이면서 추상화된 방법으로 NFVI 리소스들에 대한 액세스를 지원하는 서비스를 제공하고, 아울러 NFVI 인프라의 리소스를 공유하는 VNF 인스턴스들의 거버넌스도 제공한다. 다음은 리소스 오케스트레이션 기능에 의해 수행되는 기능들이다(이러한 기능은 인터페이스에 의해 노출될 수 있으며 NFV-MANO 기능 블록이나 권한이 주어진 외부 엔티티에 의해 사용된다).

- **VNFM으로부터 NFVI 리소스 요청에 대한 확인 및 권한부여** : 요청된 리소스가 하나의 NFVI-PoP 내에 또는 여러 NFVI-PoP에서 할당되는 방식에 영향을 줄 수 있다(요청된 리소스의 부여는 정책의 적용을 받으며 사전 예약이 필요할 수 있다).
- **통신 사업자의 인프라 도메인에 대한 NFVI 리소스 관리** : NFVI 리소스 저장소(repository)를 사용하여 네트워크 서비스와 VNF 인스턴스에 NFVI 리소스들을 분배, 예약하고 할당하는 것을 포함하는 오퍼레이터 인프라 도메인에 걸치는 NFVI 리소스 관리뿐만 아니라 한 개 이상의 VIM에 접속하거나 배포하는 것도 포함하고, 필요 시 적절한 VIM의 VNFM 배포까지 제공한다.
- NFVI 리소스 저장소를 사용하여 네트워크 서비스 인스턴스 및 VNF 인스턴스에 대한 NFVI 리소스 배포, 예약 및 할당을 비롯하여 필요에 따라 하나 이상의 VIM을 찾아 액세스하거나, 운영자의 인프라 도메인 전반에 걸친 NFVI 리소스 관리, 필요한 경우 VNFM에 적절한 VIM의 위치를 제공하게 된다.
- NFVI 리소스 저장소와 VIM으로부터 받은 정보들을 사용하여 VNF 인스턴스에 할당된 NFVI 리소스들과 VNF 인스턴스 간 관계 관리 지원
- 네트워크 서비스 인스턴스와 VNF 인스턴스에 대한 Policy 관리와 집

행(예를 들면 NFVI 리소스 액세스 제어, 예약 및/또는 할당 정책, affinity 및/혹은 anti-affinity rules뿐만 아니라 위치 및/또는 규제 규칙, 리소스 사용 등을 기반으로 한 배포 최적화를 들 수 있다.)

- VNF 인스턴스나 해당 그룹들에 의한 NFVI 리소스의 사용 정보 수집(예를 들면 NFVI 인터페이스를 통해 소모되는 NFVI 리소스들의 양에 대한 정보 수집과 VNF 인스턴스로 NFVI 사용 기록을 연계하는 방법으로 한다.)

(2) VNF manager(VNFM)

VNFM은 VNF 인스턴스들의 라이프사이클 관리를 담당한다. 각 VNF 인스턴스들은 연계된 VNFM을 갖게 된다. VNFM은 한 개 혹은 복수 개의 VNF 인스턴스를 하거나, 같은 종류나 다른 종류의 복수 개의 VNF 인스턴스를 관리하게 된다. 대부분의 VNFM 기능은 모든 유형의 VNF에 적용할 수 있는 일반적인 공통 기능으로 간주된다. 그러나 NFV-MANO 아키텍처 프레임 워크는 VNF 인스턴스의 라이프 사이클 관리를 위한 특정 기능이 필요한 경우도 지원해야 하며, 이러한 기능은 VNF 패키지에 명시된다.

다음은 VNFM의 기능이다.

- 사용자 요청 시 VNF 배포 템플릿에 의해 요구되는 VNF 환경 설정을 포함하는 VNF instantiation(예를 들면 VNF instantiation operation을 완료하기 전에 VNF의 IP 주소 및 환경 설정을 하는 것 등.)
- 사용자 요청 시 VNF instantiation 가용성 체크
- VNF 인스턴스 SW 데이트/업그레이드, 수정, 스케일 아웃/인, 업/다운
- VNF 인스턴스와 관계된 NFVI의 성능 측정 결과와 faults/event 정보 취합, VNF instance와 관계된 events/fault들에 대한 수집
- VNF 인스턴스의 수동 및 자동 healing, VNF 인스턴스 종료, VNF 라

이프사이클 관리 변경 공지
- 라이프사이클을 통한 VNF 인스턴스의 무결성 관리
- VIM과 EM 간의 환경설정 및 이벤트 보고에 대한 전반적인 조정 및 역할 적용

그리고 각 VNF의 배포 및 작동 방식은 VNF 카탈로그에 저장된 VNFD (Virtualized Network Function Descriptor)라는 템플릿에 캡처된다. NFV-MANO는 VNFD를 사용하여 VNFD가 나타내는 VNF의 인스턴스를 만들고 해당 인스턴스의 수명주기를 관리한다. VNFD는 VNF 패키지와 일대일 대응하며, 이러한 VNF를 구현하는 데 필요한 속성과 요구 사항을 완벽하게 설명한다. NFVI 리소스는 VNFD(리소스 할당 기준 포함)에서 수집한 요구 사항에 따라 VNF에 할당되지만 사전 준비되었거나 인스턴스 생성 요청과 함께 제공되는 특정 요구 사항, 제한 사항 및 정책을 고려한다. VNFD의 특정 요구 사항(예 : 운영자 정책, 지리적 위치 배포, 선호도/비순응성 규칙, 지역 규정)을 무시할 수 있다.

VNFD를 포함하여 NFV-MANO가 처리해야 하는 정보 요소는 다중 공급 업체 및 다양한 NFVI 환경에서 VNF 인스턴스의 유연한 배포와 이식성을 보장해야 한다. 다양한 컴퓨팅 리소스 세대, 다양한 가상 네트워크 기술 등을 구현할 수 있다. 이를 위해 하드웨어 리소스를 적절하게 추상화해야 하고, 이러한 추상화 측면에서 VNF 요구 사항을 설명해야 한다.

VNFM은 사용 가능한 VNF 패키지 및 서로 다른 버전의 저장소에 액세스할 수 있으며, 모두 해당 VNFD를 통해 나타난다. VNF 패키지의 상이한 버전은 동일한 기능의 상이한 구현, 상이한 실행 환경(예를 들어, 상이한 하이퍼바이저, NFVI 리소스 가용성 정보 등에 의존 함)에서 실행하기 위한 상이한 버전, 또는 동일한 소프트웨어의 상이한 릴리즈 버전에 대응

한다. 그리고 저장소는 NFVO 또는 다른 외부 실체에 의해 유지 관리될 수 있다.

(3) Virtualized infrastructure manager(VIM)

VIM은 보통 한 통신 사업자의 인프라 도메인 내에서 NFVI의 컴퓨트, 스토리지, 네트워크 리소스들을 통제하고 관리하는 역할을 한다. VIM은 특정 타입의 NFVI 리소스를 다루게 되어 있으나 여러 타입의 NFVI 리소스들을 관리할 수도 있다. (예를 들면 NFVI-PoP 내에 있는 모든 리소스들, 여러 개의 NFVI-PoPNode들에 걸쳐 있는 모든 리소스들, 혹은 NFVI-PoP 내에 있는 리소스들의 일부가 해당한다. VIM은 컴퓨트, 스토리지, 네트워크 등의 특정 타입의 NFVI 리소스들만 다루는 형식으로 특화되기도 하지만, NFVI 노드에 있는 여러 종류의 NFVI 리소스들을 관리할 수 있기도 하다. 예를 들면, VIM은 노스바운드(northbound) 인터페이스를 제공하여 NFVI 가상화된 컴퓨팅, 스토리지 및 네트워킹 리소스 관리를 지원한다.

VIM의 Northbound는 가상화된 NFVI 리소스를 관리할 수 있는 인터페이스를 제공하고, 사우스바운드(southbound) 인터페이스는 다양한 하이퍼바이저와 네트워크 컨트롤러들과 연동되어 northbound 인터페이스에 연계된 기능을 수행할 수 있도록 해준다.

다른 VIM 구현은 이러한 계산, 스토리지, 네트워크 컨트롤러에 의해 노출된 인터페이스를 특수화된 VIM으로 직접 노출할 수 있다. 특수화된 VIM의 예로는 일반적으로 다양한 NFVI-PoP에서 PNF 끝점 간의 연결을 설정하는 데 사용되는 WAN 인프라 관리자(WIM)를 들 수 있다.

VIM 구현은 NFV-MANO의 영역은 아니지만, VIM에 의해 노출된 인터페이스는 NFV-MANO의 영역에 해당한다.

다음은 VIM이 수행하는 기능들이다.

- NFVI 리소스들에 대한 allocation/upgrade/release/reclamation 등을 오케스트레이션
- 가상 리소스들을 실제 물리 리소스에 연계시키는 것을 관리. 이를 통해 VIM은 가상 리소스를 물리 리소스에 할당하는 것에 대한 인벤토리를 유지하고 관리한다.
- VNF Forwarding Graphs(create, query, update, delete)에 대한 관리를 지원(예를 들면 가상 링크, 가상 네트워크, 서브넷, 포트 등을 생성하고 유지 관리하는 방법으로), 네트워크/트래픽 액세스 제어를 위한 security group policies의 관리
- NFVI 하드웨어 리소스 및 소프트웨어 리소스 정보와 관계된 인벤토리 저장소의 관리. 여기서 하드웨어 리소스는 컴퓨트, 스토리지, 네트워킹을 말하는 것이고, 소프트웨어 리소스는 하이퍼바이저 등을 의미한다. 그리고 이러한 리소스들에 대한 실제 수용능력과 피처들을 찾아낸다(예를 들면 사용 최적화).

VIM이 관리하는 NFVI 하드웨어 및 소프트웨어 리소스의 인벤토리 저장소는 NFV-MANO 아키텍처 프레임 워크에 명시적으로 표시되지 않는다.

- 가상 리소스 용량에 대한 관리, 그리고 NFVI 리소스 용량과 사용에 대한 보고 정보를 전달
- NFVO와 같이 다른 NFV-MANO 기능 블록에서 요구하는 대로 소프트웨어 이미지들의 관리, (예를 들면 add, delete, update, query, copy) 등을 들 수 있다. 그리고 VIM은 소프트웨어 이미지의 저장소를 유지하여 가상 컴퓨팅 리소스의 할당을 관리한다. 해당 이미지를 저장

하기 전(예를 들면 VNF 패키지 온보딩 및 업데이트) 소프트웨어 이미지에 대해서 VIM에 의한 유효화 단계가 필요하다.

- 하드웨어 및 소프트웨어, 가상 리소스 들에 대한 성능 정보 및 fault 정보를 수집, 가상 리소스 대비 성능 측정 결과 및 faults/event 정보에 대한 포워딩
- NFVI에서 사용될 수 있는 가상 리소스들에 대한 카탈로그 관리. 카탈로그에 나오는 요소들은 가상 리소스 환경설정의 형식(예를 들면 가상 CPU 환경, L2/L3 등의 네트워크 connectivity의 형식), 혹은 (가상 CPU 몇 개, 가상 메모리 몇 GB의 가상 머신임) 이런 형식의 템플릿으로 나오게 된다.

그리고 NFVO는 다음과 같이 여러 유형의 카탈로그 정보를 저장하고 관리하여 네트워크 서비스와 VNF 라이프 사이클을 관리한다.

- 네트워크 서비스(NS) Catalogue : 네트워크 서비스(NS) 카탈로그는 모든 온보딩 네트워크 서비스들에 대한 저장소를 표시한다. 그리고 네트워크 서비스의 배포 템플릿을 만들고 관리하는 것을 지원한다 (NFVO에 의해 드러난 인터페이스 오퍼레이션을 통한 네트워크 서비스 Descriptor(NSD), Virtual Link Descriptor(VLD), 그리고 VNF Forwarding Graph Descriptor (VNFFGD) 등) 참고로, NSD에는 네트워크 서비스를 위한 제조사 관련 정보와 VNF 리스트, 가상링크, SLA 조건, 모니터링 파라미터 등의 정보가 기술되어 있다.
- VNF Catalogue : VNF 카탈로그는 NFVO에 의해 드러난 인터페이스 운영을 통해 모든 온보딩 VNF 패키지들의 저장소를 표시하고, VNF 패키지에 대한 생성 및 관리를 지원한다. Descriptor(VNFD), 소프트웨어 이미지, manifest 파일 등을 들 수 있다.

NFVO와 VNFM 모두 VNF 카탈로그를 검색하여 VNFD를 찾고 회수한다. 이렇게 함으로써 validation, instantiation feasibility 체크 등으로 다른 오퍼레이션들을 지원한다.

- NFV Instances repository : NFV 인스턴스 저장소는 모든 VNF인스턴스와 네트워크 서비스 인스턴스의 정보를 갖고 있다. 각 VNF 인스턴스는 VNF 레코드에 의해 표현된다. 그리고 각 네트워크 서비스 인스턴스는 네트워크 서비스 레코드에 의해 표현된다. 이러한 레코드는 각각의 인스턴스에 대한 라이프사이클 동안 업데이트되는데, 이때 NS 라이프사이클 관리 오퍼레이션과 VNF 라이프사이클 관리 운영을 수행하는 것으로부터 발생하는 변화들을 반영하게 된다. 이로써 NFVO와 VNFM이 NS 인스턴스와 각각의 VNF 인스턴스, 그리고 이 둘 간의 관계에 대한 무결성, 가시성을 유지할 수 있도록 지원한다. 각 VNF 인스턴스는 VNF 레코드에 의해 표현된다.
- NFVI Resources repository : NFVI 리소스 저장소는 VIM을 통해 추상화된 NFVI 리소스들이 가용한지, 유보된 것인지, 이미 할당되어 사용 중인지 등의 정보를 갖고 있다. 그리고 이런 정보들은 리소스 예약, 할당, 모니터링 등에 유용한 정보를 제공한다. 이렇게 NFVI의 유보된 리소스, 혹은 이미 할당된 리소스들이 그에 연계되어 있는 네트워크 서비스와 VNF 인스턴스에 대해 추적할 수 있도록 해줌으로써 NFVI 리소스 저장소는 NFVO의 리소스 오케스트레이션과 거버넌스 역할을 지원하는데 중요한 역할을 한다(예를 들면 라이프사이클 동안의 어떤 시간 동안에 어떤 VNF 인스턴스에 의해 사용된 가상머신의 개수 등).

추가로 NFV-MANO에 속하지는 않지만 NFV-MANO 기능 블록과 정보를 교환하는 Element management(EM)과 OSS(Operations Support System)/BSS(Business Support System)의 역할은 다음과 같다.

- Element management(EM) : EM은 VNF에 대한 FCAPS 관리 기능을 담당한다.:
  1. VNF에 의해 제공되는 네트워크 기능들에 대한 환경설정 및 오류 관리
  2. VNF 기능 사용에 대한 accounting
  3. VNF에 의해 제공된 기능에 대한 성능 측정 결과 수집
  4. VNF 기능에 대한 보안 관리

  EM은 가상화를 인식하고 VNFM과 협력하여, VNF와 연계된 NFVI리소스를 고려하는 정보의 교환이 필요한 위의 기능을 수행한다.
- Operations Support System/비즈니스 Support System(OSS/BSS) : OSS/BSS는 오퍼레이터의 다른 운영과 비즈니스 지원 기능의 결합으로 NFV-MANO 아키텍처 프레임워크의 기능 블록과 정보를 교환하게 된다. OSS/BSS 기능은 기존 시스템의 관리 및 오케스트레이션뿐만 아니라 오퍼레이터 네트워크에서의 기존 네트워크 기능들에 의해 제공되는 서비스들의 종단 가시성(end-to-end visibility)을 갖게 된다.

5.6 서비스 체이닝과 SDN

5.6.1 서비스 체이닝

구슬이 서말이라도 꿰어야 보배인 것처럼, 각각의 가상화된 네트워크 기능인 VNF는 별개로 존재하는 것이 아니라, 서로 연결되어 하나의 네트워크 서비스를 구성하여 전체적으로 기능을 수행할 수 있다. 예를 들면 vMME, vSGW, vPGW 등이 연결되어 vEPC를 구성하게 되는 것과 같다. 이런 관점에서, 서비스 체이닝(Service Chaining 혹은 Service Function Chaining)은 IETF SFC WG(Service Function Chaining Working Group) 표준화 그룹에서 주로 논의되었는데, 트래픽에 따라 필요한 네트워크 기능들을 선택적으로 조합 및 실행하여 하나의 네트워크 서비스를 구현하는 컴포넌트 서비스들로 이루어진 경로를 정의하는 기술이다. 이를 통해 네트워크 서비스를 적시에 구성하고, 성능을 동적으로 제어하게 된다.

트래픽에 따라 필요한 네트워크 기능들을 선택적으로 연결 및 실행할 수 있다. 가상 네트워크 기능 전달 그래프(Virtual Network Functions forwarding graph; VNF 전달 그래프)는 패킷이 처리해야 하는 VNF의 순서를 표기하였는데 서비스 체이닝은 이런 전달 그래프를 이용하여 네트워크 서비스를 구현하는 기술이다. VNF 전달 그래프는 가상화된 여러 개의 네트워크 컴포넌트 서비스들을 정해진 순서대로 조합함으로써 하나의 네트워크 서비스로 구성하게 된다. 그리고 소프트웨어적으로 가상화된 컴포넌트 서비스들로 이루어진 경로를 정의함으로써 네트워크 서비스를 적시에 구성 및 능동적으로 제어할 수 있게 하는 장점이 있다.

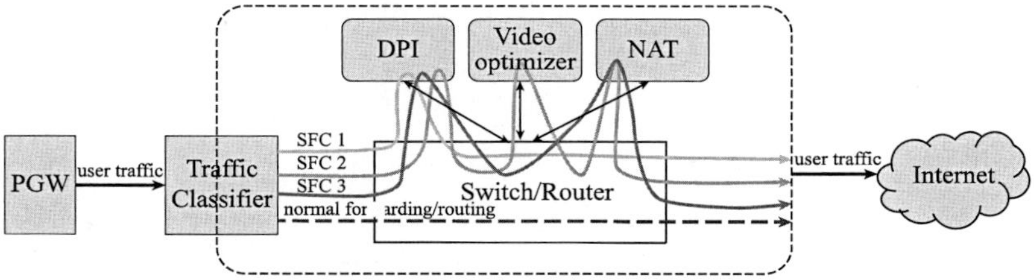

❙ 그림 5.7 ❙ 가상 네트워크 기능 전달 그래프(출처 : IETF Service Function Chaining (sfc) Working Group, http://datatracker.ietf.org/wg/sfc/charter/)

서비스 체이닝은 VNF 전달 그래프의 기본 개념을 토대로 기존 물리적 네트워크 장비의 활용성을 추가적으로 고려하게 된다. 기본 동작 방법은 사용자 트래픽이 네트워크에 인입되면 미리 정해진 정책에 따라 트래픽 분류 작업(Traffic Classification)이 진행되고, 이를 통해 해당 트래픽에 대한 특정 서비스 기능 체인(Service Function Chain)이 선택된다. 이후 사용자 트래픽은 해당 서비스 기능 체인에 정해진 순서의 서비스 기능(Service Function)-DPI(Deep Packet Inspection), Video optimizer, NAT(Network Address Translation) 등에 차례로 전달 및 실행된 후 목적지로 전송된다. 즉 SFC는 네트워크 토폴로지 및 전송 기술과 상관없이 서비스 기능들을 순서화해 연결하고 실행할 수 있는 기술인 것이다.

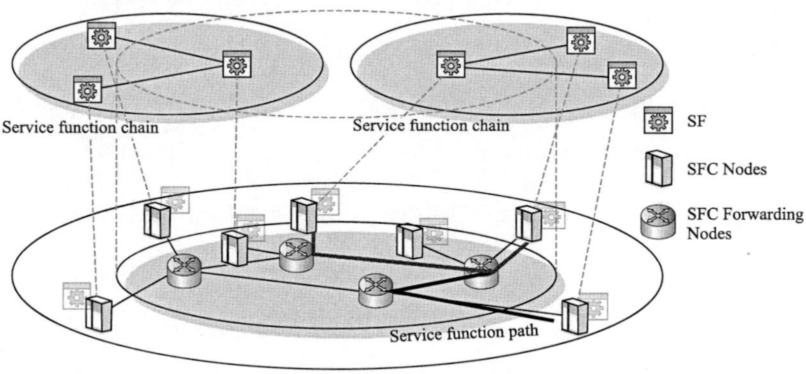

❙ 그림 5.8 ❙ 서비스 체이닝의 네트워크 모델(출처 : IETF Service Function Chaining (sfc) Working Group, http://datatracker.ietf.org/wg/sfc/charter/)

그리고 위의 그림은 서비스 체이닝의 네트워크 모델인데, 하나의 SFC는 SF와 SFF(Service Funcion Forwarder)로 구성되는 여러 개의 서비스 기능 경로(SFP : Service Function Path)로 구체화된 것이다. 위의 그림에서 서비스 기능은 네트워크 서비스를 구성하는 컴포넌트 기능으로서 단일 패킷이나 트래픽을 처리한다. 그리고 서비스 체인(SC)은 수신한 패킷이나 트래픽을 어떤 서비스 기능이 어떠한 순서로 처리할 것인지를 나타내는 논리적 경로이다.

그리고 서비스 기능 경로(SFP)는 논리적으로 정의된 서비스 체인의 인스턴스를 지칭하고, SFF는 서비스 경로에 정의된 서비스 기능들을 상호 연결해 네트워크 패킷과 트래픽을 경로상 순서대로 전달해 주는 개체이다. 여기서 알아두어야 할 점은, SFC는 SF의 순서와 연결성을 정의할 뿐, 이들의 실제 전달 방법이나 네트워크 상의 전송 경로를 기술하지 않는다. 실제 서비스 토폴로지를 구성하는 것은 SF간의 연결 사이에서 패킷의 전달을 담당하는 SFF이다.

5.6.2 SDN

SDN은 'Software Defined Networking'의 약자이다. 한마디로 말하면, 중앙 집중화된 컨트롤 플레인을 가진 프로그래머블한 포워딩 네트워크 기술이다. 즉 스위치와 같은 네트워크 장비의 제어부를 데이터 전송부와 분리하고 네트워크 장비의 기능을 정의할 수 있는 오픈 API를 외부에 제공한다. 이를 통해 프로그램된 소프트웨어로 다양한 네트워크 경로 설정 및 제어 등을 할 수 있게 해준다. 즉 기존의 폐쇄적인 하드웨어, 소프트웨어로 구성된 네트워크 장비를 추상화하여 데이터 플레인, 컨트롤 플레인, 애플리케이션 플레인으로 다시 모델링하고, 각각의 플레인 사이에는 개방형 인터페이스를 정의하여 각각의 디바이스 및 리소스 추상화와 제어 추상화, 서비스 추상화를 지원한다. 기존의 폐쇄적인 형태의 장비로 구성된 네트워크는 효율적인 경로 구성을 하는데 제약을 갖고 있는데, SDN을 사용하면 광대역 네트워크도 매우 스마트하게 소프트웨어로 다시 정의하여 마치 하나의 거대한 스위치가 될 수 있는 것과 같다.

그럼 SDN은 어떤 배경에서 나오게 되었을까? 먼저 SDN 관련 표준기구를 살펴보면 ONF, IETF, ITU-T 등을 들 수 있는데 이 중에서 Open Networking Foundation(ONF)이 SDN을 도입하면서 새로운 네트워킹 기능과 관리에 대한 접근법을 정의하였다. 이것은 클라우드 컴퓨팅의 정의와 표준에는 포함되어 있지는 않았지만 당시 많은 관심을 불러 일으켰다. 이로 인해 네트워킹을 단순화시킬 뿐 아니라 네트워크가 관리되는 방식을 향상시키고, 네트워크는 프로세스 측면에서 더욱 효율적이 된다.

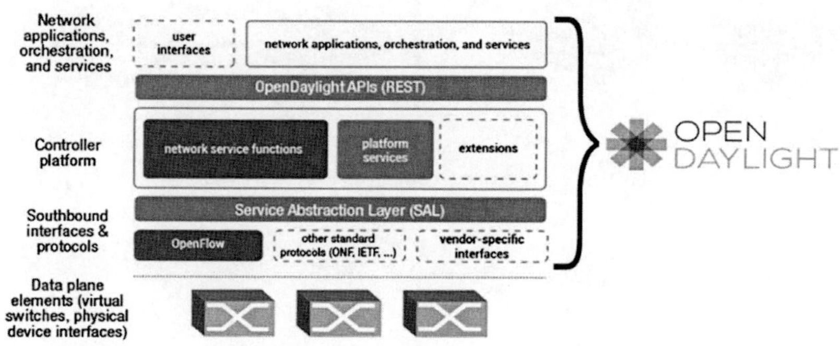

| 그림 5.9 | Open Daylight SDN

ONF는 SDN이 다이내믹하고, 관리 가능하며, 비용 효율적이고, 적용할 만한 새로운 아키텍처로 정의하고 있다. 그리고 네트워크가 더 넓은 대역폭을 제공하고 현재 애플리케이션의 역동적인 속성을 갖도록 하는 등 이상적인 네트워크가 되도록 한다. 즉 네트워크의 컨트롤과 포워딩 기능을 분리시켜 네트워크 컨트롤이 직접적으로 프로그래머블 할 수 있으며, underlay 인프라가 상위 애플리케이션과 네트워크 서비스에 대해 추상화될 수 있는 것이다. 그밖에 SDN 솔루션을 만드는데 기반이 되는 요소로서 OpenFlow 프로토콜이 있다. ONF에 의해 정의된 OpenFlow는 컨트롤 플레인과 데이터 플레인 사이의 통신을 구조화한 프로토콜이다. OpenFlow는 특히 SDN을 위해 설계된 최초의 표준 인터페이스이다. 높은 성능을 제공하며 또한 다양한 제조사들의 네트워크 디바이스들에 대한 각각의 트래픽 컨트롤도 제공한다.

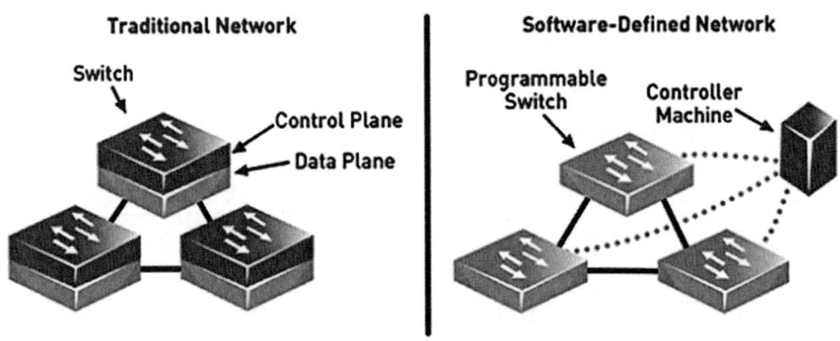

▌그림 5.10▐ SDN의 원리(출처 : COMMS Business – https://commsbusiness.co.uk/features/software-defined-networking-sdn-explained/)

SDN 아키텍처는 다음과 같은 특성을 갖는다.

1. 직접적으로 프로그래밍이 가능(Directly programmable) : 네트워크 컨트롤이 포워딩 기능과 분리되므로 직접적으로 프로그래밍이 가능해진다.
2. 애자일(Agile) : 포워딩으로부터 추상화(Abstracting) 컨트롤이 가능하므로 네트워크 운영자가 변화하는 요구에 맞도록 다이내믹하게 네트워크 전체 관점에서 트래픽 흐름을 조절할 수 있다. 즉 포워딩으로부

터 컨트롤 기능을 추상화함으로써, 네트워크 운영자는 네트워크 전체의 트래픽 흐름을 잘 조절하여 변화하는 요구사항에 유연하게 대응할 수 있다.

3. **중앙 관리** : 네트워크 지능이 소프트웨어 기반의 SDN 컨트롤러에 논리적으로 중앙화되므로 네트워크를 더 큰 그림에서 유지, 관리할 수 있다. 그리고 애플리케이션과 policy 엔진 입장에서는 거대한 네트워크가 단지 하나의 논리 스위치로 보일 수 있다.
4. **프로그램 방식으로 설정 된다**: SDN은 네트워크 매니저가 다이내믹하고 자동화된 SDN 프로그램을 통해 매우 빠르게 네트워크 리소스들을 설정, 관리, 보안, 그리고 최적화시켜준다. 더불어 이 SDN 프로그램은 오픈소스이고 상표권이 있는 소프트웨어가 아니기 때문에 누구나 자유롭게 사용할 수 있다.
5. **오픈 스탠다드 기반이고 제조사 중립적** : 오픈 스탠다드를 통해 구현할 때, SDN은 복수 개의 제조사마다 다른 특정 디바이스와 프로토콜이 아닌 SDN 컨트롤러에 의해 명령이 제공되기 때문에, 네트워크 설계와 운영을 간단히 할 수 있다.

SDN 기술로는 네트워크 장비를 제어하기 위한 인터페이스의 정의와, 이러한 인터페이스들을 기반으로 다양한 애플리케이션을 제공하는 SDN 컨트롤러 플랫폼에 대한 정의가 매우 중요한데, 이를 위한 오픈소스 프로젝트로 OpenDaylight와 ONOS가 있다.

OpenDaylight는 리눅스 재단 산하 오픈소스 기반의 SDN 컨트롤러 개발 프로젝트로서, 공통적인 산업계 지원 프레임워크의 생성을 통해 SDN의 보급과 혁신을 촉진하고 NFV의 견고한 기반을 만드는 것을 목표로 하고 있다. OpenDaylight를 이끄는 리더십은 이사회와 TSC(Technical Steering

Committe)로 구성되어 있다. TSC는 선출된 ODL 회원들로 구성되어 있다. OpenDaylight 프로젝트와 커뮤니티를 기술적인 측면에서 이끌고 있고 이사회는 직접적으로 기술적인 결정을 내리는 것은 아니다. 다만 비즈니스 측면에서 이끌고 있다.

그리고 OpenDaylight의 프로젝트와 committer가 있는데 각 프로젝트는 아래 그림과 같은 OpenDaylight의 표준 프레임워크에 구성되어 있다.

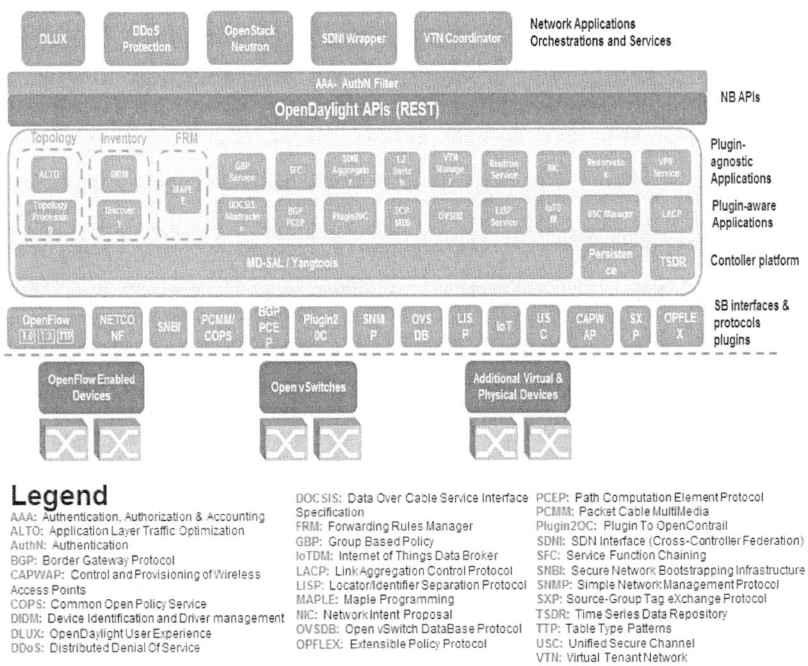

| 그림 5.11 | Open Daylight SDN 아키텍처(출처 : Open Daylight)

ODL 이외에도 ON. lab이 중심인 ONOS(Open Networking Operating System)가 있다. ONOS는 네트워크 OS로서 리소스 관리 및 제공, 리소스 가상화, 하드웨어 계층의 추상화 등의 기능 제공을 위해 개발되었고,

그 기본 구조는 이동통신 사업자나 대규모 네트워크 서비스 업체를 대상으로 설계되었다. 분산 코어, 노스바운드 추상화, 사우스바운드 추상화, 소프트웨어 모듈화 등의 기능을 제공하고 있다.

5.6.3 NFV와 SDN

지금까지 NFV와 SDN에 대해 살펴보았다. 이 둘은 서로 대비되는 개념이 아니라 상호 보완적이다. 사용자 측면에서 네트워크 서비스를 제공하기 위해 이들의 결합이 권장되고, 이에 따른 구조 설계가 필요하다. NFV는 프로그래밍 가능한 네트워크를 통해 민첩성과 효율성 향상, 운영 및 유지보수에 도움을 주고, SDN은 네트워크 모니터링 및 관리, 트래픽 분석 등의 애플리케이션을 제공하게 된다.

SDN은 NFV에 유연하고 프로그래머블한 네트워크 커넥션을 제공한다. 그리고 NFV는 SDN에게 서비스 체이닝, 분산 클라우드에서의 네트워크 상황과 리소스에 기반을 둔 VNF 배포 결정, 네트워크 제공, WAN 제어 및 관리 등의 혜택을 받을 수 있다. 이렇듯 두 개념은 서로 보완해 준다.

NFV의 장점을 다시 정리해 보면 다음과 같다.

1) 신속한 서비스 배포 및 온디맨드로 용량 확장이 가능
2) 리소스 공유 및 풀링으로 클라우드의 장점을 얻을 수 있음
3) 제조사 종속도가 줄어듦(하드웨어 요구 사항이 없는 새로운 제조사/소프트웨어 도입이 쉬움)
4) 범용 하드웨어 및 명령 세트(c 코딩, x86)를 통한 하드웨어 독립성
5) 모든 데이터 플레인 서비스를 구현가능

그리고 SDN의 장점은 다음과 같다.

1) 서비스/네트워크 수준 추상화 - 신속한 서비스 배포를 위한 글로벌 리소스 활성화 및 제어
2) 점진적인 서비스 개발을 가능하게 하는 개방형 플랫폼 및 API를 활용하여 favor 서비스 생성
3) 하드웨어 추상화는 계층적 아키텍처(상업적인 프로토콜 플러그인 포함) 또는 대체 표준 사우스바운드(southbound) 프로토콜을 통해 이루어 짐.
4) 최적화된 NPU 구현을 위한 여지 확보

이상, NFV는 5G 이동통신 네트워크의 핵심 구조로 자리매김을 할 것이고, SDN은 전체 5G 네트워크 생태계의 밑받침이 될 것으로 보인다.

CHAPTER

6

5G 네트워크를 받쳐주는 클라우드 인프라의 진화

지금은 4차 산업혁명, 디지털 변환의 격동기라고 할 수 있다. 통신이나 IT 모든 분야에 기반 시설의 변환이 절실한 상황이다. 먼저 클라우드 인프라가 무엇인지, 그리고 그 현 주소를 살펴보고, 이러한 시기의 기반 시설의 변환은 어떤 식으로 이루어져야 하는지와 현재 제약 상황에 대해 알아본다. 그 다음에는 이러한 인프라 변환의 큰 흐름을 주도하고 있는 인텔의 RSD를 확인하고 그 구현은 어떤 방식으로 이루어지는지 확인한다. 특히 이러한 종류의 차세대 인프라가 기존 4G의 All-IP 네트워크가 5G에서는 Telco와 IT가 만나 융합하는 형태로 가는 5G All-IT 네트워크의 핵심 인프라로 자리매김하게 될 것이다. 먼저 이러한 시기의 5G, 즉 인프라스트럭처의 변환은 어떤 식으로 이루어져야 할지, 그리고 현재 제약 상황에 대해 살펴본다. 그리고 5G NFVI에 하부 하드웨어 인프라는 어떻게 구성되는지 살펴본다. 다음에는 텔레커뮤니케이션급(Telco grade) 오픈스택에 대해 알아본다. 특히 5G 이동통신 네트워크에 녹아 들어가야 할 telco 클라우드의 고유 특성이 무엇인지, 그리고 그것을 어떻게 구현하게 되는지도 언급한다. 이를 통해 차세대 클라우드 인프라를 이해하고, 5G 이동통신 구현을 위한 NFVI에 대한 기반 지식을 습득할 수 있다.

6.1 All-IT 네트워크의 클라우드 인프라란?

IT 인프라는 무엇일까? 이것은 IT의 기반이 되는 것으로서 현대 사회의 업무와 생활을 보이지 않게 지탱하고 있다. 특히 4차 산업혁명의 핵심인 데이터를 받쳐주고 관리하는 중요한 역할을 하고 있다. 클라우드 인프라는 컴퓨트, 스토리지, 네트워크 3가지 요소로 구성되어 있으며 서버 및 스토리지 하드웨어가 고속 네트워크에 연결된 형태로 존재한다. 그럼 왜 5G를 준비하면서 클라우드 인프라를 고려해야 할까? 앞 장에서 살펴보았듯이 5G 대부분의 네트워크 기능은 가상화될 텐데, 그 밑받침이 되는 인프라가 5G 전체 네트워크의 성능, 용량, 안정성 등에 미치는 영향이 크기 때문이다. 그리하여 5G 네트워크를 준비하는데 이러한 클라우드 인프라에 대한 고려 사항이 많을 뿐만 아니라, 현재의 클라우드 인프라 기술에서 더 높은 수준에 대한 요구가 계속 증가하고 있다. 그럼 클라우드의 근간인 데이터센터가 어떻게 진화할 것이며 5G 이동통신 네트워크를 어떻게 지원하게 될지 살펴보기로 한다.

클라우드 인프라는 클라우드 컴퓨팅의 기반으로서 클라우드 컴퓨팅 시스템이나 서비스가 운영될 수 있도록 지탱하는 바탕이자 토대이다. 여기에 데이터센터 소유자와 데이터센터 고객이 있는데 전자는 데이터센터를 소유하며 운영을 담당한다. 그리고 후자는 데이터센터의 IT 인프라를 사용하여 응용 프로그램을 실행하게 된다.

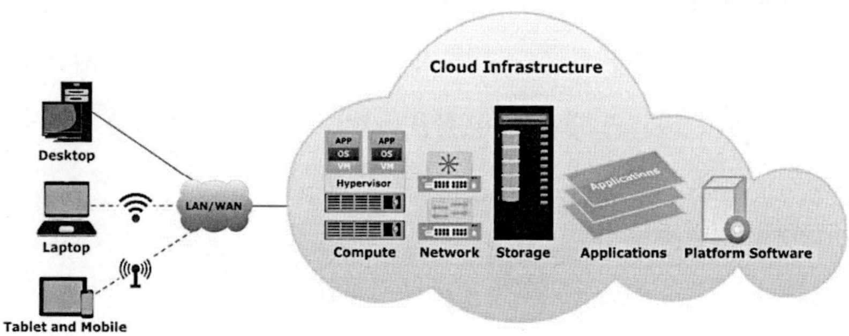

▌그림 6.1▐ 클라우드 인프라(출처 : ITbundle.net 자료)

5G 이동통신 시대 인프라의 큰 흐름을 이해하기 위해, 먼저 4차 산업혁명 관련된 다양한 애플리케이션들이 어떻게 인프라에서 동작하는지 살펴보기로 한다. 이 4차 산업혁명에서는 데이터 드리븐 비즈니스, 즉 데이터에 의해 산업계 전반에 큰 변화가 발생한다. 기존 산업 혁명에서는 석유가 산업의 쌀이었다면, 4차 산업혁명에서는 데이터가 바로 새로운 산업의 쌀이 된다. 그리고 차세대 데이터센터가 바로 새로운 4차 산업혁명의 공장으로 자리매김을 하게 되며 이러한 4차 산업혁명 공장, 즉 디지털 팩토리는 단지 수많은 IT 장비들이 있는 빌딩으로 설계되고 다루어진다. 바로 여기서 4차 산업혁명이 힘차게 돌아가게 될 것이다.

먼저 디지털 팩토리는 아래 그림처럼, 애플리케이션이 데이터를 만들고, 이렇게 생성된 데이터를 애플리케이션이 다시 소비하면서 서로 생산 및 소비의 선순환 구조를 이루며 혁신적인 높은 가치를 창출하게 될 것이다. 이 4차 산업혁명 디지털 팩토리의 구조를 보면, 먼저 이러한 데이터와 애플리케이션이 동작하는 플랫폼이 있다. 디지털 팩토리의 하드웨어에 해당하는 부분이 차세대 인프라에 해당하게 되고, 그 위에 있는 데이터 및 애플리케이션 플랫폼이 바로 혁신적인 클라우드 실행 환경이 된다. 이 위에 5G VNF를 비롯하여 다양한 5G 서비스, 유즈케이스 및 기타 IT 워크로드(workload), 상용(Commercial) Cloud 서비스 등이 올라가게 되고, 혁신적으로 디지털 팩토리가 가동하게 될 것이다.

그런데 이런 4차 산업혁명의 흐름에 비해 현재 IT 인프라의 수준은 아직 많이 부족하다고 볼 수 있다. 먼저 전통적인 IT 인프라는 폐쇄적인 사일로 형태로 구성되어 있고, 그 utilization rate(가동률)이 저조하다. 게다가 이러한 IT 인프라 위에 올라가는 워크로드는 갈수록 크고 무거워지며, 데이터 생성량도 급격히 증가하고 있다.

게다가 IT 인프라 위에 새로운 서비스를 적용하는 데 생각보다 많은 시간이 걸린다. 몇 주에서 몇 달, 이런 경우가 많은데, 이로 인해 급격히 변하는 시장의 요구에 맞는 비즈니스 및 서비스를 배포하는데 적기를 놓치는 경우가 생긴다. 이렇게 전통적인 IT 인프라로는 충족시킬 수 없는 점들이 많이 있는데, 여기에 덧붙여 4차 산업 혁명의 대동맥인 5G 인프라를 구축하는데 추가로 고려해야 할 사항들이 있다. 5G 인프라는 앞에서 언급한대로 클라우드 기반으로 구현되는데, 전통적인 클라우드의 속성 이외에, 회복력(resiliency), 네트워크 안정성, 무중단 서비스, 집중 클라우드(Centralized Cloud)에서 분산 클라우드(Distributed Cloud)로의 이동성, 그리고 다양한 제조사, 멀티 클라우드 플랫폼 간의 상호 호환성 등이 필요하다.

그럼 클라우드 인프라가 5G All-IT 네트워크를 지원하기 위해서는 어떤 모습으로 가야 할까? 먼저 애플리케이션의 관점에서 보면, 5G 이동통신 네트워크 위에서 구동될 다양한 신규 애플리케이션으로 인해 새로운 종류의 인프라에 대한 수요가 증가하고 있다. 이러한 5G 이동통신 시대의 애플리케이션은 산업 및 사회 핵심 비즈니스에서 비롯되며 데이터 중심 처리, 데이터 거버넌스, 응답 시간, 확장성 및 복원력에 중점을 둔다. 이것들을 단순히 IoT라는 단어 하나로 표현하기에는 부족하다. 다양한 디바이스의 기술과 데이터 분석 기능은 거의 모든 디바이스가 정보 검색 및 학습의 중요한 과정에서 스스로 역할을 할 수 있는 단계로 진화하고 있다.

전체 인프라에서 상황에 맞게 동적이고 지능적으로 중앙 집중식 배포와 분산된 배포를 선택하는 것이 중요하다. 그리고 규제 준수 또한 매우 중요하다. 여기서 엣지 컴퓨팅(Edge Computing)에 대해 살펴볼 필요가 있다. 엣지 컴퓨팅(edge computing)은 무엇일까? 네트워크 운영자와 외부 서버의 서비스가 사용자 단말의 접속 지점에 가급적 가깝게 호스팅되는 것이다.

그럼 왜 엣지 컴퓨팅이 필요할까? 전송 네트워크의 종단 간 대기 시간을 짧게 줄이고 로드를 낮춤으로써 효율적인 서비스 제공이 가능하기 때문이다. 특히 5G 이동통신의 초저지연 서비스를 지원하기 위해서는 엣지 컴퓨팅이 중요하다고 할 수 있다. 그럼 5G 이동통신 네트워크에서 엣지 컴퓨팅은 어떻게 구현될까? 5G 코어 네트워크는 사용자 단말의 가입 데이터, 위치, 정책 또는 다른 관련 트래픽 규칙에 기반을 두어, 해당 가입자 단말에 가까운 UPF(User Plane Function)를 선택하고 N6 인터페이스를 통해 UPF에서 로컬 데이터 네트워크로 트래픽을 조정한다.

이런 경우, 네트워크 엣지(edge)단에서는 많은 양의 상향링크 트래픽이 생성되고, 이에 대한 데이터 처리는 엣지단의 장치 자체, 구내 시설, 네트워크 엣지(edge)사이트, 지역 데이터센터 또는 대형 중앙 데이터센터와 같은 몇 가지 지점에서 이루어진다. 종종 데이터는 하나 이상의 지점에서 처리되기도 한다. 또한 애플리케이션은 동시에 여러 위치에서 실행되는 구성요소로 이루어진다.

이 새로운 인프라는 현재의 클라우드 아키텍처보다 분산되어 탄력성, 짧은 응답 시간 및 확장성을 구현한다. 그리고 여전히 클라우드의 서비스 모델이며, 유연하고 사용하기 쉽다. 이 분산 클라우드 인프라스트럭처에서 컴퓨팅, 스토리지 및 네트워킹 리소스는 필요할 때 언제 어디서나 사용 가능하다. 이 모델은 5G 이동통신의 초저지연시간, 네트워크 슬라이싱 및 확장성 등의 속성을 제공하는 인프라스트럭처 진화와 결합될 때 비로소 5G 이동통신을 구현하는데 효과적이다.

분산형 클라우드 인프라스트럭처로 이득을 얻을 수 있는 애플리케이션의 예로는 CDN(Content Delivery Network), 규제를 준수해야 하는 데이터 스토리지, 하이브리드 클라우드 플랫폼, IoT 데이터 처리, 비디오 처리, 가상 현실 및 증강 현실, 머신러닝 및 제어/의사 결정 시스템 등을 들 수 있다.

이 차세대 인프라는 NFV의 진화로 인해 보다 유연한 방식으로 가상 네트워크 기능(VNF)을 배포할 수 있다. 즉 NFV 인프라는 분산형 클라우드 발전의 중요한 출발점이다. 단계를 살펴보면 먼저 이동통신 네트워크 운영자는 가상화 환경을 독립적으로 설치한 여러 사이트를 갖게 되고, 그 다음 진일보한 조정 방식으로 리소스를 처리하고 배포를 하게 된다. 이를 통해 VNF 배포에 대해 네트워크 운영자가 정책과 제약 조건을 수립할 수 있다. 그런데 애플리케이션이 분산된 위치에 배포될 경우 때로는 최적화되지 않은 라우팅이 발생할 수 있기 때문에 VNF의 지능적인 배포는 이동통신 코어 네트워크 기능 구현에 중요하다. 또한, 모바일 코어 및 RAN 기능의 상관관계를 고려한 배포가 필요하다. 특히 RAN 기능의 배포는 물리적 엔티티(안테나, 무선 근거리 처리)에 대한 대기 시간 거리와 같은 제약 조건에 의해 결정되어야 한다. 이러한 모든 것이 분산 클라우드 인프라스트럭처에 의해 가능해진다.

6.2 서버의 진화 및 데이터센터 최신 경향

앞에서 All-IT 네트워크를 언급했었는데, 이동통신이 1G부터 5G까지 진화하는 것처럼 IT 인프라도 진화를 거듭해오고 있다고 할 수 있다. 이렇게 IT 인프라가 진화하게 되는 배경에는 다분히 비즈니스적인 수요가 있는데, 그러한 배경을 먼저 살펴보기로 한다.

현재 전 세계의 데이터양 중 꽤 많은 부분이 최근 2~3개년 사이에 만들어진 것이라는 통계가 있다. 그리고 최근 2년 간 비즈니스 네트워크의 도입 증가율이 40%가 증가했다고 하고, 5G가 상용화될 시점인 2020년에는 2120억 개의 사물들이 네트워크에 IoT의 형태로 연결될 것이며, 모바일 가입자는 90억 명이 될 것으로 추정된다. 그리고 이미 2014년에 글로벌 기준으로 업무의 50% 이상이 클라우드 환경에서 처리되었다고 한다. 앞에서 보았듯이 5G 서비스의 한 축인 대용량 IoT(massive IoT)가 도입되어 많은 디바이스들이 생기고, 네트워크를 통해 클라우드 환경에 접속하게 된다면, 디바이스에 대한 수요뿐만 아니라 접속될 인프라 장비의 수요도 엄청나게 늘어날 것이다. 단순히 숫자로만 계산한다면 디바이스의 증가 수에 비례할 것이다. 하지만 가상화나 서버 집적도 향상으로 인해 이렇게 비례하여 증가하지 않더라도 인프라의 수요는 급증하게 될 것으로 보인다.

많은 비즈니스들이 갈수록 더욱 디지털화되어 가고 있으며 모빌리티, 클라우드, 소셜, 빅데이터 등으로 인해 새로운 비즈니스 모델들이 생성되고 있다. 그리고 새롭게 진화하는 데이터센터로 이런 새로운 비즈니스 모델들이 가능해 지고 엔터프라이즈도 함께 진화하게 된다. 실제 접속기기 수가 많이 증가하게 될 것은 알려진 사실이지만, 간과하기 쉬운 건, 이런 수많은 기기들과 연결될 인프라 또한 상당히 급증하게 될 것이라는 사실이다. 그

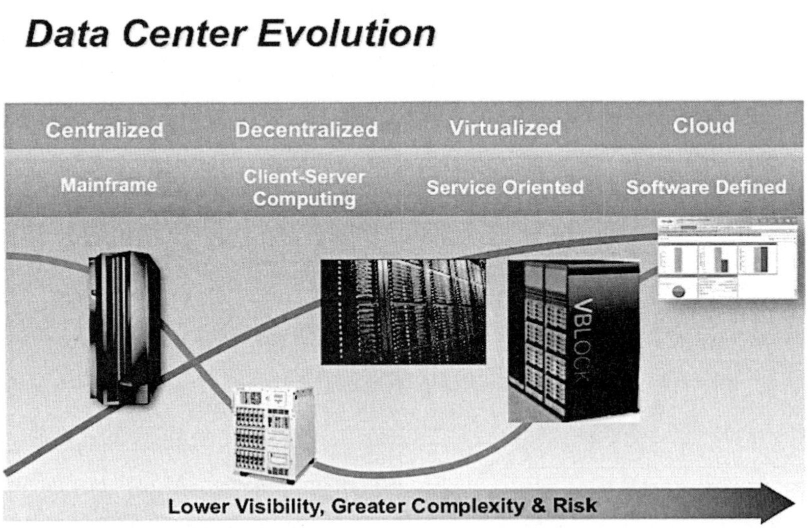

▌그림 6.2▐ 데이터 센터의 진화(출처 : Cloud Strategy 자료)

러나 현재의 인프라에 해당하는 기존 범용 서버만으로 구성된 데이터센터로는 이러한 새로운 비즈니스 모델을 충족시키기 어렵게 될 것이다. 이러한 비즈니스 모델을 충족시키기 위해서는 데이터센터에서 동작하고 있는 하이퍼스케일 인프라가 필요하며, 이를 통해 배포(deploy)가 이루어져야 효율적인 서비스 제공이 가능해 질 수 있기 때문이다. 이러한 새로운 데이터센터들이 새로운 비즈니스 모델이 실현될 수 있도록 해주고, 엔터프라이즈의 변신을 가능케 할 것이다. 그리고 실제로 구글, 페이스북, 아마존과 같은 IT 선두 주자들은 이미 성공적으로 이러한 혁신을 이루어 냈다고 할 수 있다.

이러한 혁신을 이룬 기업들은 자체적인 하이퍼스케일 컴퓨팅 접근 방식을 개발하고 데이터센터 디자인, 건설 및 관리 분야에서의 게임의 법칙을 바꾼 퍼블릭 클라우드 공급자들이다(예를 들면 방금 언급한 구글, 페이스북, 아마존 등이 있다). 이들은 데이터센터 디자인, 하드웨어 조달, 라이프사이클 관리 및 비즈니스 운영과 관련된 전통적인 IT 활동에서 탈피하였다. 즉, 하이퍼스케일 컴퓨팅을 제공하기 위해 더 이상 기존 IT 공급 업체에서 인프라를 구매하지 않고, 대신에 기술 및 운영을 자체적으로 개발한 것이다. 이러한 업체들은 전력, 냉각, 서버, 스토리지, 네트워크, 자동화 및 거버넌스 관련 이슈 개선에 집중하고 공을 들여 효율성, 성능 및 민첩성을 새로운 수준으로 끌어 올리는데 좋은 성과를 거두고 있다. 이에 대해 동종업계에서 소위 '웹 - 스케일 IT'라고 부르고 있다.

이 경우, 자체 하이퍼스케일 아키텍처를 개발하는 데 여력이 없는 다른 엔터프라이즈 기업들에게는 자체 데이터센터를 구축하기 위해 두 가지 대안이 있다. 첫 번째로는 기존 IT 공급 업체에서 제공하는 장비 및 관리 솔루션의 장비를 그대로 사용한다. 그런데 단점으로는 원하는 방식으로 설계하는 것에 대해 유연성을 기대하는 것이 어렵다.

두 번째로는 실제로 비용 편익을 실현하기 위해 대규모 스케일을 필요로 하는 오픈 소스 및 ODM(Original Design Manufacturing)을 기반으로 직접 구현하는 방법이 있다. 여기서 ODM은 제조업자 개발 생산을 의미하며, 주문자가 제조업체에 제품의 생산을 위탁하면 제조업체는 이 제품을 개발·생산하여 주문자에게 납품하며, 주문업체는 이 제품을 유통·판매하는 형태를 말한다.

현실적으로는 대부분의 회사에서 기존 IT 공급 업체로부터 구매하는 것이 유일한 옵션이므로 데이터센터를 설계하는 새롭고 효율적인 방법의 이점을 활용할 수가 없다. 좋은 대안이 없다면, 조직이 현재 시장의 요구에 효과적으로 적응하는 능력에 영향을 미칠 뿐만 아니라 비즈니스의 자본 및 운영 경제적 모델에 직접적인 영향을 미치게 된다. 운영 및 시장 적시 대응성을 향상시키기 위해 기업들은 운영을 개선하면서 동시에 TCO(총 소유비용)를 낮추는 데 도움이 되는 새로운 기술 및 접근 방식을 적극적으로 고려해야 한다. 특히 이런 하이퍼스케일 데이터센터를 필요로 하는 영역 중의 하나가 바로 빅데이터 시장이다.

그러면 5G 이동통신 네트워크의 인프라로서 데이터센터가 해결해야 할 사항들은 무엇이 있을까?

먼저 비효율성을 들 수 있다. 서버가 갖춘 사양 대비 실제로 리소스를 사용하는 비율인 서버 활용률(server utilization)이 현재 인프라 기준으로 30% 이하 정도 밖에 안 된다. 물론 텔코 급(Telco grade)에서 언제 발생할지 모르는 피크 타임에 대비하기 위한 안정성을 갖추기 위해 일부러 서버 활용률을 낮추는 경우도 있지만, 많은 리소스들이 아깝게 낭비되고 있는 것은 엄연한 사실이다. 그리고 앞에서 언급한대로 데이터의 증가가 매우 빠르게 되고 있다. 마치 마이크로칩의 밀도가 18개월마다 2배로 늘어난다는 무어의 법칙과 비슷하게 매 18개월에 한 번씩 데이터의 증가율이 2배로 증가한다는 말이 있을 정도다. 그리고 새로운 서비스가 프로비저닝(Provisioning) 되는데 1주일 이상 걸리는 경우도 많다.

이러한 도전들은 비즈니스 관점에서 볼 때 다음과 같이 정리해 볼 수 있다. 먼저 운영 비용인 OPEX(Operational Expenditure)와 투자 비용인 CAPEX(Capital Expenditure)를 절감, 새로운 서비스를 몇 분 만에 런칭(launching) 및 제공할 수 있는 능력, 실시간 분석(real-time analytics)에 기반한 데이터센터 최적화, 애플리케이션 워크로드가 요구하는 리소스를 신속히 민첩하게 제공할 수 있는 능력, 서비스에 방해 없이 용량을 증대하는 것 등을 들 수 있다. 그리고 이러한 사항들이 현재 비즈니스 관점에서 데이터센터가 해결해야 할 숙제이다.

이렇듯 데이터센터는 데이터 폭발과 같은 상황을 예방하는 요구와, 실시간 이동성을 지원하는 플랫폼에 지속적으로 접속이 되도록 지원해야 하는 요구사항 및 복잡한 엔터프라이즈 관리라는 요청에 대한 도전에 직면해 있다.

그리고 현재의 데이터센터들은 고정적으로 제공되는 컴퓨트, 스토리지, 네트워크 리소스들에 의해 정의된다. 이런 경우 CPU는 리소스 사용률이 매우 낮지만, 스토리지나 메모리는 용량이 부족하여 병목 현상이 발생하기도 한다. 그래서 전체적으로 서버, 즉 활용률이 매우 낮게 나온다. 이에 대한 원인은 애플리케이션 워크로드들이 컴퓨트, 스토리지, 네트워크 리소스들에 대해 최적화 되어 할당되지 않기 때문이다. 그리고 이러한 리소스들의 구성을 조절하는데 유연성이 없게 된다. 비즈니스 측면에서 볼 때에도 비용을 줄이고 좀 더 유연하며 최적화된 리소스 사용, 그리고 용량을 스케일링 하는데 서비스 중단이 없어야 한다.

정리하면, 현재 데이터센터가 직면한 도전은 다음과 같다.

- OPEX 및 CAPEX 를 최소화하면서 애플리케이션 및 네트워크에 걸리는 작업 부하의 기하급수적인 증가를 지원할 수 있는 확장성
- 사내 업무 운영에서 전략적 수익을 창출하는 고객 중심 자산으로 서비스 역량을 전환
- 4차 산업혁명의 역동성을 충족시키기 위한 인프라 서비스의 유연성 및 신속한 전달 속도 향상

그러면 이러한 IT 인프라의 당면 과제를 혁신적으로 해결할 수 있는 방법 중 하나로 차세대 클라우드 인프라의 핵심 규격중 하나인 인텔 ® RSD 기반의 SDI에 대해 살펴보자.

6.3 SDI(Software Defined Infrastructure)

인텔 ® Rack Scale Design(RSD)은 변화하는 작업량에 따라 거의 실시간으로 필요에 따라 리소스를 효율적으로 풀링 및 배포함으로써 클라우드 서비스 제공 업체 및 기업이 데이터센터를 현대화하는 데 도움이 되는 논리적 아키텍처이다. 인텔 ® RSD는 효율성(CPU 사용률)을 개선하고 자본 인프라 비용을 줄이며 정의된 소프트웨어 인프라를 통해 IT 관리 노력을 줄이는 아키텍처 솔루션을 따로 제공하지 않는다. 또한 인텔 RSD는 완벽한 서버를 교체하는 대신 고객이 필요에 따라 개별 구성 요소를 자유롭게 교체할 수 있도록 해준다. 라이프 사이클 관리에 대한 모듈식 접근 방식을 통해 운영 비용을 줄이고 데이터센터 인프라스트럭처의 수명을 늘리며 전체적인 투자 비용이 적게 들고 더 유연한 데이터센터 디자인이 가능해진다.

인텔 ® RSD를 사용하면 시스템 수준의 풀링된 리소스가 작업 부하를

처리하고 작업량 요구 사항에 따라 구성을 허용할 수 있다. 사용 가능한 네트워크, 스토리지 및 컴퓨트는 사용자 정의 리소스 풀로 추상화된다. 이러한 풀링된 리소스를 관리하기 위해 인텔은 시스템 전반의 리소스 및 정책을 관리하고 상위의 오케스트레이션 계층 및 하위 하드웨어에 표준 인터페이스를 제공하는 펌웨어와 소프트웨어 API를 제공한다. RSD 소프트웨어는 오픈 소스이며 DMTF의 Redfish 산업 표준을 기반으로 하는 표준 배포 모델이 가능하다.

장기적으로 인텔 ® RSD의 비전은 모든 컴퓨팅, 저장소 및 I/O 리소스를 풀링하는 기능을 제공하는 것이다. 2017년 5월에 출시된 RSD 2.1은 고속 PCIe 인터커넥트를 통해 NVMe SSD 풀링 기능을 추가로 제공한다. 향후 출시될 인텔 RSD 사양은 FPGA 및 인텔 ® 제온 파이 (Xeon Phi)와 같은 가속기를 포함한 다른 리소스 풀에 대한 확장된 기능을 제공할 예정이다. Intel RSD는 또한 Intel® Optane™ 스토리지 및 Intel® Omni-Path 아키텍처 및 실리콘 포토닉스(Silicon Photonics)와 같은 고속 상호 연결과 같은 Intel 기술을 사용하여 랙 수준 시스템의 성능을 향상시킬 수 있다.

❙ 그림 6.3 ❙ 미래의 데이터 센터 모습

위의 사진은 미래의 데이터센터 모습이다. 이것은 높은 차원의 스위칭으로 하이퍼스케일되며, 멀리 떨어진 리소스들을 소프트웨어로 정의하여 자동화된 것처럼 보이게 할 것이다. 지능형 워크로드 배포, 원격 측정 및 스케줄링 등을 통해 인프라를 관리하기가 쉽게 되고, 학습 알고리즘이 인프라의 구성 요소 오류를 예측하고 가동 시간 및 데이터센터의 전반적인 복원력을 극대화할 수 있게 된다. 또한 구성 요소를 업그레이드하고 교체하기 위한 로봇 공학이 포함된 자율 아키텍처는 운영 비용을 크게 낮출 수 있게 된다. 데이터센터 내부는 로봇으로 관리되기 때문에 사람이 들어갈 필요가 없고, 냉각 비용을 줄이기 위해 내부를 질소 충전하는 것도 가능해질 것이다. 그럼 이러한 SDI에 대해 좀 더 자세히 알아보도록 하자.

SDI(Software Defined Infrastructure)는 차세대 SDDC에 해당하는 인프라인데, 말 그대로 상위 애플리케이션이 자신이 필요로 하는 하드웨어 리소스를 정의하여 인프라를 구성하게 된다는 의미이다. 전통적인 IT 인프라의 범용 서버 대비, 크게 다음과 같은 3가지 특징을 갖고 있다.

먼저 인프라의 기본 리소스인 컴퓨트, 스토리지, 네트워크, 그리고 GPU를 지원하는 가속기 등으로 각 하드웨어 컴포넌트를 disaggregation, 즉 분리해 놓았다. 이를 통해 각 컴포넌트별 라이프사이클 매니지먼트가 가능하다. 그리고 이렇게 분리된 하드웨어 컴포넌트들을 사용자가 원하는 애플리케이션 등의 워크로드(workload)에 맞게, 맞춤형 vPOD를 클릭 몇 번으로 구성할 수 있다. 여기서 vPOD는 POD(Performance Optimized Datatcenter)를 가상으로 구성한 것이다.

그리고 이러한 모든 작업은 RSD의 Pod manager를 통해 손쉽고 빠르게 진행할 수 있다. Pod manager의 NBI(노스바운드 인터페이스), SBI(사우스바운드 인터페이스)는 모두 오픈되어 있어서, 다양한 종류의 서버들을 하나의 매니저로 수용하고, 다양한 포탈과 연동할 수 있다. Pod manager

는 연결된 인프라 전체를 실시간으로 감시하고 분석하여 최적의 vPOD를 유지할 수 있도록 지원하는 역할도 한다.

요즘 유행어처럼 쓰이는 소프트웨어 정의(Software Defined)라는 용어는 기존의 정해진 하드웨어에 맞추어 그 위에 소프트웨어가 올라가는 것이 아니라, 소프트웨어가 더 이상 하드웨어에 종속되지 않고 주도권을 갖는다는 것을 의미한다. 데이터센터의 고객이 희망하는 구성 시스템을 직접 배포할 수 있고, 올리고자 하는 워크로드를 최적의 성능으로 튜닝할 수 있다.

SDI는 전적으로 소프트웨어에 의해 제어되는 차세대 인프라스트럭처라고 할 수 있다. 매우 최적화되어 있고 오류 발생 시 수용력이 높으며, 민첩하고 상황의 변화에 대한 적응력이 높은 장점이 있다. 둘 간의 차이점을 비교해 보면, 기존 데이터센터의 경우 컴퓨트, 스토리지, 네트워크 같은 리소스들은 정해진 규격에 맞추어 가두어져 있는 것 같이 배치되어 있다. 그리고 그러한 리소스들은 하드웨어로 정의되어 있고, 고정된 기능 애플리케이션 같은 모습이다. 뿐만 아니라 리소스들의 관리는 수동으로 느리게 진행되는 경향이 있다. 예를 들면 새로운 리소스를 정적으로 프로비저닝하는 것은, 서버 덮개를 열고 메모리나 스토리지를 추가한다든지, 아니면 긴급하게 서버를 추가 설치하고 복잡한 케이블링 작업을 진행하는 것처럼 물리적으로 새로운 하드웨어 어플라이언스를 덧붙이는 방식이 된다.

하지만 차세대 클라우드 인프라에서는 아키텍처 상의 변환이 필요하다. 즉 데이터센터의 변혁이 필요한 것이다. 인프라의 리소스들은 앞에서 언급한 것처럼 하드웨어 정의 기반에서 소프트웨어 정의 기반으로 변화하게 된다. 예를 들면 하나의 가상 머신이 바로 하나의 작은 소프트웨어 정의 서버라고 간주할 수 있는 것과 유사하다. 그리고 이러한 원리는 스토리지와 네트워킹에도 같이 적용될 수 있다. 이렇게 가상화된 모든 리소스 풀로 자동화되고 동적인 관리가 가능해지는 것이다.

이제 소프트웨어 정의 인프라스트럭처(SDI, Software Defined Infrastructure)의 특징을 자세히 살펴보기로 한다.

6.3.1 SDI의 강점

SDI는 상위 애플리케이션부터 시작하여 아래 인프라로 내려가는 접근을 의미한다. 즉 애플리케이션이 서비스 레벨을 정의한다. 그 대상으로는 반응시간, 보안 수준, 가용성, 가상머신의 위치, 심지어 전력 사용량까지도 포함될 수 있다. 그리고 이 애플리케이션이 자신과 데이터센터 간의 SLA(Service Level Agreement)도 정하게 된다. 여기에 인프라와 애플리케이션 사이의 오케스트레이션을 통해 상위 애플리케이션의 서비스 수준을 충족하기 위해 필요한 컴퓨트, 스토리지, 네트워크 리소스에 대해 동적이고 자동화된 관리가 가능하다. 하위 인프라 단에서는 각 리소스들이 풀링되어 자동화된 방식으로 온디맨드한 리소스 할당을 하게 된다.

그럼 인프라 리소스 풀에는 어떤 변화가 생기게 될까? 그동안 이 리소스 풀은 서버 가상화에서만 이 작업을 수행했는데, 이제는 스토리지 및 네트워킹으로 확장하게 된다. 그리고 자동화된 방식으로 온디맨드 리소스 할당이 구현된다. 아울러 기존의 고정된 기능 어플라이언스가 가상머신으로 구현되면서 NFV를 구현하는 것이 더욱 용이하게 된다. 게다가 오케스트레이션 계층에서 이 모든 동작들을 동적으로 관리하여 해당 애플리케이션의 SLA(Service Level Aggrement)를 충족할 수 있게 된다.

이를 통해 모든 관리가 자동화될 수 있고, 스토리지를 원하는 대로 확장할 수 있다. 네트워크는 가상화되어 효율적으로 동작하게 되고 다양한 리소스들이 풀링되어 낭비가 줄어든다. 이를 통해 매우 비용 효율적인 인프라가 만들어 진다.

그러면 CAPEX, OPEX 측면에서의 비용 효율적인 인프라는 어떻게 가능하게 될까? 현재 데이터센터의 하드웨어 Capex의 대부분은 CPU, 메모리, 스토리지, NIC, 가속기 등에 투자된다. 그런데 이런 하드웨어 구성 요소들이 하나의 PCB 위에 올라가 고정된 형태의 플랫폼으로 존재하게 된다. 이렇게 되면 어떤 구성품은 풀가동하게 되는 경우도 있지만 리소스 대부분은 휴면(idle) 상태로 존재하게 되고 전력은 계속 소모된다. 만약 이런 하드웨어를 구성품별로 분리시켜 필요한 것들만 가져다 쓸 수 있다면 어떨까? 이렇게 될 경우 존재하는 하드웨어의 용도를 구성품 레벨로 최적화시킬 수 있으며 이를 통해 각각의 구성품별로 라이프사이클 관리가 가능해지는 장점이 있다. CPU는 3~4년에 한 번씩 교체가 필요하게 되지만 나머지 리소스들인 스토리지나 네트워크 구성품 등은 더 오래 사용할 수 있음에도 불구하고 CPU교체 주기마다 같이 교체해 주어야 한다. 하지만 이렇게 구성품 기반의 라이프 사이클을 관리하게 되면 각 구성품의 교체 주기마다 필요한 것들만 교체를 하면 되기 때문에 수명이 다하지 않은 부품들을 불필요하게 교체할 이유가 없어지게 되는 것이다.

예를 들면 아래 그림의 좌측과 같이 기존에는 정해진 하드웨어 PCB 위에 CPU, 메모리, 디스크 등의 리소스가 고정되어 있고, 여기에 어떤 소프트웨어가 올라가느냐에 따라 어떤 리소스는 많이 사용하게 되지만 나머지는 idle 상태로 놀게 된다. 이러한 idle 리소스들이 불필요하게 전력을 소모하게 된다. 하지만 우측 그림과 같이 소프트웨어 정의 기반의 시스템이라면 리소스별로 필요한 만큼 공급이 이루어지기 때문에 리소스를 꽤 효율적

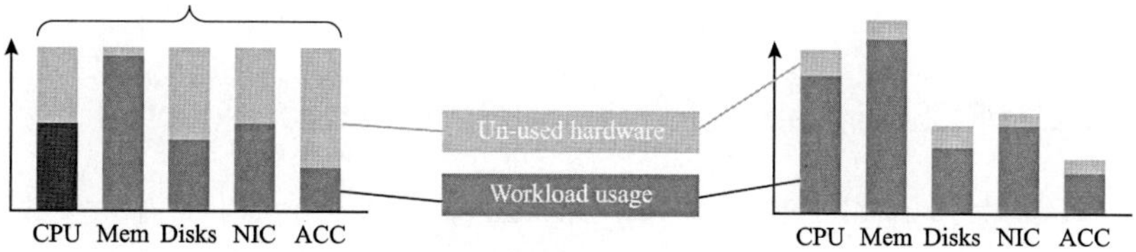

| 그림 6.4 | SDI에서의 리소스 활용률의 향상

으로 사용하게 되고 사용률도 올라가게 되어 낭비적인 요소를 제거할 수 있게 된다.

이러한 하드웨어 disaggregation을 통해 얻을 수 있는 장점은 기존 서버 하드웨어 구성 요소를 분리하여 컴퓨트, 스토리지, 네트워크 풀(Pool) 형태로 데이터센터를 필요한 리소스 형태로 풀(Pool) 구성 및 확장이 가능해지는 것이다.

그러면 이렇게 Intel RSD 기반으로 구성된 리소스 풀(pool) 간의 연결은 어떤 방식으로 해야 할까? 5G 이동통신 네트워크에서는 지연 시간(latency)이 매우 짧아야 한다. 특히 이 지연 시간은 단순히 무선 구간에서뿐만 아니라, 전송 네트워크 및 외부 서버 등 모든 end-to-end 구간의 지연 시간이 짧아야 하고, 중간에 한 지점이라도 지연 시간을 많이 잡아먹는 구간이 생긴다면 전체 네트워크 품질 및 운영 중인 서비스에 나쁜 영향을 끼치게 된다. 대부분의 전송 구간은 광전송로로 구현되어 있겠지만, 데이터센터 내 리소스 pool 간 연결도 광케이블로 이루어진다면 엔드 투 엔드(end to end) 관점의 전체적인 서비스 품질을 개선할 뿐만 아니라 데이터센터 내의 랙 혹은 샤시(Rack/Chassis) 간의 물리적 제한 없이 유연한 확장성을 구현할 수 있게 된다. 정리하면 광인터페이스를 적용하여 연결이 가능한 거리를 획기적으로 늘릴 수 있고 지연 시간(latency)을 줄일 뿐만 아니라 BER (bit error rate)도 낮출 수 있는 장점이 있는 것이다.

이어서 SDI의 한 모습인 vPOD(Virtual Performance Optimized Datacenter)에 대해 살펴보자.

6.3.2 vPOD(Virtual Performance Optimized Datacenter)

vPOD는 Virtual Performance Optimized Datacenter의 약자로서, 물리적인 하드웨어 구성 요소들을 가상으로 설정하여 최적의 컴퓨트, 스토리지, 네트워크 리소스들을 제공함으로써 고객별 특정 요구 사항을 충족시킨다는 개념이다. 그리고 이 vPOD는 데이터센터 한 개의 랙 안에 국한된 개념이 아니라 여러 개의 랙에 걸쳐 다양한 리소스 풀을 자유자재로 사용하여 구성될 수 있다. 여러 개의 관리되는 물리 리소스들을 vPOD에 매핑시킴으로 테넌트별 개별 서버를 구성할 수 있다. 그리고 vPOD의 상호 연결은 네트워크 스위치 패브릭 포트를 각 사용자에 대한 스위치 패브릭의 전용 슬라이스인 가상 스위치로 할당함으로써 가능하다.

이렇게 데이터센터를 손쉽게 논리적으로 파티셔닝할 수 있게 되면 각각 다른 서비스 또는 Multi-VIM 별 필요 리소스 할당이 가능해진다. 게다가 서버 확장, 구성 변경 및 이전에 필요한 기존의 물리적 작업을 소프트웨어를 이용하여 제어가 가능해진다. 특히 5G의 경우 기존에 비해 산업 분야별로 다양한 서비스가 나오게 되고, 또 각 산업간 연계되어 파생되는 서비스도 확대될 텐데, 이렇게 vPOD 개념을 이용하게 되면 각각의 다양한 서비스가 필요로 하는 하드웨어 사양에 맞는 vPOD를 손쉽게 구성하고 서비스를 신속하고 유연하게 제공할 수 있게 되어 매우 효율적이고 편리해 진다고 할 수 있다.

그 외에 비용적인 측면에서는 앞에서 언급한 하드웨어 활용률 최적화로 인한 하드웨어 및 상면 투자 비용이 줄어드는 것과 하드웨어(리소스 pool)별 라이프사이클 관리를 통해 투자 비용을 줄일 수 있게 된다는 점 이외에, 서버/네트워크 인프라 및 전력, 냉각, 라이선스 등의 비용도 줄일 수 있게 된다. 덧붙여서 말하면, 손쉬운 VPOD 프로비저닝을 통해 운영자의 운영비용(OPEX)을 줄일 수 있게 된다.

추가로 vPOD를 제공하는 Bare Metal as a Service에 대해 알아본다. 베어메탈(Bare-Metal)이란 "어떤 소프트웨어도 담겨 있지 않은 하드웨어" 혹은 "하드웨어만을 구매할 수 있는 제품" 혹은 "운영체제가 설치되어 있지 않은 하드웨어"를 의미한다. 쉽게 비유하자면, 나만의 조립식 PC를 구성하기 위해 전자상가 같은 곳에서 원하는 사양의 하드웨어를 확보하는 것을 서비스로 구현하는 것이라고 볼 수 있다. 그런데 Intel RSD 기반 데이터센터에서 이러한 베어메탈 서비스를 손쉽게 제공할 수 있다.

베어메탈 클라우드를 이해하기 위해서는 먼저 가상화 아키텍처의 두 종류를 알아야 한다. 이것은 호스트형 가상화와 베어메탈 가상화를 의미하는데 호스트형 가상화의 경우, 하드웨어 상에 호스트 OS가 있고, 그 위에서 가상머신을 구현하는 방식이다. 반면에 베어메탈형 가상화는 호스트 OS 없이 하드웨어 상에 하이퍼바이저가 바로 설치되고, 이 위에 가상머신을 구현하는 것이다. 이런 하이퍼바이저를 베어메탈 하이퍼바이저라고 하는데 현재 서버용 하이퍼바이저의 대부분은 베어메탈 하이퍼바이저라고 볼 수 있다. 그럼 베어메탈 클라우드는 무엇일까? 이것은 베어메탈 서버에 클라우드의 특징인 빠른 프로비저닝을 적용한 매니지드 호스팅 서비스를 의미한다. 베어메탈 클라우드 서비스는 고객들에게 전용 매니지드 호스팅 환경에 대한 자동화된 프로비저닝 서비스를 제공하게 되는데 이는 성능 문제를 야기할 수 있는 하이퍼바이저 가상화 플랫폼을 사용하지 않는다는 의미이기도 하다.

그럼 이 두 가지를 비교해 보면 어떨까? 한 마디로 효율, 비용 우선이냐 아니면 성능 우선이냐의 구도로 볼 수 있다. 성능 측면에서 볼 때, 매니지드 호스팅 환경의 프로비저닝은 서비스 업체가 수동으로 서비스를 설정하기 때문에 deploy에 최소 몇 시간에서 최대 몇 주까지 시간이 걸리게 된다. 하지만 가상화되지 않은 전용 서버는 하이퍼바이저 계층이 없기 때문에 최고의 성능을 얻을 수 있게 된다. 애플리케이션에 따라서는 10% 정도의 성능 차이가 난다고 한다(실제로 하이퍼바이저는 사용 가능한 서버 용량의 10% 정도를 소비한다고 볼 수 있다). 이런 경우 기본적으로 성능이 최우선 조건인 경우에 적합하다. 5G 서비스의 세 축 중 mission critical communication에 관한 인프라가 이러한 경우에 해당한다.

베어메탈 클라우드 서비스는 고객들에게 전용 매니지드 호스팅 환경에 대한 자동화된 프로비저닝 서비스를 제공하고 호스트형 가상화에 비해 보안성이 강화되어 있다. 즉 호스트 OS에 외부 공격이 가해졌을 경우 이에 연결된 모든 가상 머신들에 장애 발생이 가능하지만 베어메탈 구조의 하이퍼바이저는 호스트 OS가 없으므로 이런 경우에 대해 걱정하지 않아도 된다. 이를 통해 가상화된 클라우드와 관련된 유연성과 확장성을 제공할 뿐만 아니라, 더 높은 수준의 성능 및 일관성 보장하게 된다.

비용 측면에서 본다면 베어메탈 클라우드 서비스는 단위 당 가격이 더 높지만, 고성능 워크로드의 경우에는 전반적으로 베어 메탈 서버가 가상화된 서버보다 더 비용 효율적일 수 있다. 베어 메탈 클라우드 구성으로부터 가장 큰 이점을 얻는 워크로드로는 대규모 NoSQL 데이터베이스와 같은 입력/출력(I/O) 집약적인 워크로드, 빅데이터 분석과 같은 고성능 컴퓨팅 워크로드, 그리고 초저지연 시간을 필요로 하는 URLLC(Ultra Reliable Low Latency Communicaion, 예를 들면 가상 현실, 원격 의료 수술 등) 등을 들 수 있다. 이를 통해 5G 서비스를 구현하는 기반이 될 수 있다.

6.3.3 All-IT 네트워크 기술

지금까지 차세대 클라우드 인프라에 대해 살펴보았는데, 그러면 5G 이동통신 네트워크에서 어떤 역할을 하게 될까? 이미 코어네트워크 기능들의 상당 부분은 가상화 기술로 구현되어 기존 범용 서버에서 동작을 하고 있다. 그리고 5G 이동통신 네트워크에서는 클라우드 RAN이 구현되어 기존의 eNB의 기능 중 많은 부분이 클라우드 인프라에 수용될 것이다. 이렇게 네트워크 기능 중 RF와 물리 계층을 제외한 나머지가 데이터센터 내에 수

용이 된다는 것은 매우 효율적임에 틀림이 없지만, 기존 범용 서버로 이런 기능들을 모두 수용한다는 것에는 앞에서 언급한 낭비 요인이 늘어난다는 것을 의미하기도 한다. 그리고 네트워크 슬라이싱으로 세분화된 5G 서비스를 받치는 인프라로서 부족한 면이 있는 것도 사실이다. 무선 액세스 네트워크 기능을 집중형에 편중할 것인가, 아니면 분산형으로 구현할 것인지에 대한 비중으로 분류한다면 최소한 물리계층만 빼고 모두 집중화된(centralized) RAN으로 구현하던지, 아니면 물리계층 및 L2, L3 모든 기능을 분산된(distributed) RAN에 남겨 놓는 방안이 있다. 어떤 경우든 5G의 3대 축인 서비스들을 수행하기 위해서 차세대 클라우드 인프라가 중요한 요인으로 자리매김하게 될 것이다.

5G All-IT 네트워크에서 클라우드 RAN은 기존 LTE eNB 기능의 대부분을 가상화하고 범용 서버에 호스팅함으로써 중앙 집중화 운영의 수준을 넘어 eNB의 프로세싱을 한 단계 발전시킬 수 있다. 중앙 집중식 RAN을 사용하면 전용 eNB 장비를 중앙 사이트에 쌓아 놓고 Fronthaul을 통해 각 무선 사이트에 연결할 수 있다. 이러한 eNB는 inter-site coordination(사이트 간 협력 송수신)과 같은 기능을 추가하기 위해 상호 연결하여 풀링된 eNB 리소스를 서로 공유할 수 있게 된다.

eNB에 가상화를 적용하게 되면, 클라우드 RAN은 eNB기능을 가상 머신 풀 위에서 운영하게 되고 그 풀을 동적으로 확장/축소하며 온디멘드로 필요한 네트워크 기능의 가상 머신을 할당할 수 있게 된다. 이러한 풀링의 장점은 크게 두 가지를 들 수 있다. 첫째는 모든 셀들이 동시에 최대 트래픽에 도달하지 않게 된다. 둘째로는 공유된 가상 리소스 풀이 'just in time' 기반으로 제공될 수 있으며, 이것은 몇 달이나 몇 년 전에 미리 여분의 프로세싱 용량을 확보해야 할 필요가 줄어든다는 것을 의미한다. 이 결과로 로드가 얼마 걸리느냐에 민감한 베이스밴드 기능이 클라우드 RAN으

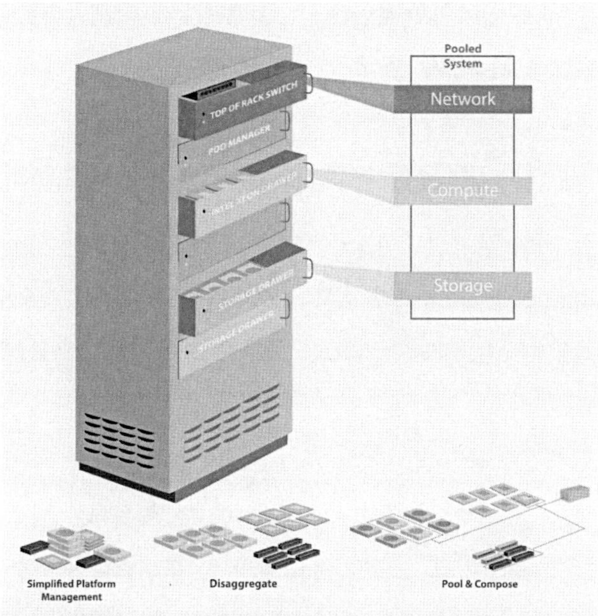

▎그림 6.5▎ SDI 개념도(출처 : Intel, Datacom Electronics 자료)

로 구현되어 여러 셀 사이트의 클러스터에 대한 최적화된 베이스밴드 풀링이 가능해진다.

이상으로 4차 산업혁명 Digital Factory 및 5G 네트워크 인프라의 차세대 하드웨어에 해당하는 SDI에 대해 살펴보았다. 정리하면 차세대 SDI를 통해 간편하게 vPOD를 구성하여 빠르게 5G 워크로드를 배포할 수 있고, 하드웨어 분리(disaggregation)를 통해 현 상황에 최적의 리소스 컴포넌트를 제공하고 유지하게 되어 급변하는 5G 서비스 고객니즈에 신속히 대응할 수 있게 된다. 또한 OPEX를 줄이고 CAPEX에 대한 효율성을 높일 수 있게 된다. 아울러 광 백보드(optical backplane) 인터페이스를 적용한다면 5G의 초지지연 서비스를 서버단에서도 지원할 수 있게 된다.

여기까지 차세대 IT 인프라가 어떻게 5G 통신 네트워크를 구현하는 데 기반 역할을 하게 될지 살펴보았다. 그 외에 5G 통신 네트워크 구현을 지원하는 하드웨어 기술들을 좀 더 살펴본다.

6.3.4 기타 5G 이동통신 네트워크를 지원하는 하드웨어 기술

앞에서 본 바와 같이, IT 인프라는 전반적으로 RSD 기반 서버의 보급으로 인해 Granularity가 작아져 컴포넌트 레벨까지 내려갈 것으로 보이고, 대규모의 확장성(scalability)과 리소스 계층을 줄이는 방향으로 발전한다고 할 수 있다.

특히 5G 가입자 증가 및 다양한 IoT 디바이스가 필요로 하는 대규모의 서비스를 제공하기 위한 확장성(scalability)을 얻기 위해서 새로운 하드웨어 기술들이 필요한데 그 중 하나로 SDI의 한 구성으로 들어갈 비휘발성 메모리(Non-volatile Memory, 줄여서 NVMe)를 들 수 있다. NVMe를 이용하면 메모리가 필요 없이 데이터가 저장된 영속 저장 장치에서 바로 연산을 수행 하여 데이터 통신으로 인한 지연을 줄이고 연산 성능을 높일 수 있는 효과가 있다.

그리고 외부 광케이블이 PCB상의 디바이스 바로 앞단까지 들어와 광신호를 전기신호로 변환하여 지연 시간을 획기적으로 줄이는 Silicon photonics 기술도 있다. 이를 통해 기존 유선 네트워크의 대역폭과 지연(latency)이 크게 개선되고, 서버 내의 CPU, 메모리 및 스토리지 간의 데이터 통신의 지연 시간 및 품질도 개선되어 5G 이동통신 서비스를 지원하게 될 것이다.

이번에는 앞에서 언급했던 RSD에 이어 차세대 데이터센터의 방향을 만들어가는 OCP(Open Compute Project)에 대해 살펴본다.

OCP는 데이터센터 설계 기술을 공유하기 위한 오픈 하드웨어 및 소프트웨어 프로젝트이다. 현재 세계에서 매우 높은 수준의 데이터센터 효율을

❙그림 6.6❙ OCP 로고

자랑하는 페이스북이 데이터센터 인프라를 경제적이고 효율적으로 관리하기 위해 자사의 데이터센터 시설 및 서버 사양을 공개하며 시작했다. 이를 통해 데이터센터 혁신을 가속화하고, 데이터센터 기술을 상호 이해함으로써 좀 더 경제적인 데이터센터를 설계하고 관리할 수 있다. 즉 OCP를 통해 서비스 사용자의 증가에 따른 인프라 확장을 용이하게 하고, 비용 효율적이며, 전력 소모가 효율적인 데이터센터를 만들 수 있다.

OCP의 sub 프로젝트로는 스토리지, 네트워킹, 서버, 오픈랙, 데이터센터, 관리, 그리고 C&I 등이 있다. 이 중에서 네트워킹 프로젝트를 잠깐 살펴본다. 이것은 페이스북의 데이터센터에서 사용할 ToR(Top of the Rack) 스위치 설계를 목표로 시작되었고 Wedge, FBOSS, 6-Pack 등의 제품이 발표되었다. 여기서 Wedge는 모듈화된 하드웨어 구조로 용도에 맞게 변화가 가능하게 만들어졌다. 그리고 FBOSS는 리눅스 기반의 스위치 관리 및 제어를 위한 애플리케이션 세트라고 할 수 있다.

이 FBOSS와 Wedge를 기반으로 설계하여 페이스북 데이터센터 패브릭의 확장 가능성을 구현한 modular 스위치인 6-Pack이 나왔는데 이것은 각 슬롯의 스위치가 독립적으로 유연하게 동작할 수 있게 되어 있다.

6.4 오픈스택

이번 장에서는 5G NFVI의 클라우드 실행 환경이면서, 디지털 팩토리의 애플리케이션 및 데이터가 올라가게 될 플랫폼에 해당하는 오픈스택에 대해 살펴보기로 한다. 아울러 5G NFVI(NFV Infrastructure)의 핵심인 캐리어급(Carrier grade) 오픈스택의 조건은 무엇인지 확인해 보기로 한다.

6.4.1 오픈스택, 그 발자취와 특장점

오픈스택은 퍼블릭 클라우드나 프라이빗 클라우드 모두를 위해 컴퓨팅 플랫폼을 구축하고 관리하는 소프트웨어 툴의 집합이다. 소프트웨어 개발 및 호스팅 관련 여러 대기업뿐만 아니라 수천 개의 커뮤니티 개인 회원들의 든든한 후원으로 지원받고 있기 때문에 오픈스택은 클라우드 컴퓨팅의 미래라고 할 수 있다. 즉 오픈스택은 데이터센터를 통해 큰 규모의 컴퓨트, 스토리지, 네트워크 리소스 풀을 관리하는 클라우드 운영체계이며 각 사용자들이 웹 인터페이스를 통해 간편히 리소스들을 프로비저닝하고, 운영자는 대시 보드를 통해 관리할 수 있도록 해 준다. 덧붙여 개발자들에게 표준화된 API를 통해 클라우드 기반의 애플리케이션을 구축할 수 있는 역량을 제공한다.

오픈스택 프로젝트는 모든 유형의 클라우드를 위한 오픈 소스 클라우드 컴퓨팅 플랫폼으로, 구현하기 쉽고 확장성이 뛰어나며 풍부한 기능을 목표로 한다. 전 세계의 개발자 및 클라우드 컴퓨팅 기술자가 오픈스택 프로젝트를 만들고 있다. 오픈스택은 일련의 상호 연관된 서비스를 통해 IaaS(Infrastructure-as-a-Service) 솔루션을 제공한다. 그리고 각 서비스는 이러한 통합을 용이하게 해주는 API(Application Programming Interface)를

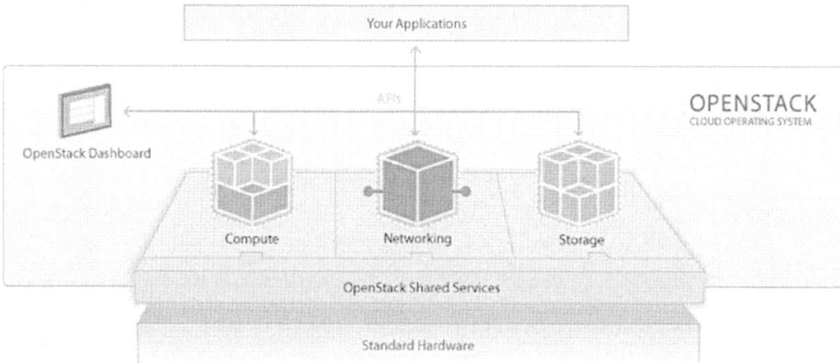

| 그림 6.7 | 오픈스택 개념도(출처 : https://www.openstack.org)

제공한다. 아울러 필요에 따라 일부 또는 모든 서비스를 설치할 수 있다.

이렇게 많은 각광을 받고 있는 오픈스택은 원래 Rackspace와 NASA에서 출발하였는데 대형 생태계에 의해 후원을 받는 표준이면서 제조사에 종속되는 lock-in이나 라이선스가 필요 없는 오픈소스이다. 그리고 오픈스택을 이용하면 업체별로 자사만의 클라우드를 별도로 개발할 필요가 없게 된다.

오픈스택은 비영리 단체인 오픈스택 재단에서 유지 및 관리를 하고 있다. 2010년에 시작되었고 1년에 두 번씩 오픈스택 디자인 서밋(summit)에서 새로운 릴리즈를 위한 킥오프를 한다. 그리고 그 다음 번 서밋 전에 딜리버리 된다. 여러 프로젝트로 세분화되어 있고 그 각각에는 PTL(Project Tech Lead)이 있다. 그리고 기여자(contributor)에 의해 매 번 릴리즈에 피쳐가 추가되기도 한다. 오픈스택의 그간 발자취를 보면 다음과 같다.

그럼 클라우드 인프라 위에서 오픈스택은 어떤 역할을 하게 될까? 클라우드 인프라의 주요 구성 요소인 컴퓨트, 스토리지, 네트워크에 대해 오픈스택은 프레임워크, API, 그리고 소프트웨어를 개발한다. 이로 인해 컴퓨트에 대해서는 프로세싱 리소스들의 풀을 관리하게 되고, VNF와 서버에 대

Release name	Release date	Included Component code names
Austin	21 October 2010	Nova, Swift
Bexar	3 February 2011	Nova, Glance, Swift
Cactus	15 April 2011	Nova, Glance, Swift
Diablo	22 September 2011	Nova, Glance, Swift
Essex	5 April 2012	Nova, Glance, Swift, Horizon, Keystone
Folsom	27 September 2012	Nova, Glance, Swift, Horizon, Keystone, Quantum, Cinder
Grizzly	4 April 2013	Nova, Glance, Swift, Horizon, Keystone, Quantum, Cinder
Havana	17 October 2013	Nova, Glance, Swift, Horizon, Keystone, Neutron, Cinder, Heat, Ceilometer
Icehouse	17 April 2014	Nova, Glance, Swift, Horizon, Keystone, Neutron, Cinder, Heat, Ceilometer, Trove
Juno	16 October 2014	Nova, Glance, Swift, Horizon, Keystone, Neutron, Cinder, Heat, Ceilometer, Trove, Sahara
Kilo	30 April 2015	Nova, Glance, Swift, Horizon, Keystone, Neutron, Cinder, Heat, Ceilometer, Trove, Sahara, Ironic
Liberty	16 October 2015	Nova, Glance, Swift, Horizon, Keystone, Neutron, Cinder, Heat, Ceilometer, Trove, Sahara, Ironic, Zaqar, Manila, Designate, Barbican
Mitaka	07 April 2016	Nova, Glance, Swift, Horizon, Keystone, Neutron, Cinder, Heat, Ceilometer, Trove, Sahara, Ironic, Zaqar, Manila, Designate, Barbican
Newton	6 October 2016	Nova, Glance, Swift, Horizon, Keystone, Neutron, Cinder, Heat, Ceilometer, Trove, Sahara, Ironic, Zaqar, Manila, Designate, Barbican, Searchlight, Magnum, aodh, cloudkitty, congress, freezer, mistral, monasca-api, monasca-log-api, murano, panko, senlin, solum, tacker, vitrage, Watcher
Ocata	22 February 2017	Nova, Glance, Swift, Horizon, Keystone, Neutron, Cinder, Heat, Ceilometer, Trove, Sahara, Ironic, Zaqar, Manila, Designate, Barbican, Searchlight, Magnum, aodh, cloudkitty, congress, freezer, mistral, monasca-api, monasca-log-api, murano, panko, senlin, solum, tacker, vitrage, Watcher
Pike	30 August 2017	Nova, Glance, Swift, Horizon, Keystone, Neutron, Cinder, Heat, Ceilometer, Trove, Sahara, Ironic, Zaqar, Manila, Designate, Barbican, Searchlight, Magnum, aodh, cloudkitty, congress, freezer, mistral, monasca-api, monasca-log-api, murano, panko, senlin, solum, tacker, vitrage, Watcher

| 그림 6.8 | 오픈스택의 역사

해서는 지속적인 공유 네트워크 스토리지를 관리하고 제공하여 다양한 상위 워크로드를 지원한다. 그리고 네트워크에 대해서는 플러그인이나 확장성, API 주도의 네트워크 및 IP 관리가 가능해진다. 뿐만 아니라 공유 서비스로서 보안, 신원 확인(identity), 액세스 제어 등을 제공하고 오픈스택 프레임워크에 걸쳐서 성능 및 데이터를 유지하며, 오케스트레이션과 외부 인터페이스를 지원하고 네트워크 서비스를 제어할 수 있게 해준다. 정리하면 아래와 같다.

- **컴퓨트** : 프로세싱 리소스의 풀을 관리하는 역할을 한다. 예를 들면 PDN-GW(Packet Data Network GateWay)의 유저 플레인

- **스토리지** : VNF 및 서버를 위한 지속적인 공유 네트워크 스토리지를 관리하고 제공한다.
- **네트워킹** : 플러그형, 확장형, API 기반 네트워크 및 IP를 관리한다.
- **공유 서비스** : 보안, 식별 및 액세스 제어 기능을 제공한다. 그리고 프레임워크 전반에 걸쳐 성능과 데이터를 유지 및 관리한다. 또한 네트워크 서비스를 제어하는 오케스트레이션 및 외부 인터페이스를 지원한다.

이렇듯 오픈스택은 다양한 리소스들을 제어하고 자동화하며 효율적으로 할당해 주는 관리 계층(Management Stack)에 해당한다.

6.4.2 오픈스택 구성 요소

각 오픈스택 서비스 간의 관계는 아래와 같다.

오픈스택을 설계, 배포 및 구성하려면 관리자가 논리적 구조를 이해하여야 한다. 앞에서 확인한 바, 오픈스택 아키텍처에서 볼 수 있듯이 오픈스택 서비스라는 이름의 몇 가지 독립적인 부분으로 구성된다. 모든 서비스는 공통인 아이덴티티(Identity) 서비스를 통해 인증되며, 각 개별 서비스는 권한 있는 운영자 명령이 필요한 경우를 제외하고 public API를 통해 서로 상호 작용하게 된다.

내부적으로 오픈스택 서비스는 여러 프로세스로 구성된다. 모든 서비스에는 최소한 하나의 API 프로세스가 있으며, API 프로세스는 API 요청을 수신하고 사전 처리하여 서비스의 다른 부분으로 전달한다. 아이덴티티 서비스를 제외하고 실제 작업은 별개의 프로세스에 의해 수행된다.

그리고 하나의 서비스 프로세스 간의 통신을 위해 AMQP 메시지 브로커가 사용되며, 서비스의 상태는 데이터베이스에 저장된다. 오픈스택 클라우드를 배포하고 구성할 때에는 아래와 같이 여러 가지 메시지 브로커 및 데이터베이스 솔루션 중에서 선택할 수 있다. 예를 들면 RabbitMQ, MySQL, MariaDB, SQLite 등이 있다.

오픈스택의 핵심 서비스는 블록 스토리지 서비스인 cinder, 컴퓨트 서비스인 nova, 아이덴티티(Identity) 서비스인 keystone, 이미지 서비스인 glance, 네트워킹 서비스인 neutron, 그리고 오브젝트 스토리지 서비스인 swift 등을 들 수 있다.

(1) 컴퓨트(Nova)

Nova는 컴퓨트 노드 관련 오픈스택 핵심 프로젝트로서 모든 주요 구성 요소를 여러 서버에서 실행할 수 있다. 그리고 구성 요소 간 통신을 위해 메시지 대기열(queue)을 사용한다. Nova는 가상머신의 컴퓨팅 리소스, 즉 CPU와 메모리를 다룬다. 그리고 이미지, 인스턴스, 플레이버(Flavor) 등을 생성하고 관리한다. 또한 컴퓨터 리소스의 풀을 관리하고 자동화하도록 설계되어 있으며 베어 메탈, 고성능 컴퓨팅(HPC) 구성뿐 아니라 다양한 가상화 기술들과 함께 동작할 수 있다.

이렇듯 Nova를 사용하면 클라우드 컴퓨팅 시스템을 호스팅하고 관리할 수 있다. Nova는 IaaS(Infrastructure-as-a-Service) 시스템의 주요 부분이며, 기본 모듈은 파이썬(Python)으로 구현된다. Nova는 인증을 위해 오픈스택의 다른 구성요소인 Identity와 상호 작용한다.

(2) 네트워킹(Neutron)

네트워크 접속 기능을 제공하여 추상화 계층을 오픈스택 컴퓨트와 연결시킨다. 또한 게스트 서버들을 위해 네트워크를 설정한다. 즉 네트워크와 IP 주소들을 관리하는 기능이다. 오픈스택 네트워킹은 네트워크가 병목 현상에 처하지 않도록 하며 심지어는 네트워크 구성을 통해 사용자에게 자체 서비스 기능을 제공한다.

Neutron은 오픈스택 배포에 사용되는 네트워크 모델 중 하나이다. 즉 Nova처럼 다른 오픈스택 서비스에 의해 관리되는 vNIC(virtual Network Interface Card)과 같은 인터페이스 장치 사이의 네트워킹을 제공한다. Neutron을 사용하면 다른 오픈스택 서비스에서 관리하는 인터페이스 장치를 만들고 네트워크에 연결할 수

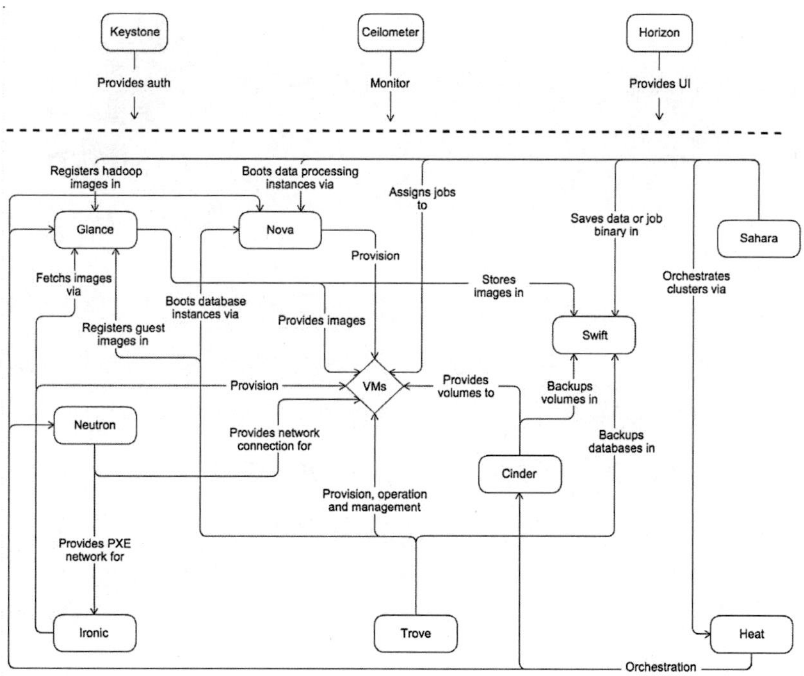

| 그림 6.9 | 오픈스택 구성 요소 간 상호 관계(출처 : https://www.openstack.org)

있다. 그리고 플러그인으로 다른 네트워킹 장비 및 소프트웨어를 수용하여 유연하게 오픈스택 아키텍처를 구성하고 배포할 수 있다.

Neutron은 또한 각기 다른 애플리케이션이나 사용자 그룹을 위한 네트워킹 모델을 제공한다. 표준 모델은 서버와 트래픽을 분리시키는 VLAN이나 플랫(Flat) 네트워크를 포함한다. 오픈스택 네트워킹은 IP 주소를 관리함으로써 전용 static IP나 DHCP를 허용한다. 유동 IP 주소들로 IT 인프라스트럭처 안의 모든 리소스에 트래픽이 동적으로 이어질 수 있기 때문에 사용자들은 유지보수를 해야 할 때나 장애 발생 시 트래픽을 다른 곳으로 넘길 수 있다.

(3) 블록 스토리지(Cinder)

블록 스토리지인 Cinder는 실제 물리 컴퓨터를 여러 대 사용할 수 있게 하기 위해, 가상화시켜 놓은 인스턴스에 실제 컴퓨터처럼 하드 디스크를 추가하여 사용할 수 있는 저장소이다. 즉 인스턴스의 하드 디스크를 블록 스토리지(Block Storage)라고 한다.

CINDER
Block Storage

Cinder의 역할은 볼륨을 생성하고 관리하는 것이다. 즉 가상 시스템에 영구 저장소를 추가한다. 그리고 볼륨 관리를 위한 인프라를 제공하고 Nova와 상호 작용하여 인스턴스에 볼륨을 제공한다. 또한 이 서비스를 통해 볼륨 스냅샷 및 볼륨 유형도 관리할 수 있다. Cinder는 자체 오픈스택 저장소 노드 (종종 "Cinder 노드"라고 함)에 배포되는데, 컨트롤러 노드와 공유도 가능하다.

(4) 아이덴티티(Keystone)

Keystone은 오픈스택의 프로젝트에서 사용하기 위한 ID, 토큰, 카탈로그 및 정책 서비스 등을 제공하고, 신원 확인 및 인증을 한다. 즉 사용자, 테넌트, 역할, 엔드 포인트, 그리고 자격 인증(credentials) 등을 생성하고 관리하는 역할을 한다. 관련 용어의 의미는 다음과 같다.

- **자격증명(Credentials)** : 자신이 누구인지를 증명하는 사용자에 의해서만 알려진 데이터(예 : 사용자 이름 및 비밀번호, 사용자 이름 및 API 키, 인증 토큰)
- **토큰(Token)** : 사용자와 관련된 자격 증명, 리소스에 액세스하는 데 사용되는 임의의 텍스트를 식별하는데 필요하다.
- **그룹(Group)** : 사용자들의 집단
- **프로젝트(Project)** : 리소스 혹은 ID 개체를 그룹화하거나 격리하는데 사용되는 컨테이너를 의미한다(예 : 엔드 포인트, 실행중인 인스턴스, 할당량 등).
- **도메인** : 개별 사용자, 사용자 그룹 및 프로젝트의 고유한 집합을 나타낸다.
- **역할(Role)** : 사용자와 관련된 메타 데이터의 퍼스트 클래스 파트에 해당한다. 프로젝트의 사용자 또는 그룹에 직접 할당되거나 도메인에서 내려오기도 한다.
- **서비스** : 컴퓨트(Nova), 오브젝트 스토리지(Swift), 이미지 서비스(Glance)와 같은 오픈스택 서비스. 하나 이상의 엔드 포인트를 제공하여, 사용자는 리소스에 액세스하고 조작을 수행할 수 있다.

- 종점(Endpoint) : URL에 해당하는 네트워크 액세스 주소이며, 오픈스택 서비스에 액세스하는 곳. 기본적으로 모든 프로젝트에 대해 사용 가능하나, 명시적으로 특정 프로젝트에만 매핑될 수도 있다.
- 규칙(Rule) : 엔드 포인트 위에 작업을 수행하기 위한 일련의 요구 사항을 기술한다.

오픈스택 Identity 서비스는 인증, 권한 부여 및 서비스 카탈로그 서비스를 관리하기 위한 단일의 통합 포인트(single point of integration)를 제공한다. 다른 오픈스택 서비스는 Identity 서비스를 공통된 통합 API로 사용한다. 또한 사용자에 대한 정보를 제공하지만 오픈스택에 포함되지 않은 서비스(예 : LDAP 서비스)는 기존 인프라에 통합될 수 있다.

아이덴티티 서비스를 위해 다른 오픈스택 서비스들은 아이덴티티 서비스와 함께 협력해야 한다. 오픈스택 서비스는 사용자로부터 요청을 받으면 사용자가 요청할 수 있는 권한이 있는지 여부를 Identity 서비스에서 확인한다.

Identity 서비스에는 다음 구성 요소가 포함된다.

- 서버(Server) : 중앙 집중화된 서버는 RESTful 인터페이스를 사용하여 인증 및 권한 부여 서비스를 제공한다.
- 드라이버(Drivers) : 드라이버 또는 서비스 백엔드는 중앙 집중식 서버에 통합되어 있다. 이것들은 오픈스택 외부의 저장소에 있는 ID 정보에 액세스하는 데 사용되며 오픈스택이 이미 배포된 인프라(예를 들면, SQL 데이터베이스 또는 LDAP 서버)에 존재할 수 있다.
- 모듈(Modules) : 미들웨어 모듈은 Identity 서비스를 사용하는 오픈스택 구성 요소의 주소 공간에서 실행된다. 이러한 모듈은 서비스 요청을 받아 사용자 자격 증명을 추출한 다음 중앙 서버로 보내 권한을 부

여한다. 그리고 파이썬 웹서버 게이트웨이 인터페이스를 사용하여 미들웨어 모듈과 오픈스택 구성 요소 간 통합이 가능하다.

오픈스택 Identity 서비스를 설치할 때에는 설치할 다른 오픈스택 서비스들을 등록해야 한다. 그런 다음 ID 서비스는 어떤 오픈스택 서비스가 설치되어 있는지, 어떤 네트워크상에 있는지를 추적한다.

(5) 이미지(Glance)

Glance는 오픈스택의 이미지 스토리지 프로젝트이며,

IaaS(Infrastructure-as-a-Service)의 핵심이라고 할 수 있다. Glance는 가상머신 이미지 및 메타 데이터에 대해 확장 가능한 RESTful API를 제공한다. 여기서 이미지를 통해 가상머신이 생성되는데, Glance는 필요한 가상머신 이미지를 찾고, 등록하며, 불필요할 경우 회수한다.

그리고 디스크 또는 서버 이미지 및 메타 데이터 정의에 대한 API 요청을 받아들인다. 또한 오픈스택 오브젝트 스토리지를 포함하여 다양한 저장소 유형에서 디스크 또는 서버 이미지의 저장을 지원한다.

(6) 오브젝트 스토리지(Swift)

오픈스택 오브젝트 스토리지(Swift)는 확장 가능한 여분의 스토리지 시스템이다. 오브젝트와 파일들은 데이터센터 내 서버를 통해 분산되어 있는 여러 개의 디스크 드라이브에 기록되며, 오픈스택 소프트웨어는 클러스터를 통한 데이터 복제 및 무결성을 보장하는 역할을 한다.

블록 스토리지와 비교해 보면, 오브젝트 스토리지는 단독으로 구성 가능하며, 사용자 계정의 컨테이너에 파일이나 데이터를 저장할 수 있는 저장 공간이라고 할 수 있다. 즉 오브젝트 스토리지는 사용자 계정이 있으며, 해당 사용자는 스토리지를 이용하기 위하여 시스템에 로그인을 하고, 파일을 저장할 수 있는 디렉터리라고 하는 컨테이너를 생성 및 삭제할 수 있으며, 해당 컨테이너에 파일을 업로드하고 다운로드받을 수 있다. 또한, 데이터가 필요 없을 경우에는 삭제도 가능하다.

Swift Object 스토리지는 많은 양의 비정형 데이터를 저렴한 비용으로 제공할 수 있도록 멀티테넌트(multi-tenant)를 지원하고, 확장성이 높고 내구성이 뛰어난 객체 저장 시스템을 제공한다. Swift의 몇 가지 주요 특징은 다음과 같다.

- Swift에 저장된 각 객체에는 자체 URL과 자체 메타 데이터가 있다.
- 각 객체는 중복성을 제공하기 위해 클러스터에서 복제된다. 그리고 관리자가 복제본 수를 설정할 수 있다. 각 복제본은 가능한 한 고유한 위치에 있다.
- 다양한 프로그래밍 언어에 대한 라이브러리가 제공된다. 개발자는 이 라이브러리를 사용하여 Swift오브젝트 스토어에 있는 데이터에 접속하거나 RESTful API에 직접 쓸 수 있다.
- 새로운 노드를 클러스터에 추가할 수 있으며 장애가 발생한 노드를 가동 중단 없이 교체할 수 있다.

그리고 Fuel은 서버 스토리지 전용 노드 또는 컴퓨트 노드에 Swift를 배포할 수 있다.

(7) 대시보드(Horizon)

HORIZON
Dashboard

Horizon은 오픈스택 대시 보드 애플리케이션으로 웹 기반 GUI를 제공하여 구성, 모니터링을 수행하고 Nova, Swift 및 Keystone과 같은 핵심 오픈스택 서비스를 관리한다. 그리고 운영자에게 인터페이스를 제공하여 오픈스택 서비스를 관리할 수 있도록 한다. 또한 운영자와 사용자에게 클라우드 기반 리소스를 쉽게 배포할 수 있도록 도와주고, 관련하여 자동화를 위한 그래픽 인터페이스를 제공한다. 또한 대시보드 코드를 수정하여 다른 사이트에 적합하게 만들 수 있다(네트워크 아키텍처의 관점에서 볼 때 Horizon은 고객 및 각 오픈스택 서비스들의 대한 public API에 접속 가능해야 한다).

(8) 오케스트레이션(Heat)

HEAT
Orchestration

Heat는 오픈스택 오케스트레이션 서비스이다. 오픈스택 내부에서 인프라의 라이프 사이클을 관리하는 프레임워크를 구현한다. 그 외에 멀티 리소스 스택의(multi-resource stacks) 생성을 조정하고 현 상태 진단(health check)을 수행한다. Heat는 템플릿을 사용하여 인스턴스의 배포 프로세스를 기술하지만 아마존 웹서비스의 CloudFormation 템플릿 형식도 지원하고 있다.

(9) Ceilometer(텔레메트리)

Ceilometer는 다양한 오픈스택 설비들의 미터링, 측정을 제공하는 프로젝트이다. Ceilometer는 오픈스택 환경에 배치된 모든 서비스의 사용량 및

CEILOMETER

Metering & Data Collection Service

성능 데이터를 집계한다. 그리고 이 데이터는 수십 개의 데이터 포인트를 통해 현재 클라우드 인프라의 사용 현황에 대해 운영자에게 가시성과 통찰력을 제공한다. 클라우드 운영자는 전 세계적으로 또는 개별 배포된 리소스별로 메트릭을 볼 수 있다. 수집된 정보는 모니터링 및 용량 계획에 사용되거나 알람 서비스에 사용되며, 고객 청구 시스템을 위해 외부 소프트웨어에 해당 데이터를 제공할 수 있다. 그리고 이러한 프레임 워크는 다른 요구에 대한 측정을 수집하도록 확장될 수 있다.

Ceilometer는 많은 양의 데이터를 수집하고 많은 양의 데이터베이스 쓰기를 수행한다. 예를 들어 100개의 리소스 및 기본 구성의 Ceilometer는 시간당 약 16,000개의 샘플을 수집할 수 있다.

텔레메트리 서비스는 데이터 수집 서비스와 알람 서비스로 구성되어 있다. 그 중 텔레메트리 데이터 수집 서비스는 다음과 같은 기능을 제공한다.

- 오픈스택 서비스와 관련된 계량 데이터를 효율적으로 폴링(Polling)함.
- 서비스에서 보낸 알림을 모니터링하여 이벤트 및 미터링 데이터를 수집함.
- 수집된 데이터를 데이터 저장소 및 메시지 큐를 포함한 다양한 대상에 게시한다.

그리고 텔레메트리 알람 서비스는 수집된 미터링 또는 이벤트 데이터가 정의된 규칙을 위반할 때 알람을 발생한다.

(10) 데이터베이스(Trove)

데이터베이스를 생성하고 관리한다. MySQL DB를 As a service 형태로 제공한다(참고로 클라우드를 정의할 때 3가지 서비스 모델을(IaaS, PaaS, SaaS) 언급했었다. 그런데 이 As a service 모델은 다양한 분야에 통용되는 용어라고 할 수 있다).

데이터베이스 서비스는 관계형 및 비관계형 데이터베이스 엔진 모두에 대해 확장 가능하고 안정적인 클라우드 프로비저닝 기능을 제공한다. 사용자가 복잡한 관리 작업을 처리하는 부담 없이 데이터베이스 기능을 쉽고 빠르게 사용할 수 있다. 클라우드 사용자와 데이터베이스 관리자는 필요에 따라 여러 데이터베이스 인스턴스를 프로비저닝하고 관리할 수 있다.

데이터베이스 서비스는 높은 수준의 리소스 격리를 제공하고 배포, 구성, 패치, 백업, 복원 및 모니터링과 같은 복잡한 관리 작업을 자동화한다.

(11) 베어메탈(Ironic)

앞에서 언급한 베어메탈의 오픈스택 서비스이다. 하이퍼바이저 없이 하드웨어에 소프트웨어를 설치할 수 있게 해준다. 물리적 머신을 관리하고 제공하는 API에 해당한다. 베어메탈 서비스를 이용하면 멀티 테넌

시를 구현하는데 유용하다.

멀티 테넌시(Multitenancy)는 평면(Flat) 네트워크를 제공하는 현재 Bare Metal(Ironic) 서비스 기능을 확장하여 전용 테넌트 네트워크를 만들 수 있다. 멀티 테넌시는 Neutron(오픈스택 네트워킹 서비스)와 함께 작동하여 베어메탈 서버를 테넌트 네트워크에 프로비저닝 할 수 있다. 따라서 멀티 테넌트는 배포 후에 격리된 인스턴스를 가져올 수 있다.

(12) Sahara Hadoop(Savannah)

Sahara는 오픈스택 위에 Hadoop 클러스터를 제공하는 오픈스택 서비스이다. 빅데이터의 처리 서비스 역할을 한다. 하둡 클러스터를 쉽고 빠르게 제공하기 위한 구성 요소이며, 확장 가능한 데이터 처리 스택과 관련된 관리 인터페이스를 제공한다.

SAHARA

Big Data Processing Framework Provisioning

이 데이터 처리 서비스는 Hadoop 버전, 클러스터 토폴로지, 노드의 하드웨어 세부 정보 및 몇 가지 파라미터를 지정하여 하둡(Hadoop)이나 스파크(Spark)와 같은 데이터 프로세싱 클러스터를 사용자에게 간단히 제공하는 것을 목표로 한다. 사용자가 모든 파라미터를 채우면 데이터 프로세싱 서비스는 몇 분 내에 클러스터를 배포한다. Sahara는 필요 시 작업자 노드를 추가하거나 제거하여 이미 프로비저닝된 클러스터를 확장할 수 있는 수단을 제공한다.

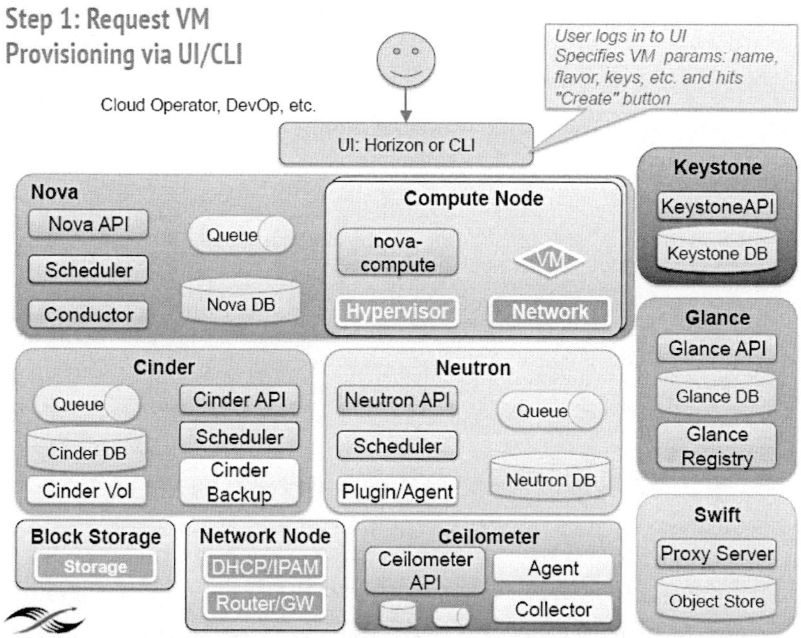

| 그림 6.10 | 오픈스택 내부 구성(출처 : 미란티스 – https://www.mirantis.com)

(13) 애플리케이션 카탈로그 서비스(Murano)

Murano는 애플리케이션 카탈로그를 제공하여 애플리케이션의 생성과 관리를 지원한다.

MURANO
Application Catalog

➤ 오픈스택에서 가상머신 생성

오픈스택을 이해하는 좋은 방법 중의 하나는 가상머신이 어떻게 생성되는지 절차를 확인하는 것이다. 오픈스택에서 가상머신이 생성되는 과정은 대략 다음과 같다.

1) 유저가 Horizon으로 로그인하고 가상머신 생성 절차를 시작한다.
2) Keystone에서 인증 절차를 진행한다.
3) Nova에서 프로비저닝을 시작하고 현 상태를 Nova 데이터베이스에 저장한다.
4) Nova 스케줄러가 적절한 호스트를 찾는다. 여기서 호스트는 가상화 리소스를 제공해 주는 물리 서버를 의미한다.
5) Neutron이 네트워킹 환경을 설정한다.
6) Cinder가 블록 디바이스를 제공한다.
7) Glance를 통해 Image URI를 찾는다.
8) Image가 Swift를 통해 호출된다.
9) 가상머신이 하이퍼바이저에 의해 만들어진다.

6.4.3 5G에 필요한 Telecommunication지향 오픈스택의 조건

지금까지 오픈스택 커뮤니티 버전에 대해 기본적인 사항들을 살펴보았다. 여러 업체들이 오픈스택 릴리즈에 기여하고 있는데, 이렇게 릴리즈된 오픈스택을 각 사의 구현 철학에 맞추어 개량하여 상용 버전으로 공급하기도 한다. 특히 통신시스템에서의 오픈스택은 텔코 급의(Telco-Grade) 고유한 특성과 수준을 맞추어야 하기 때문에 커뮤니티 버전 오픈스택 만으로는 부족하고, 다양한 개선된 기능들이 필요하다. 그럼 텔코 급의 오픈스택은 어떤 요건들을 필요로 할까?

먼저 통신 서비스에 맞는 적절한 요구 사항을 파악하고 준비 및 최종 마이그레이션, 롤아웃 등을 고려하여야 한다. 그런 다음 인프라와 작업 부하를 이동해야 하는 대상을 결정한다. 또한 프로세스와 역량을 정의해야 한다.

이를 위해 먼저 5G 이동통신 네트워크의 기반이 되는 텔코 클라우드(Telco Cloud)의 특성을 살펴보자.

5G를 위한 텔코 클라우드(Telco Cloud)는 먼저 소용량 데이터를 사용하는 디바이스들이 순식간에 급격히 증가하더라도 수용할 수 있어야 한다. 그리고 많은 수의 디바이스들 위에 구현되는 다양한 범위의 애플리케이션들을 지원할 수 있어야 한다. 왜냐하면 5G 이동통신 네트워크상에는 기존 4G 때에 비해 매우 다양한 유즈케이스들이 구현될 것이고 네트워크가 이러한 유즈케이스들을 잘 지원할 수 있어야 하기 때문이다.

이렇게 다양한 유즈케이스를 지원하는 유연성과 아울러 동시에 작업을 단순화하는 것이 필요하다. 유즈케이스 관련한 복잡한 요구 사항과 인증 체계에서 보다 융통성 있는 배포 및 유연성이 필요하게 될 것이다.

또한 텔코 클라우드(Telco Cloud)는 실시간 서버 및 페이로드 애플리케이션을 지원해야 한다. 5G 이동통신 네트워크에서는 실시간으로 다양한 워크로드들이 구동되기 때문에 클라우드 인프라가 실시간으로 애플리케이션을 지원해야 한다. 또한 혁신적인 애플리케이션의 개발 및 배포가 신속하게 이루어지도록 지원해야 한다. 이러한 요구 조건을 만족하기 위해, Telco Cloud는 대용량 패킷을 처리하는 VNF를 위한 향상된 네트워크 성능을 필요로 한다. 또한 이를 위해 높은 전송 속도를 제공하는 가속화된 가상 스위치 등이 사용된다.

그리고 가상머신 스케줄링, CPU pinning와 같은 향상된 리소스 관리기술이 필요하다. 이렇게 VNF가 높은 성능을 낼 수 있도록 하는 것뿐만 아니라 통신망 가입자에게 telco급의 높은 신뢰성이 보장되는 서비스를 제공하는 것이 매우 필요하다. 예를 들면 컨트롤러 이중화를 적용하여 서비스 중인 노드에 문제가 생겼을 때 바로 다른 대기 노드가 지원하여 가용성을 높일 수 있다. 또한 네트워크의 이중화, 네트워크 격리 등의 기능도 필요하다.

이를 위해 5G 이동통신 네트워크에 필요한 몇 가지 오픈스택에 추가될 만한 기능들을 정리해 보면 다음과 같다.

1) 네트워킹 솔루션이 Telecom의 특성에 맞게 트래픽, 컨트롤, 관리, 스토리지 등으로 구분되어야 한다.
2) 하이퍼바이저에서는, 메모리 페이지 크기가 커져야 하고, CPU pinning이 지원되어야 하며 NUMA 매핑이 이루어져야 한다.
3) 집중화된 SAN(Storage Area Network) 스토리지가 지원되어야 한다.
4) 인프라에 대한 업데이트와 롤백(Roll back) 및 백업과 복구도 지원되어야 한다.
5) 개선된 보안을 위한 집중화된 신원 증명 및 액세스 권한 관리도 이루어져야 한다. 그리고 보안 및 감사 trail에 대한 로그도 지원되어야 한다.
6) 오류 관리(Fault Management) 및 오픈스택 컨트롤러 서비스 감시도 지원되어야 한다.

이와 같이 5G 이동통신 네트워크에는 5G telco grade에 맞게 높은 성능이 보장되고, 안정적인 서비스를 위한 HA(High Availability, 고가용성) 기능이 지원되는 오픈스택이 필요하다. 그리고 테넌트 격리(tenant isolation)을 통한 보안 기능 강화, 재빠른 서비스 배포를 통한 시장 요구 사항을 기민하게 대응할 수 있어야 한다. 아울러 telco 운용자가 네트워크를 운용하면서 필요로 하는 다양한 FM(Fault Management), PM(Performance Management) 등의 기능이 지원되어야 한다. 그리고 이를 통해 궁극적으로 운영 비용(opex)을 절감하고, 또한 오픈 플랫폼으로서 빠른 클라우드 배포를 통한 자본 비용(capex)도 절감할 수 있다.

6.5 컨테이너의 부상

이번에는 현재의 가상머신 역할을 향후 일부 대체하게 될 것으로 예상되는 컨테이너에 대해 살펴본다. 통신 워크로드를 가볍고 이식성이 뛰어난 컨테이너에 담아 서비스를 하게 되는데 이를 통해 리소스를 적게 사용하고 분산형 클라우드 환경에서 발빠르게 대응하며 초지지연 서비스를 지원할 수 있게 된다. 이러한 점들 때문에 5G 이동통신 네트워크에서도 컨테이너의 역할이 기대된다.

6.5.1 가상머신과 컨테이너(Container)

지금까지는 가상머신을 위주로 보았는데, 먼저 가상머신과 컨테이너를 비교해 보기로 한다.

가상머신은 앞에서 언급한대로 물리적인 컴퓨터에서 구동되는 운영체제와 응용프로그램으로 이루어진 소프트웨어를 지칭한다. 하나의 가상머신은 하나의 물리적인 컴퓨터처럼 구동되고 가상 리소스 즉 vCPU, vMemory, vDisk, vNIC(virtual Network Interface Card) 등을 가지고 있다. 따라서 게스트 운영체제(Guest OS) 혹은 그 위에 올라간 애플리케이션 또는 다른 컴퓨터의 네트워크 등은 가상머신과 물리적인 장치의 차이를 알지 못한다.

게다가 가상머신은 하드웨어 구성 요소가 전혀 없는 소프트웨어로 구성되므로 물리적인 하드웨어를 넘어서는 여러 가지 장점을 가지고 있다. 즉 가상화는 이미 갖추어져 있는 물리적인 리소스와 실제로 사용자가 사용하는 리소스를 분리하는 것이다. 가상화 레이어를 통해 하나의 물리 리소스를 여러 개의 가상 리소스로 나누어 제공할 수 있으며, 반대로 다양한 물리 리소스들을 하나의 논리 리소스로 통합하여 제공할 수도 있다. 추상화된 논리 리소스들은 가상머신을 구성하며, 이 위에 게스트 운영체제와 애플리케이션들이 동작하게 된다. 이렇듯 가상화의 핵심 키워드로는 추상화(추상화), 다중화(multiple instance), 고립(isolation), 그리고 통합(consolidation)이라고 할 수 있다.

하지만 가상머신으로 가상화된 애플리케이션은 그 애플리케이션 자체와 이에 필요한 바이너리/라이브러리 이외에도 게스트 운영 체제가 포함되어 많은 리소스를 소모하게 되는 단점이 있다. 예를 들면 개인 PC에 호스트 OS로 윈도우즈를 이미 설치해 놓았는데 가상화를 한 다음에 윈도우즈 애플리케이션을 구동하기 위해서는 하이퍼바이저 위에 또다시 게스트 OS로서의 윈도우즈를 올려야 하는 것과 같은 이치이다. 마치 큰 화물선이 화물

| 그림 6.11 | 가상머신의 비유

을 실어 나를 때 아래 사진과 같이 짐을 실은 여러 개의 작은 화물선을 대형 화물선에 실어 나르는 것에 비유해 볼 수 있다.

그런데 이러한 하이퍼바이저 가상화의 대체제로 '도커(Docker)'가 있다. 도커는 오픈소스 프로젝트로, 하이퍼바이저가 없어도 애플리케이션 실행에 최적화된 가상공간을 만들어준다. 더 가볍고, 더 빠른 가상화 환경을 제공하고 개발과 운영상의 호환성에 대한 장벽을 낮춘다는 이점을 기대할 수 있다. 마치 화물을 실어 나르는데 배 위에 컨테이너를 바로 올려 화물을 운송하기 좋게 해 놓은 것과 같은 이치이다.

6.5.2 컨테이너와 도커(Docker)

그럼 컨테이너는 무엇인가? 기술적으로 정의하면 컨테이너는 공유 커널(Kernel) 위에 동작하고 있는 프로세스들의 집합이다. 컨테이너 자신과 시스템의 나머지 부분은 서로 격리되어 있다. 즉 애플리케이션을 컨테이너 단위로 격리하여 프로세스를 보호하고, 필요시 다른 인프라 환경으로 손쉽게 이동할 수 있도록 하여 준다.

컨테이너의 역사는 그리 짧지 않다. 이미 솔라리스(Solaris) 컨테이너, 리눅스(Linux) 컨테이너로 등장했었다.

강점으로는 효율적으로 애플리케이션을 구축하고, 올리고, 구동하고, 고객에게 배포할 수 있다는 것이다.

컨테이너의 특징은 가볍고 빠르며, 일단 한 번 사용하고 버리기 쉬운 가상환경이라는 것이다. 이를 통해 애플리케이션의 이동성, 유지보수, 배포 등이 수월해 진다. 약간 멀리서 본다면, 컨테이너는 SSH, root access, eth0, mount file system와 같은 가상머신과 유사한 특성을 갖고 있는 것처럼 보이지만, 다음과 같은 세 가지의 고유한 특징들이 있다.

1. 경량화 : 기존의 가상머신에서 하이퍼바이저 부하가 없어지게 되었으므로 호스트 리소스를 낭비 없이 사용할 수 있다. 그리고 새로운 서비스를 적용하는 데에도 시간이 많이 단축되고 빨리 구동할 수 있게 된다.
2. 독립화(Isolation, Allocation) : 컨테이너별로 독립적인 실행 및 운영 환경이 가능하다. 즉 컴퓨트, 스토리지, 네트워크 등의 리소스가 컨테이너별로 할당되며 이로 인해 멀티 테넌시가 가능함으로 호스트 리소스의 효율성이 향상된다.
3. 이식성(Portable) : 컨테이너 이미지는 표준화되어 있다. 어떠한 물리/가상 인프라 환경에도 독립적이고, 이미지 레지스트리를 통해 공유되므로 어디든 쉽게 이동되어 사용이 가능하다. 아래는 컨테이너가 미국 내에서 쉽게 옮겨지는 모습이다. 미국 산호세의 데이터센터에서 구동되던 컨테이너가 클릭으로 미국 내 다른 지역의 데이터센터로 이

▎그림 6.12▎ 컨테이너의 비유

동하는데 걸리는 시간이 불과 수 초 이내이다. 이렇게 되면 데이터센터간 워크로드 분배를 매우 편리하게 할 수 있고 소요 시간도 매우 적게 할 수 있다. 예를 들면, 어느 퍼블릭 클라우드 사업자가 한국과 미국 두 곳에 데이터센터를 보유하고 있는데, 만약 주간과 야간의 사용요금이 틀리다면, 주간에는 해당 워크로드를 미국에서 돌리고 야간에는 다시 한국으로 가져와 운영함으로써 요금이 가장 저렴하게 나오는 방향으로 서비스를 운용할 수 있게 된다.

그럼 도커(Docker)는 무엇인가? 지금까지 언급한 컨테이너 애플리케이션의 배포를 자동화하는 오픈소스 엔진이다. 도커는 컨테이너를 생성하고 배포한다. 즉 애플리케이션들을 구동하고 빌드하며 컨테이너화 하는 워크플로우를 제공한다. 애플리케이션을 현재 구동되고 있는 위치에서 분리시킬 수 있고, 이를 통해 마이크로 서비스가 가능해 진다. 또한 구성에 따른 스케일링도 가능하다.

도커의 구성 요소는 도커 엔진, 도커 repository(허브) 및 도커 이미지 등이 있다. 도커 엔진은 도커 컨테이너를 구동하고 구축하는 런타임 엔진이다. 그리고 도커 repository(허브)는 도커 이미지들을 공유하고 관리하는 SaaS에 해당한다. 도커 이미지들은 애플리케이션 및 소프트웨어를 공유하도록 스냅샷을 갖고 있다. 컨테이너는 이러한 이미지들의 구동 중인 인스턴스인 것이다. 그리고 이러한 도커의 오케스트레이션은 오픈스택의 매그넘(Magnum), Docker Swarm, Kubernetes, Mesos, CoreOs, Tectonic, Fleet 등이 있다.

6.5.3 컨테이너의 장점

컨테이너는 앞서 언급한대로 가벼운 가상화 기술인데, 가상머신과 달리 하드웨어를 에뮬레이트하지 않고 호스트 OS의 리소스를 커널 레벨에서 격리시켜 추가적인 시스템 오버헤드(overhead)없이 프로세스를 빠르게 수행시켜 주는 장점이 있다.

가상머신과 비교하여 컨테이너의 장점을 정리해 보면 다음과 같다.

1) 동일한 하드웨어 위에서 동일 워크로드 기준, 가상머신 대비 컨테이너의 수는 10배가 넘음
2) 개인 노트북이나 클라우드 환경 어디에서나 구동이 가능하다.
3) 빠른 부팅 타입으로 온디멘드 애플리케이션 배포가 가능하다. 실제로 미국 내 데이터센터 그림과 같이 미국 내에서 지리적으로 2000 km 이상 떨어진 Plano와 Sanhose를 불과 수초 내에 이동시키는 것이 가능한 것처럼 컨테이너는 가볍고 이식성이 뛰어나 워크로드가 자유롭게 다닐 수 있다. 예를 들면 클라우드 사용 요금이 저렴한 밤 시간을 찾아 워크로드가 옮겨 다닐 수 있다. 즉, 한국에서 낮 시간대에는

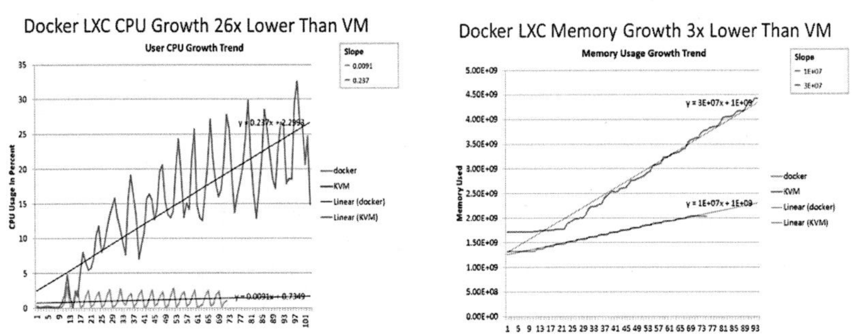

| 그림 6.13 | 가상머신과 컨테이너의 자원점유 비교(출처 : IBM, Passive Benchmarking with docker LXC & Openstack)

워크로드를 미국에 옮겨 놓고 한국이 밤 시간이 되었을 때에는 워크로드를 다시 한국으로 옮기는 식으로 클라우드 사용 요금을 절약하고 로드를 분산할 수 있는 것이다.

4) 하드웨어 에뮬레이션이 더 이상 필요치 않기에 아래와 같이 성능이 향상된다. 하기 자료는 하이퍼바이저와의 성능 비교 관련하여 IBM에서 실제로 벤치마킹을 한 자료인데, 가로 축은 생성한 가상머신 혹은 컨테이너의 수, 세로 축은 CPU 혹은 메모리의 사용량이다. 도커의 CPU와 메모리 사용이 가상머신에 비해 현저히 적음을 보여주고 있다. CPU의 경우 26배 절감, 메모리의 경우 3배 절감임을 알 수 있다.
5) 동일한 하드웨어에 가상머신 대비 10배수의 컨테이너를 운영할 수 있다.
6) 부팅 소요 시간이 짧아져서 온디멘드 애플리케이션 배포를 지원할 수 있다.
7) 민첩성 및 이동성이 강화되어 더 이상 full OS 주위를 돌 필요가 없다.
8) 보안상 더욱 안전하다. 외부 공격에 노출되는 포인트가 적어진다(예를 들면 DDOS 공격 등에 더욱 안전하다).

아래 그림을 보면 가상머신 환경에서는 하이퍼바이저 위에 게스트 OS가 가상머신의 수만큼 존재하고 각각이 적지 않은 리소스를 사용하고 있다. 하지만 컨테이너 환경에서는 어떤 하드웨어나 어떤 클라우드 인프라 위에서 하이브리드 OS로 컨테이너 OS가 1개 배포되고 그 위에 여러 개의 컨테이너가 올라갈 수 있음을 볼 수 있다. 이를 통해 컨테이너 환경에서 소요 리소스가 어떻게 절약되는지를 확인할 수 있다. 즉 경량화된 가상화로 성능을 높일 수 있는 강점이 있는 것이다.

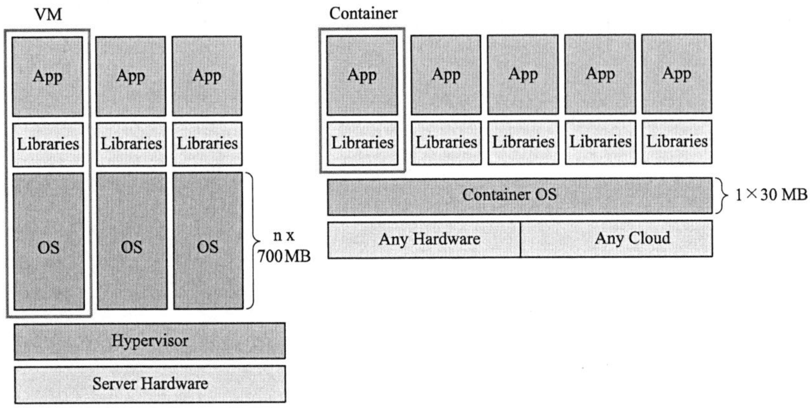

| 그림 6.14 | 가상머신과 컨테이너 구조비교

6.5.4 컨테이너와 PaaS, 그리고 기타 이슈들

5G 이동통신이 도래하게 되면 더욱 다양한 서비스들이 플랫폼 위에서 개발되고 제공될 것이다. 앞에서 언급한대로 5G 이동통신으로 여는 4차 산업혁명 시대의 공장이 바로 데이터센터이고, 그 안에서 애플리케이션이 데이터를 생성하고 그 생성된 데이터를 다시 애플리케이션이 소비하여 새로운 가치를 창출하는 선순환이 이루어지는 것처럼, 새로운 애플리케이션들이 나오고 데이터는 계속 축적될 것이다. 이런 흐름에 맞게 여러 서비스 개발자들이 다양한 VAS(Value Added Service)들을 PaaS 형태로 제공할 경우 가상머신, 스토리지, 네트워크 등의 환경 설정 및 관리를 할 필요가 줄어든다. 그리고 PaaS를 통해 애플리케이션의 코드와 데이터를 바로 클라우드상에 배포할 수 있는 장점이 있다.

그럼 도커 컨테이너와 PaaS간 어떤 관계적인 유래가 있을까? 닷클라우드란 기업을 잠시 언급해 보기로 한다. 이 회사는 2009년에 설립된 회사로 PaaS 사업을 주로 했던 기업인데, 도커에 대해 기술 지원을 하기 시작했다. 닷클라우드는 PaaS 서비스를 제공하면서 인프라 기술력을 높일 수 있었는데, 이 과정에서 적극적으로 리눅스 컨테이너 기술을 활용했었다. 닷클라우드는 이를 아예 '도커'로 명명하고 2013년에 오픈소스 프로젝트로 시작했다. 도커 컨테이너는 이렇듯 PaaS 서비스와 밀접하게 출발하였다.

근래 여러 PaaS는 컨테이너 기반으로 되어 있어 컨테이너가 중요한 기반 기술이 되고 있다. 그리고 기본적인 PaaS의 기능들은 정확히 컨테이너 관리를 위해 필요한 클러스터 관리, 컨테이너 instantiation, 컨테이너 스케줄링, 오케스트레이션 등을 포함한다. 그리고 컨테이너 관리 및 오케스트레이션은 PaaS가 마이크로서비스 기반 애플리케이션을 스케일 업(Scale-up) 혹은 스케일 다운(Scale-down)할 수 있도록 클러스터에 걸쳐 있다. 뿐만 아니라 자사 컨테이너 이외에 타사 컨테이너들도 자유롭게 지원되어야 한다.

PaaS를 이용하게 되면 클라우드 상에 직접적으로 애플리케이션의 개발 및 배포를 신속히 할 수 있고, 애플리케이션 및 서비스를 위한 자동화와 거버넌스를 제공하여 운영의 효율성이 더 높아지며 VAS(Value Added Service)를 제공할 수 있게 되어 타 서비스와의 차별화된 가치를 더할 수

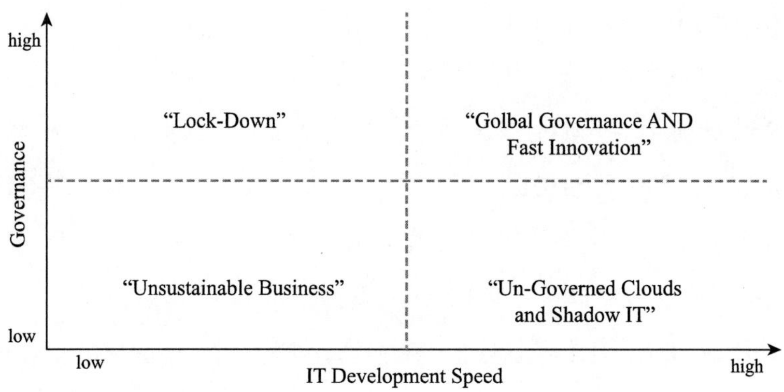

▌그림 6.15▐ IT에서의 스피드와 거버넌스

있다. 여기서 거버넌스에 대해 생각해 볼 필요가 있다. 클라우드를 도입하려는 엔터프라이즈의 74%가 클라우드에 대한 우려 사항으로 보안과 거버넌스를 들었다는 통계가 있는데, 향후 클라우드 기반의 5G 이동통신 사업자들도 아마 이런 부분에 대해 우려할 가능성이 높다. 이것은 IT의 개발 속도가 갈수록 빨라지고 이것을 충분히 제어하기가 쉽지 않기 때문이다. 예를 들면 위와 같은 그래프의 가로 축에서 보듯이 IT의 개발 속도가 매우 빠른데 거버넌스의 수준이 낮을 경우 클라우드는 마치 기관사가 없는 폭주 기관차와 같이 통제되지 않은 클라우드, 지하 IT가 되어버리게 된다. 그 반대로 거버넌스는 강력하지만 IT 개발속도가 낮을 경우에는 사용하기 어려운 "Lock-Down"의 상태라고 할 수 있다. 하지만 글로벌 선두 주자들은 IT 개발 속도와 거버넌스 모두 높은 수준을 유지하고 있다. 이를 통해 빠른 혁신이 가능해진다.

이를 통해 다음과 같은 것들이 가능해질 수 있다. 개발자들에게는 생산성 향상이 가능해지고, 오퍼레이션 조직에는 요구되는 거버넌스를, 그리고 구매 부서에는 유연성이 제공된다. 즉 4차 산업혁명 시대에는 IT 인프라가 비약적으로 향상되어 IT 개발 속도가 매우 높아지게 되고, IT의 선두 주자들은 IT의 개발 속도와 거버넌스의 수준이 모두 높은 수준을 달성해 간다고 할 수 있다.

그럼 IaaS와 PaaS는 어떠한 차이가 있을까? 아래 그림을 보면 IaaS와 PaaS에 대해 개발자들의 개발 절차를 비교해 볼 수 있다. 전통적인 개발 환경 대비 클라우드 플랫폼을 이용할 경우 개발 절차가 매우 간소화되는데 특히 PaaS를 사용할 경우 더욱 간소화됨을 확인할 수 있다. 어느 IT 개발 업체가 새로운 서비스 애플리케이션을 고안하여 개발하고 런칭하려는 상황을 가정해 보자. 전통적인 환경에서는 하드웨어 구입 요청부터 시작하여 런칭까지 여러 단계를 거쳐야 한다. 그런데 이러한 긴 과정 중에는 몇 가지

지연 요인들이 존재할 수 있다. 예를 들면 하드웨어 구입과정에서의 부서 내 협의 및 비용 결제의 절차에서 예상보다 많은 시간이 소요되는 경우도 있고, 설치 작업에서 문제가 발생한다든지, 아니면 각 SW별 호환 버전의 불일치 등의 이슈가 생겨 구축 기간이 지연되는 경우가 발생할 수 있다.

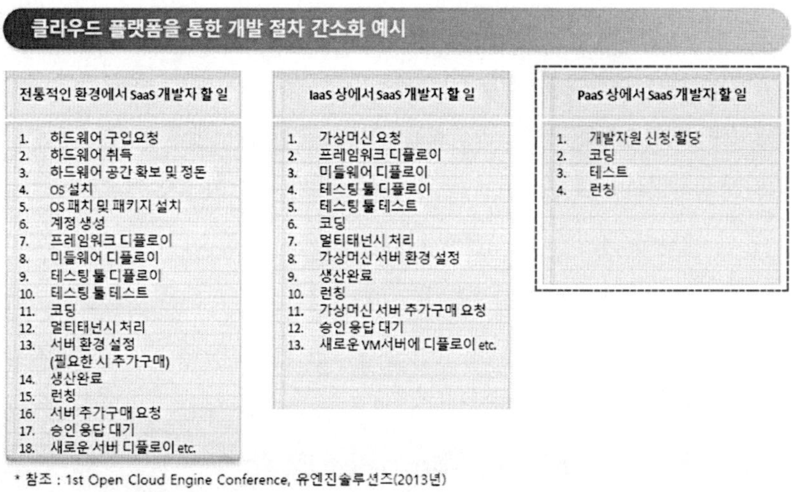

그림 6.16 IaaS와 PaaS(출처 : 유엔진솔루션즈)

추가로 컨테이너 기반의 마이크로서비스(Microservice)에 대해 살펴보기로 한다.

마이크로서비스는 2011년 처음 등장한 이후 불과 몇 년 만에 애플리케이션 개발의 주류 아키텍처로 부상하였다. 마이크로서비스는 소규모 서비스 집합의 일부로서, 느슨하게 연결된 작은 서비스의 조합으로 애플리케이션을 만드는 아키텍처다. 서로 다른 서비스를 독립적으로 배포하고 업그레이드, 리부트할 수 있어 엔드유저에게 영향을 주지 않고 애플리케이션을 자주 업데이트할 수 있는 특징이 있다. 또한 개발 속도를 높이면서 유지보수 작업을 더 간소화할 수 있다. 이런 특성으로 5G 이동통신 네트워크의 서비스 중에도 다른 독립적인 마이크로서비스를 간편하게 변경할 수 있는 장점이 있다.

마이크로 서비스는 하나의 작은 애플리케이션인데, 자체의 프로세스 위에서 구동되는 독립적인 구성 요소이다. 이것은 완전한 애플리케이션을 만들기 위해 다른 마이크로 서비스들과 접속할 수 있다. 즉 마이크로 서비스는 독립적으로 배포되는 최소화된 기능의 서비스지만 서로 상호작용하여 광범위한 유즈 케이스를 만들 수 있는 서비스이기도 하다. 그리고 이것은 독립적이고 자동화된 방법으로 업데이트가 가능하고 배포할 수 있다. 그 외의 특성을 들면, 초경량이고 동기화할 필요가 없으며 REST와 같이 단순한 통신 채널이 존재한다. 그리고 타 플랫폼으로 이동 시 면역성이 강하며 데이터의 지속성 및 환경 설정을 표면화 한다. 그리고 분산 시스템의 구성 블록이 된다.

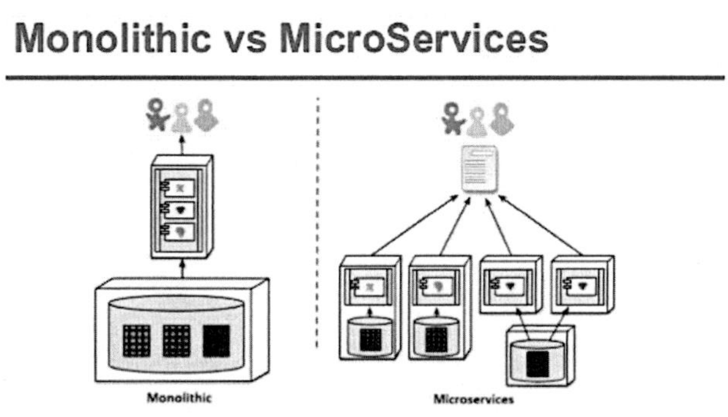

그림 6.17 마이크로 서비스의 특징(출처 : Micro service, Containers & Cluster Management–Vasu Thiyagarajan, Solution Architect)

마이크로 서비스의 장점은 다음과 같다. 서비스 인스턴스들을 추가함으로써 스케일 아웃을 쉽게 할 수 있다. 그리고 소유권이 분명하여 리스크를 줄이고 혁신이 가능하다. 뿐만 아니라 선언적인 종속관계(dependency) 트래킹을 할 수 있고, 각 개체들이 독립적이다. 자동화된 테스팅과 롤백으로 클라우드의 특성인 탄성을 높여 준다. 게다가 기술적인 다양성이 보장되어 각 팀과 각각의 서비스들이 자유롭게 다양한 컴퓨팅 언어나 플랫폼을 사용할 수 있다. 이상의 장점들을 다시 정리해 보면 다음과 같다.

- 다수의, 더 작아진 최소 기능의 마이크로서비스
- 각 마이크로서비스를 독립적으로 배포 할 수 있음
- 각 마이크로서비스는 각자의 데이터 저장소를 가짐
- 비즈니스 기능 중심으로 구성
- 각 마이크로서비스의 상태는 외부에 보관
- 각 마이크로서비스가 각자의 적용 기술을 선택

그럼 이러한 마이크로 서비스는 5G 이동통신으로 지원되는 서비스와 어떤 관계가 있을까? 컨테이너상의 마이크로 서비스를 통해 다양한 5G 이동통신의 서비스들이 사용자들에게 제공될 것으로 보인다. 그밖에 마이크로 서비스에는 정교한 모니터링과 보안 강화 등 일부 해결해야 할 과제들이 있다.

그리고 다양한 5G 이동통신 기반 서비스의 개발을 지원하기 위해 필요한 데브옵스(DevOps)에 대해 알아본다. 데브옵스는 Development와 Operations의 합성어로 개발과 운영이 하나로 되는 것을 의미한다. 데브옵스가 나오게 된 배경은 개발 부서와 운영 부서의 입장에 차이가 있을 수밖에 없는 상황이라고 할 수 있다. 서비스에 문제가 발생 시 원인 규명이 어려울 경우 운영 부서에서는 문제의 원인을 시스템 보다는 애플리케이션에서 먼저 찾아야 한다고 말할 수 있다. 하지만 개발 부서에서는 개발한 코드보다는 시스템 이슈일 가능성이 높다고 볼 수 있으며 운영 부서와의 입장이 달라 서로 평행선을 달리게 되는 경우가 생긴다. 하지만 데브옵스를 통해 이러한 문제점들을 어느 정도 해결할 수 있다. DevOps는 문화와 기술이 균형을 이룸으로써 달성된다. 데브옵스를 위한 문화로는 서로 비난하지 않고 존중하며 솔직히 오픈하고 토론하는 것 등을 들 수 있다. 이렇게 데브옵스를 통해 향후 더욱 활성화 될 이동통신 기반 서비스 개발 및 운영을 효과적으로 만들어 갈 수 있을 것이다.

6.5.5 5G 이동통신 네트워크의 보안

그밖에 5G 이동통신 네트워크 인프라에서 고려해야 할 중요한 요소로서 보안을 들 수 있다. 앞에서 언급한 바와 같이 클라우드에서 보안은 매우 중요한 요소이다. 그리고 100% 보안이 수행될 수 있도록 노력하지만, 현실적으로는 어려운 것이다. 엔터프라이즈에서 고려하는 가장 비중이 높은 사이버 리스크는 기업의 명성에 흠이 생기는 것, 비즈니스의 중단, 데이터 브리치(breach) 등을 들 수 있다.

그럼 5G 이동통신 네트워크의 보안을 보증하기 위해 고려해야 할 사항들은 무엇이 있을까? 크게 3가지 요소가 있다고 할 수 있는데 가용성, 기밀성, 그리고 무결성(Integrity)이다.

먼저 가용성은 인프라, 통신 채널, 보안 시스템이 항상 정상적으로 동작하는 것을 의미한다. 특히 이동통신 서비스의 경우 365일 24시간 언제나 정상적으로 동작해야 하므로 가용성은 매우 중요한 요소이다.

기밀성은 고객의 정보가 인가되지 않은 개인이나 다른 시스템에 오픈되지 않는 것이다. 그리고 무결성은 시스템과 데이터의 정확성/일관성이 계속 유지되고 보장되는 것이다. 여기서 조금 혼동될 수 있는 부분이 기밀성과 무결성이다. 5G 이동통신 네트워크에서 이 둘의 차이를 보여주는 예로 커넥티드카를 들 수 있다. 만약 어떤 커넥티드카의 기밀성이 보장되지 않는 경우라면, 해당 커넥티드카를 이용하는 사용자의 인적사항이나 동선이 타인에게 노출되는 것이다. 그런데 무결성이 보장되지 않을 경우에는 더욱 심각한 결과를 초래한다. 무결성은 사용자가 입력한 정보대로 시스템이 동작하는 것도 포함하는데, 만약 사용자가 차량 중지를 입력하였지만 무결성이 보장 안 되면 오히려 차량이 가속될 수 있다. 반대로 가속을 해야 할 때 갑자기 브레이크가 걸릴 수도 있는 것이다. 이렇게 되면 도로상에서 위험한 상황이 발생하게 되는 것이다.

특히 5G 이동통신의 mission critical 서비스에서는 보안, 특히 무결성이 매우 중요하다고 할 수 있다. 이런 부분들이 제대로 보장되어야 안전한 서비스가 만들어 질 것이다. 아래 그림을 보면 5G 이동통신 네트워크에 연결되는 자율주행차의 여러 부분에 보안 공격의 소지가 있음을 알 수 있다. 안전하고 정확한 주행을 위해 지금까지 언급한 고가용성 및 기밀성 이외에 무결성도 중요한 요소로서 보장되어야 한다.

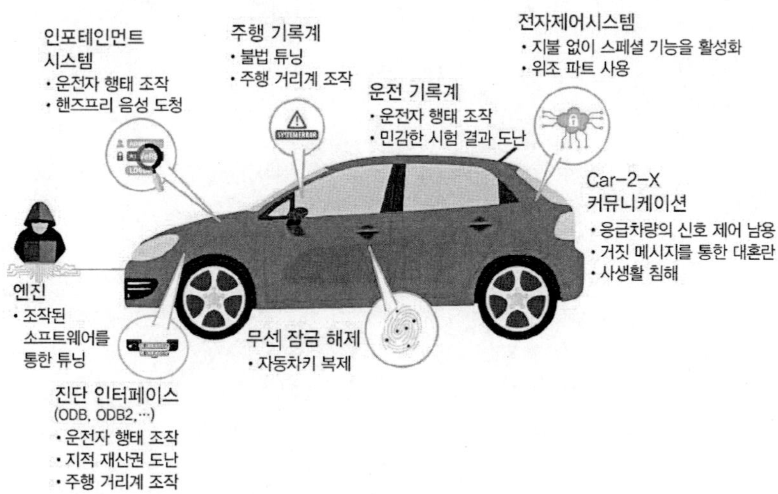

▌그림 6.18▐ 자동차 사이버 보안 위협(출처 : 2017년 ICT 10대 주목 이슈, KT경제경영연구소/한국인터넷진흥원 /ROA Consulting)

CHAPTER

7

5G 이동통신의 주요 기술

3GPP에서 바라보는 5G는 새로운 Radio 기술인 NR과 기존 LTE-Advanced Pro의 진화로 구성된다. 그리고 3GPP에서 발행하는 5G 표준들의 브랜드명은 '5G'로 명명되었다. 즉 IMT-2020은 NR 이외에 기존 LTE 진화 트랙도 병행한다. 본 장에서는 본격적으로 5G 이동통신의 서비스와 이를 가능케 하는 아키텍처 및 주요 기술들을 살펴보도록 한다.

먼저 5G 이동통신 시스템 Requirement(5G 서비스를 가능케 하는 3가지 기술 축)이 무엇인지 살펴보고 논의된 5G 이동통신 네트워크 구조 및 네트워크 전개(Deployment) 모델을 알아본다.

그리고 Core와 RAN의 가상화 기술 및 네트워크 슬라이싱 및 컨트롤 플레인/유저 플레인 분리를 확인한다.

마지막으로 5G 이동통신 무선 기술인 NR(New Radio)에 대해 알아본다.

7.1 5G 서비스를 가능케 하는 3가지 기술 축과 네트워크 아키텍처

앞에서 언급한 5G 서비스들을 구현하기 위해 필요한 기술의 관점에서 크게 3가지 종류로 구분할 수 있다.

첫 번째 축은 기존 3G에서 4G로 넘어올 때에도 주요 요건이었던 데이터 전송 속도의 획기적인 개선이다. 5G에서는 앞에서 언급한대로 단순히 대용량 파일을 다운받는데 기존 4G LTE망에서 몇 분 걸리던 것이 몇 초대로 줄어드는가도 중요하겠지만, 무엇보다도 이렇게 고속의 데이터 전송이 가능하게 되므로 기존에는 불가했던 서비스들이 가능해진다는 것이 의미 있다. 이러한 예로는 언제 어디서나 가상 경험을 누릴 수 있다는 점인데,

앞에서 언급한 가상/증강 현실 기반의 상호 소통, 다시점 디스플레이, 현실감 높은 원격 현실 등을 들 수 있다. 특히 초고화질 가상 현실의 경우 실제와 거의 구별이 불가할 정도의 체감 품질이 보장되어야 하는데 이를 위한 데이터가 전송되는 파이프가 상당히 커야 한다는 것이다. 이로써 단시간에 많은 정보량의 전송이 필요한 서비스들이 가능해질 수 있다. 또한 모바일을 통한 대용량 멀티미디어 콘텐츠를 고화질 스트리밍으로 보는 것이 안정적으로 가능해 진다.

두 번째 축은 대용량 IoT 기술이다. 앞에서 언급한대로 5G 이동통신 네트워크에는 1 km^2당 1,000,000개의 다양한 IoT 디바이스가 접속하게 되는데 이렇게 네트워크에서 수용할 수 있는 기술이 필요하다. 뿐만 아니라 이렇게 많은 디바이스들을 효율적으로 관리하고 각각에 대한 계측 및 과금도 가능해야 한다. 특히 사람이 착용할 수 있는 웨어러블 센서들의 네트워킹 기능도 지원할 수 있게 된다. 하지만 상대적으로 적은 양의 데이터가 사용되어 이런 경우 대역폭은 적어도 된다. 그리고 지연 시간에 대해서는 별로 민감하지 않은 경우에 해당한다. 이러한 서비스를 위한 디바이스는 저가이고 배터리 수명이 매우 길어야 한다.

세 번째 축은 바로 Mission Critical 서비스 기술이다. 주로 고신뢰성 및 초저지연(Ultra reliable & Low Latency)에 대한 내용이다. 언제나 안정성을 보장하며 상황에 맞게 탄력적이고 순간 연결성이 필요한 경우 사용이 가능해야 한다. 그리고 서비스에 필요한 데이터 처리용량, 대기 시간 및 가용성과 같은 기능의 필요 요구 사항이 항상 엄격히 지켜져야 하는 경우이다. 예를 들면 산업계의 제조 혹은 생산 공정의 무선 제어, 원격 의료 수술, 안전한 운송 등에 필요한 기술이다. 또한 이를 통해 V2X(Vehicle to Everything)이 가능하고 자율주행 지원도 할 수 있다.

| 그림 7.1 | 5G의 속성 및 미래 서비스 예시(출처 : 2017년 ICT 10대 주목 이슈, KT경제경영연구소 /한국인터넷진흥원 /ROA Consulting)

여기서 초저지연과 초연결의 속성이 필요한 MTC(Machine Type Communication)에 대해 좀 더 살펴본다.

MTC는 크게 Massive 타입과 Critical 타입으로 구분될 것이다.

Massive communication의 특징을 살펴보면, 비용이 적게 들고 에너지 소모가 적다. 그리고 데이터 전송량도 적은 편이다. 하지만 디바이스의 수는 매우 많다(이와 관련하여 5G 이동통신의 8대 KPI 중 하나가 1 km^2 내에 1백만 개까지의 디바이스 수용이 가능해야 한다는 조건이 들어간다).

Critical communication의 경우 주로 요구되는 사항은 신뢰성이 매우 높아야 하고 고가용성이 보장되어야 한다. 뿐만 아니라 지연 시간이 매우 짧아야 한다. 이러한 MTC의 두 가지 다른 속성을 5G 이동통신 네트워크에서는 지원하게 될 것이다.

그럼 이번에는 5G 포럼 백서에서 제시하는 내용을 기반으로 5G 이동통신 네트워크 아키텍처를 살펴보도록 하겠다. 5G 포럼 백서에서는 향후 5G 이동통신 네트워크 아키텍처의 모델들을 제시하고 있는데 그중 논리적 모델을 기준으로 살펴본다. 논리적 모델은 가상화, 추상화 및 엔드 투 엔드 동적 구성과 같은 소프트웨어화를 묘사하는 최상위 아키텍처이다. 여기에는 SDN/NFV/클라우드 관련 아키텍처가 제공된다. 관련 기술적인 문제에는 서비스 및 가상화, 오케스트레이션, 서비스 체이닝, 슬라이스 매핑 및 설정, 네트워크 기능 구성, 리소스 구성 및 포워딩 설정 및 제어 등을 포함한다.

아래 그림은 5G 포럼에서 제안하는 5G 네트워크의 논리적 모델이다. 이 모델은 여러 플레인(plane)으로 구성된다. 앞에서 언급했던 ETSI의 NFV 프레임워크가 녹아들어 있다. 여기서는 5G 이동통신의 다양한 유즈케이스들이 구현되는 것을 지원한다. 먼저 제일 상위의 비즈니스 및 서비스 파트는 하위 네트워크에서 생성되는 데이터들을 가치 있는 것으로 변환하기 위한 역할을 하게 되며 아래와 같이 여러 가지 구성 요소로 이루어져 있다.

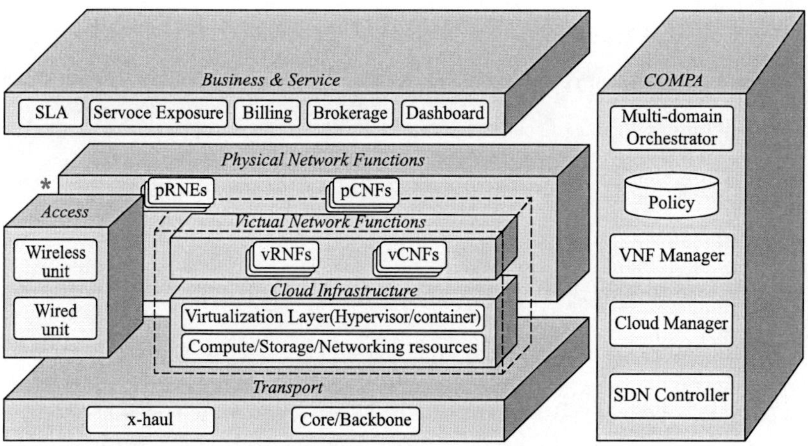

pRNF : physical radio network function, pCNF : physical core network function
vRNF : virtual radio network function, vCNF : virtual core network function

* It is up to operators' decision whether to use physical network function, virtual network function with virtual infrastructure, or minture of them

| 그림 7.2 | 5G 이동통신 네트워크의 논리적 모델(출처 : 5G 포럼)

(1) Business 및 Service

SLA 관리는 네트워크 도입 시 서비스 수준 계약(Service Level Agreement)에 명시한대로 실제 서비스가 이루어지고 있는지를 지속적으로 체크하는 부분이다. 그리고 Service Exposure를 통해 외부 애플리케이션에게 네트워크상의 리소스를 제공하게 된다.

그리고 5G 이동통신 네트워크에 연관된 다양한 참여자의 비즈니스 활동을 관리하고 정확한 과금을 가능하게 해준다.

사용하려는 네트워크 기능 및 리소스 가격 결정, API를 기반으로 한 서비스 노출(Exposure) 및 외부 서비스 애플리케이션에 다양한 네트워크 기능 제공을 위한 브로커리지(Brokerage), 그리고 실시간 네트워크 상태를 시각화하기 위한 대시보드 등으로 구성되어 있다.

그 다음의 구성 요소는 BSS(Business Support System)에 해당하는 과금 청구 부분인데, 이 역시 중요하다. 앞에서 언급했던 클라우드의 속성 중 하나인 measured service를 제대로 구현하기 위해서는 BSS의 역할이 지대하다. 특히 5G 이동통신 네트워크에 접속될 수많은 IoT 디바이스 각각에 대한 과금을 제대로 하는 것이 사업자 입장에서는 매우 중요하다.

그 다음의 구성 요소는 브로커리지, 즉 중개이다. 클라우드 기반의 5G 시스템에 여러 산업계를 망라할 다양한 서비스들이 올라가게 될 텐데 5G 이동통신 시스템과 다양한 애플리케이션 서비스 주체들을 연계할 중개 역할이 필요하고, 그러한 역할이 갈수록 활성화될 것으로 전망된다.

그밖에 네트워크 운영자가 네트워크의 상태를 실시간으로 체크하고 관리할 수 있는 대쉬보드(Dash board)도 필요하다.

(2) COMPA

위의 그림에서 오른쪽에 해당하는 부분은 COMPA(Control, Orchestration, Management, Policies, and Analytics)인데, 클라우드 인프라와 전송 네트워크를 통합 제어하는 역할을 하게 된다. 앞의 5장에서 언급했던 NFV 프레임워크 중 MANO 영역에 해당하며 SDN 컨트롤러, 운영 정책, 데이터 분석 등을 수행한다.

(3) Cloud Infra 및 VNF

중간을 보면 클라우드 인프라가 있는데 이것은 물리적 리소스와 이를 논리적 리소스로 변환하는 가상화 레이어(하이퍼바이저)로 구성되어 있다. NFVI에 해당하는 부분이다.

VNF(Virtual Network Function)는 이 위에 올라가게 된다. 이것은 5G 무선 액세스 구간의 디지털 유닛과 코어에 해당하는 EPC 기능을 가상화한 것이다. 그러나 모든 Access 기능을 가상화할 수는 없으므로, 기존의 eNB의 DU(Digital Unit)에 해당하는 기능은 Coud RAN인 VNF로 구현되며 해당 노드의 물리적 기능과 안테나는 그림의 좌측에 있는 가상화되지 않은 무선 파트와 유선 액세스로 구성된다. 그리고 전송 네트워크는 X-haul, 광 코어로 구성된다. X-haul은 프론트홀(Front-haul), 백홀(Back-haul) 등을 의미하며, SDN 컨트롤러로 전송 네트워크의 유연성을 제공하게 된다.

(4) PNF 및 Transport Network

PNF(Physical Network Function)의 경우, 성능, 투자비, 기존망 연동을 고려하여 기존 장비로 구현하게 된다. 여기서 PNF는 위에서 언급한 VNF와 대비되는 개념으로 가상화 되지 않은 기존의 네트워크 노드들에 해당한다. 그리고 위의 그림에서 보듯이, 전송 네트워크인 transport 네트워크는 SDN 컨트롤러로 높은 유연성이 보장되는데 클라우드 인프라, Access,

COMPA(제어, 오케스트레이션, 관리, 정책, 분석), 비즈니스 및 서비스 등 X-haul(프론트홀과 백홀)과 광코어로 구성된다.

다시 정리하면 앞 장 NFV에서 언급한대로 EPS(Evolved Packet System)의 양 대 구성요소인 RAN과 EPC는 완전히 재구성되어 상기 클라우드 인프라에 VNF(가상 네트워크 기능)로 배포되는 것이다. 그리고 상기 그림의 우측에 있는 COMPA 블록은 VIM 및 VNFM, Orchestrator와 같은 NFV MANO(관리 및 오케스트레이션) 기능을 포함한다.

7.2 5G RAN의 아키텍처 및 가상화 기술

7.2.1 5G 이동통신 네트워크가 갖추어야 할 요건들

그럼 5G RAN과 5G 코어 네트워크가 갖추어야 할 점은 무엇이 있을까? 먼저 5G RAN에 대한 3GPP의 요구 사항은 대략 다음과 같다.

1) 5G RAN은 기능 병합 및 가상화를 지원해야 한다. 이를 통해 비용 절감 및 RAN-CN 연동 기능 향상이 가능해 진다.
2) 5G RAN은 다중 연결(Multi-Connectivity) 및 CA(Carrier Aggregation)를 지원해야 한다. 새로운 무선 접속 기술(RAT)을 지원하고, Carrier Aggregation의 효율도 향상되어야 한다.
3) 5G RAN은 네트워크 슬라이싱을 지원해야 한다. 이를 통해 전용 서비스 프로비저닝을 위한 종단 간 논리 네트워크를 구성할 수 있게 된다.
4) 5G RAN은 서로 다른 사이트로부터 컨트롤 플레인 신호와 유저 플레인 데이터를 분리할 수 있어야 한다. 이를 통해 CP/UP(컨트롤 플레

인과 유저 플레인)의 독립적인 확장으로 인한 비용 절감이 가능해진다.

또한 5G 코어 네트워크에 대한 3GPP의 요구 사항은 다음과 같다.

1) 투명한 코어 네트워크의 이동성이 보장되어야 한다. 이를 통해 전체 네트워크에 CN(Core Network)의 영향을 감소할 수 있고, RAN과 코어 네트워크의 신호량도 감소시키며, 휴면 모드의 단말을 처리하는 것도 개선할 수 있게 된다.
2) RAT Agnostic Core Network : 5G 코어 네트워크에 연동되는 다양한 무선 접속 기술(RAT : Radio Access Technology)을 제대로 인지하고 각 유즈 케이스에 맞는 무선 접속 기술을 다이나믹하게 선택할 수 있어야 한다.
3) 새로운 무선 액세스 도입시 코어 네트워크의 영향이 감소되며, QoS 처리가 더욱 유연해질 수 있다.

이와 관련하여, 차세대 무선 액세스 기술의 아키텍처 및 마이그레이션에 대한 요구 사항을 다음과 같이 정리해 볼 수 있다.

1) RAN 아키텍처는 새로운 RAT와 LTE 사이의 긴밀한 상호 작용을 지원해야 한다. LTE와 새로운 RAT 간의 이중 연결을 통해 데이터 흐름의 높은 성능과 RAT 간 이동성을 고려해야 한다. 이것은 기존 사이트 및 신규 사이트 모두에 대해 지원되어야 한다.
2) RAN 구조는 여러 개의 전송 지점(collocated 또는 non-collocated)을 통한 연결을 지원해야 한다.
3) RAN 아키텍처는 효율적인 사이트 간 스케줄링 조정을 위한 인터페

이스를 지원해야 한다.

4) RAN 구조 분할을 위한 다양한 옵션과 유연성이 허용되어야 한다.
5) RAN 아키텍처는 배포 시 유연성을 보장해야 한다. 네트워크의 엣지에서 관련 RAN, CN 및 애플리케이션 기능을 함께 호스팅할 수 있게 된다. 이로 인해 효율적인 상황 인식(context-aware) 서비스가 가능해지고, 초저지연 서비스가 가능해 진다.
6) RAN 아키텍처는 여러 운영자 간의 RAN 공유를 지원해야 한다.
7) RAN 아키텍처의 설계는 새로운 서비스를 신속하고 효율적으로 배포할 수 있어야 한다.
8) RAN 아키텍처의 설계는 3GPP에서 정의한 서비스 클래스(예 : 인터엑티브(interactive), 백그라운드, 스트리밍 및 대화형(conversational)의 지원을 허용해야 한다.
9) RAN 아키텍처의 설계는 동일한 수준의 서비스를 달성하기 위해 기존 4G 네트워크 대비 낮은 CAPEX/OPEX가 가능해야 한다.

덧붙여 앞에서 언급한 NGMN에서 얘기하는 5G 네트워크에 대한 요구사항들은 논의되고 있는 5G 유즈 케이스들을 기반으로 하고 있다. 단 하나로 정해진 특정한 형태의 배포로는 한 번에 이러한 모든 요구 사항을 충족할 수가 없을 것이다. NGMN은 여러 개의 다양한 유즈케이스 카테고리를 지정했다. 아래 표를 보면 좌측 열에 유즈케이스의 카테고리가 나열되어 있고, 그 각각에 대한 최종 사용자 요구 사항 및 연결 및 트래픽 밀도를 확인할 수 있다. 이것을 보면 다양한 애플리케이션의 유즈케이스들을 위한 지연 시간 및 셀 엣지에서의 전송 속도 측면에서 요구되는 5G 이동통신의 성능이 어느 정도의 수준인지 알 수 있다.

QCI	Resource Type	Priority Level	Packet Delav Budget (NOTE 13)	Packet Error Loss Rate (NOTE 2)	Example Services
1 (NOTE 3)	GBR	2	100 ms (NOTE 1, NOTE 11)	10^{-2}	Conversational Voice
2 (NOTE 3)		4	150 ms (NOTE 1, NOTE 11)	10^{-3}	Conversational Video(Live Streaming)
3 (NOTE 3, NOTE 14)		3	50 ms (NOTE 1, NOTE 11)	10^{-3}	Real Time Gaming, V2X messages Electricity distribution–medium voltage (e.g. TS 22.261[51] clause 7.2.2) Process automation–monitoring(e.g. TS 22.261[51] clause 7.2.2)
4 (NOTE 3)		5	300 ms (NOTE 1, NOTE 11)	10^{-5}	Non–Conversational Video(Buffered Streaming)
65 (NOTE 3, NOTE 9, NOTE 12)		0.7	75 ms (NOTE 7, NOTE 8)	10^{-2}	Mission Critical user plane Push To Talk voice(e.g., MCPTT)
66 (NOTE 3, NOTE 12)		2	100 ms (NOTE 1, NOTE 10)	10^{-2}	Non–Mission–Critical user plane Push To Talk voice
67 (NOTE 3, NOTE 12)		1.5	100 ms (NOTE 1, NOTE 10)	10^{-3}	Mission–Critical video user plane
75 (NOTE 14)		2.5	50 ms (NOTE 1)	10^{-2}	V2X messages
5 (NOTE 3)	Non–GBR	1	100 ms (NOTE 1, NOTE 10)	10^{-5}	IMS Signalling
6 (NOTE 4)		6	300 ms (NOTE 1, NOTE 10)	10^{-5}	Video(Buffered Streaming) TCP–based(e.g., www, e–mail, chat, ftp, p2p, file sharing, progressive video, etc.)
7 (NOTE 3)		7	100 ms (NOTE 1, NOTE 10)	10^{-3}	Voice, Video(Live Streaming) Interactive Gaming
8 (NOTE 5)		8	300 ms (NOTE 1)	10^{-5}	Video(Buffered Streaming) TCP–based(e.g., www, e–mail, chat, ftp, p2p, file sharing, progressive video, etc.)
9 (NOTE 6)		9		10^{-5}	
69 (NOTE 3, NOTE 9, NOTE 12)		0.5	60 ms (NOTE 7, NOTE 8)	10^{-5}	Mission Crttical delay sensitive signalling(e.g., MC–PTT signalling, MC Video signalling)
70 (NOTE 4, NOTE 12)		5.5	200 ms (NOTE 7, NOTE 10)	10^{-5}	Mission Crttical Data(e.g., example services are the same as QCI 6/8/9)
79 (NOTE 14)		6.5	50 ms (NOTE 1, NOTE 10)	10^{-2}	V2X messages
80 (NOTE 3)		6.8	10 ms (NOTE 10, NOTE 15)	10^{-5}	Low latency eMBB applications (TCP/UDP–based);Augmented Reality

| 그림 7.3 | Standardized QCI characteristics(출처 : 3GPP TS 23.203 V15.1.0 (2017–12))

여기서 한 가지 더 확인할 점은, 베어러의 QoS 파라미터인 QCI이다. QoS의 주요 파라미터인 QCI는 스케줄링 가중치, 승인 임계값, 대기열 관리 임계값 및 링크 계층 프로토콜 구성과 같은 베어러 수준에서의 패킷 전달 처리를 제어하는 노드에 관련된 값인데, 특정 매개 변수에 액세스하기 위해 참조로 사용되는 스칼라이다. QCI는 4G LTE에서는 운영자에 의해 사전 구성 되었는데 9개의 QCI 값은 3GPP에서 이미 표준화되어 있고, 이러한 QCI 값과 베어러의 표준화된 특성이 일대일로 매핑된다.

참고로 운영자가 사전 정의되지 않은 QCI를 정의할 수도 있다. 즉 QCI는 서비스 ID로 다르게 사용될 수 있는 것이다. 예를 들어, QCI11에 QCI1의 특성을 매핑시켜 QCI11은 AMR 12.2의 IMS 음성 전용으로 사용할 수 있다. 그렇게 하면 RAN이 다른 서비스를 식별하고 서비스별 최적화를 수행할 수는 있으나, 굳이 이런 식으로 서비스별 최적화를 구현하여 표준화되지 않은 QCI를 사용하게 되면 로밍 시나리오 등에서 문제가 될 수 있는 단점이 있다.

그러면 이번에는 5G 이동통신을 위해 언급되고 있는 네트워크 아키텍처, 그리고 마이그레이션에 대해 알아보기로 하자.

7.2.2 5G 이동통신 네트워크 아키텍처와 마이그레이션

먼저 5G 이동통신 네트워크 아키텍처를 살펴보고, 그 다음에는 3GPP에서 논의된 4G에서 5G로의 마이그레이션 시나리오를 살펴보기로 한다. 5G 아키텍처는 아래와 같다.

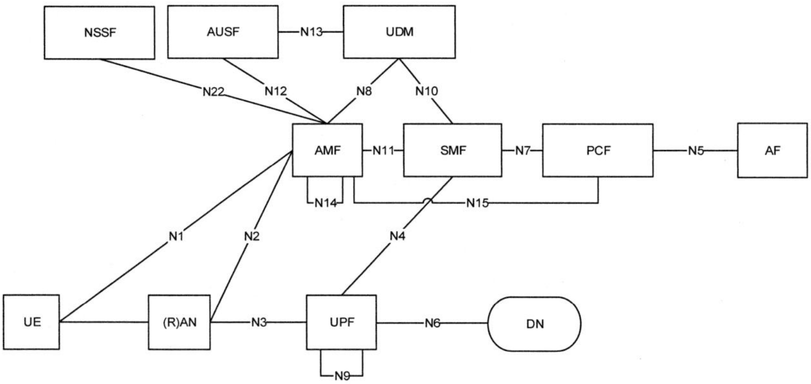

| 그림 7.4 | 5G 시스템 아키텍처(3GPP 23.501)

그리고 위의 그림의 5G 시스템에 다음과 같은 네트워크 기능들이 포함되어 있다.

- Authentication Server Function(AUSF)
- Access 및 Mobility Management Function(AMF)
- Data Network(DN), e.g. operator services, Internet access or 3rd party services
- Unstructured Data Storage Function(UDSF)
- Network Exposure Function(NEF)
- NF Repository Function(NRF)
- Network Slice Selection Function(NSSF)
- Policy Control Function(PCF)
- Session Management Function(SMF)
- Unified Data Management(UDM)
- Unified Data Repository(UDR)
- User Plane Function(UPF)

- Application Function(AF)
- User Equipment(UE)
- (Radio) Access Network((R)AN)
- 5G-Equipment Identity Register(5G-EIR)

그럼 RAN(Radio Access Network)의 아키텍처를 좀 더 살펴보기로 한다.

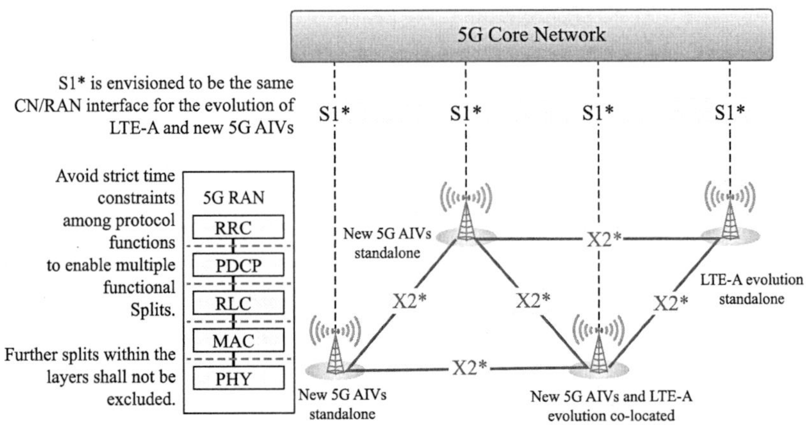

| 그림 7.5 | Considered 5G network interfaces(출처 : 5G Radio Access Network Architecture–Design Guidelines and Key Considerations by Patrick Marsch, Icaro Da Silva, mer Bulakci, Milos Tesanovic, Salah Eddine El Ayoubi, Thomas Rosowski, Alexandros Kaloxylos, Mauro Boldi)

그림에서 보듯이 5G RAN은 새로운 아키텍처 요구 사항을 해결하기 위해 S1*로 표시된 새로운 CN/RAN 인터페이스가 계획된다. 이를 통해 뒤에서 언급할 E2E 네트워크 슬라이싱, 다양한 요구 사항을 가진 새로운 5G 서비스(CN 기능별로 특정 서비스 수용, 공통 CN 기능과 연동되는 향상된 멀티 RAT(Radio Access Technology), 컨트롤 플레인/유저 플레인 분리(CP-UP Split), 배터리 절약을 위해 최적화된 빠르게 전환할 수 있는 새로운 연결 상태 등을 지원할 수 있게 된다. 그리고 기존 X2 인터페이스도 진화하게 될 것이며(특히 X2 *로 표시), 특히 노드 간 새로운 5G AIV(air interface variants, 예를 들면 밀리미터파 및 센티미터파)와 기존 LTE 진화 대역과의 다중 연결성 및 이동성을 지원하게 될 것이다.

그리고 아래 그림과 같이 다양한 마이그레이션 시나리오가 있는데 이에 앞서 5G NR phase1에서 논의된 워크 아이템에 대해 살펴보기로 한다. 크게 standalone 형상과 non-standalone 형상으로 나뉘게 된다.

먼저 NSA(Non Stand-Alone)의 경우 기존 LTE를 컨트롤 플레인의 anchor로 삼는다. 하지만 SA(Stand-Alone)NR의 경우 NR에 대한 모든 컨트롤 플레인을 직접 수용하게 되는 차이점이 있다.

NSA-NR은 2017년 12월에 stage3가 이미 완료되었고 주로 eMBB와 초저지연 시간(low latency)에 초점을 두고 있다. 그리고 stage3 완료를 앞두고 있는 SA-NR의 경우 URLLC(Ultra Reliable Low Latency Communication)까지도 지원하는 것으로 되어 있다.

각 마이그레이션 시나리오별로 장단점을 확인해 보면 다음과 같다.

옵션 2 :

5G 코어에 5G RAN이 붙는 기본적인 형태이다. 장점으로는, 기존 LTE 네트워크 및 커버리지 또는 LTE 스펙트럼 없이 NR Stand-Alone으로 동작이 가능하다. 그리고 시스템 및 단말이 별도로 코어와의 연동 기능을 구현할 필요 없이 긴밀한 상호 연동이 가능해진다.

단점으로는, 기존 LTE 네트워크의 안정성 및 성능을 활용할 수 없다. 그리고 NR로 풀 커버리지를 구현해야 하며, LTE로의 이기종망 간 상호 연동 기술(Inter-Radio Access Technology) 기능이 필요하다. 모든 채널, 기능 및 절차가 UE 및 시스템 모든 측면에서 NR로 구현되어야 한다.

옵션 3 :

옵션 3/3a'는 NSA 모드로 기존의 S1-UP 및 S1-AP와 유사한 Rel-15 버전의 "eS1"이 도입된다(위의 RAN 아키텍처중 S1 *에 해당한다). 이를 지원하기 위해 S1에 대해 Capability, AMBR 등 간단한 업그레이드가 필요하다. 장점으로는 기존 LTE 네트워크의 안정성 및 성능을 활용할 수 있다. 그리고 옵션 2에서 보았던 NR 독립형에 비해 구현이 용이하고 사양도 덜 복잡하다. 모든 채널, 기능 및 절차가 UE 및 시스템 모든 측면에서 NR로 구현될 필요는 없다. 그리고 기존의 LTE 및 EPC를 재사용하며, NGCN(Next Generation Core Network) 도입으로 인해 5G 이동통신 상용망 구축 계획 일정에 최대한 제약을 주지 않는 방안이다. 또한 NR은 가능한 범위 내에서만 도입하면 된다.

단점으로는 기존 LTE 및 UE와 긴밀한 인터워킹 기능이 구현되어야 한다. 그리고 LTE 네트워크 및 주파수 스펙트럼이 필요하다. NGCN(Next Generation Core Network)의 성능 및 기능에 대한 지원이 없다.

옵션 3 및 3a는 vRAN 배포 관점에서는 동일한 옵션이고 X2를 통한 인터워킹을 지원하며 기존의 QoS를 사용한다. 양자의 차이점으로는 옵션 3

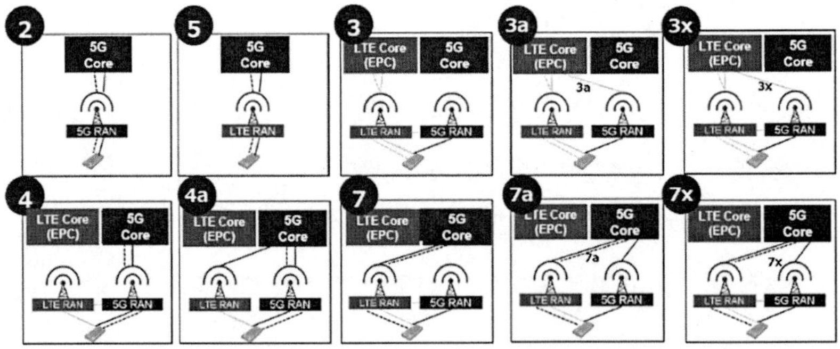

▍그림 7.6▍ 5G 이동통신 네트워크 Deployment 시나리오 관련 다양한 옵션들(출처 : KDDI, http://blog.3g4g.co.uk/2017/10/5g-architecture-options-for-deployments.html)

은 RAN이 LTE + NR에서 무선 리소스 활용을 조정할 수 있지만, 3a에서는 RAN이 LTE + NR에서 무선 리소스 활용을 조정할 수 없다.

옵션 5 :

이 옵션에서는 기존 LTE의 레거시 PDCP가 사용될 경우, 레거시 PDCP에서 불가능했던 동일한 PDU에 대한 다른 PDU 세션의 패킷을 동일한 DRB로 다중화할 수 있다. 장점으로는 LTE에 도입된 NGCN의 성능 및 기능을 지원하며 옵션 7/7a로 가기 위한 디딤돌이 된다. 그리고 LTE 및 NR(최소한 RRC + PDCP)의 상위 계층에 대해 동일한 기능을 지원한다.

단점으로는 LTE 시스템 및 UE에는 NGCN에 대한 지원이 구현되어야 한다. 그리고 진화된 형태의 QoS로 바뀌어 적용되어야 한다.

옵션 7/7a :

이 옵션에 대해 3GPP는 NR leg에 대한 NR 컨테이너를 지정한다. 이 옵션에서는 옵션 5와 같이 레거시 PDCP가 사용될 경우, 레거시 PDCP에서 불가능한 동일한 PDU에 대한 다른 PDU 세션의 패킷을 동일한 DRB로 다중화할 수 있다. 장점으로는 LTE + NR 연동에서 NGCN의 성능 및 기능이 지원되며, LTE 및 NR(최소한 RRC + PDCP)의 상위 계층에 대해 동일한 기능이 가능하다.

단점으로는 LTE 및 UE에 대한 긴밀한 인터워킹 기능이 구현되어야 하며, LTE 네트워크 및 주파수 스펙트럼이 필요하다. 참고로 옵션 7 및 7a는 vRAN 배포 관점에서는 동일하다. 진화된 QoS가 사용되며 X2를 통한 인터워킹이 지원된다.

그러면 이러한 다양한 마이그레이션 옵션들은 실제 이동통신 상용망에서 어떻게 적용될까? 조기에 5G 이동통신 네트워크를 구축하려는 사업자의 경우 LTE + NR이 EPC와 연동되는 옵션 3/3a로 시작하고, 추후 여기에 NGCN으로 마이그레이션할 수 있다. 그렇지 않은 경우에는, 먼저 옵션 5로 NGCN부터 시작하거나 NR 독립형인 옵션 2에서 시작하는 것이다. 하지만 어떤 경우이든, UE의 이전(legacy) 버전에 대한 지원은 필수적이다.

7.2.3 RAN 가상화 기술

RAN 가상화 기술은 기존의 eNB 기능을 집중화된 범용 서버에 가상화하여 네트워크 리소스 사용의 효율성을 높이는 기술이다. 기존에는 eNB가 각 제조업체별로 전용 하드웨어에 구현되었는데 5G 이동통신 네트워크에서는 컴퓨트, 스토리지, 네트워크 같은 기존 기지국 인프라의 리소스들을 범용 서버를 통해 활용하고 그 위에 기지국 기능을 구현한 소프트웨어를 올리겠다는 것이다. 이를 통해 클라우드의 속성 중 리소스 풀링, 신속한 탄력성 등이 주는 이득을 충분히 얻을 수 있게 된다. 즉 기존에는 각 지역별로 많은 eNB들이 분산되어 배치되었는데 각 지역별 가입자 수, 트래픽량 등의 실제 사용량이 천차만별이었다. 즉 모든 사이트가 같은 순간에 최고 트래픽을 필요로 하는 것은 아니다. 주중 업무 시간에는 도심지역의 트래픽이 증가하고, 퇴근 이후 시간대에는 주거지역의 트래픽이 올라가는 경우를 생각해 볼 수 있다. 특히 어느 특정 지역에서 갑자기 가입자들이 많이 몰리게 되는 경우가 발생하게 되면(예를 들면 축제와 같은 특별 행사, 스포츠 경기장, 공연장 등) 기존에 설치한 기지국 용량이 간혹 부족하게 되는 경우도 발생할 수 있는데, 이러한 RAN 가상화 기술을 적용하게 되면 어느 지역의 기지국 리소스들을 풀링을 통해 적시에 적절히 공급할 수 있기 때문에 기지국 리소스 부족으로 인해 발생할 수 있는 문제들을 줄일 수 있게 된다. 또한 트래픽 량이나 가입자 수가 적어서 리소스가 남아도는 기지국의 경우, 남는 리소스들을 다른 지역의 기지국에 빌려줄 수 있기 때문에 네트워크 전체의 리소스 사용 효율(resouce usage rate)을 높일 수도 있고, 그러다가 갑자기 필요 리소스가 급증할 경우 바로 리소스들을 회수해 올 수 있어 네트워크 전체 관점으로 볼 때 매우 탄력적인 운용이 가능해 진다. 또한 이로 인해 각 사이트별로 필요 시 네트워크 용량 확대를 위해 이루어져 왔던 통신 사업자들의 네트워크 투자도 큰 그림에서 더욱 효율적으로 바뀔 수 있게 되는 것이다.

vRAN은 eNB 기능의 대부분을 가상화하고 범용 서버에 호스팅함으로써 중앙 집중화를 통해 eNB 처리를 한 단계 발전시키게 된다. 중앙 집중식 RAN을 사용하면 전용 eNB 장비가 중앙 사이트에 쌓여 있게 되며 fronthaul을 통해 각 사이트에 있는 무선 유닛에 연결된다. 그러나 아직 가상화는 적용되어 있지 않고 다만 사이트 간 조정(inter-site coordination)과 같은 기능을 적용할 경우, 상호 eNB 리소스를 제한적으로 공유할 수 있다.

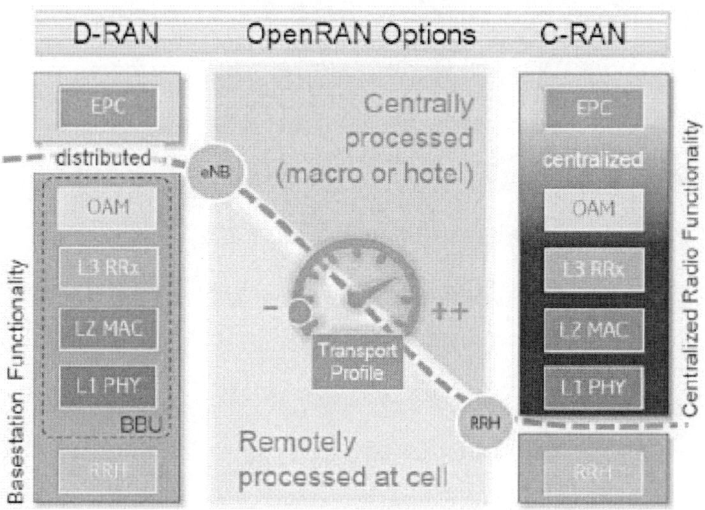

| 그림 7.7 | 개방형 RAN 기능 분리(출처 : 5G포럼)

그런데 가상화를 사용하게 되면, 위에서 언급한대로 vRAN이 가상 시스템 풀에서 eNB 기능을 실행하고 동적으로 풀을 확장하며 필요할 때 vRAN을 할당할 수 있게 된다.

이를 구현하는 방식에 대해서는 몇 가지 옵션이 있다. 위의 그림을 보면 주황색 점선 테두리는 x-haul 요구 사항이 왼쪽에서 오른쪽으로 증가하면서 모바일 엣지(Edge)에 대한 셀 사이트의 RAN 인터페이스를 보여준다. 전통적인 D-RAN 애플리케이션의 경우 이러한 인터페이스를 (S1/X2) 백홀이라고 하며, 향후 C-RAN 방식의 경우 이를 프론트홀(샘플링 된 원시 IQ 안테나 데이터)이라고 한다. 그리고 이러한 RAN 인터페이스의 일반적인 용어는 X-haul 링크라고 한다.

7.3 코어 네트워크의 진화 및 네트워크 슬라이싱

이제부터는 5G 코어 네트워크의 진화에 대해 살펴본다. 실제로 클라우드 기반으로 기존 네트워크 기능이 구현될 때, 코어 네트워크가 가장 큰 영향을 받고 여러 변화가 생기게 된다. 3G에서 4G로 넘어올 때에는 액세스 네트워크의 변화가 비중이 컸다면 당장 5G 이동통신 네트워크로의 진화 관점에서는 코어 네트워크의 변화 비중이 크다고 할 수 있다. 5G 코어 네트워크에 적용될 주요 변화의 기술들을 살펴보면 NFV, 네트워크 슬라이싱, 컨트롤 플레인/유저 플레인(CP/UP) 분리(split) 등을 들 수 있다. NFV에 대해서는 앞서 살펴보았고, 남은 장에서는 네트워크 슬라이싱 기술과 CP/UP 분리 기술에 대해 살펴보도록 한다.

5G 코어 네트워크에서 고려해야 할 사항으로 5G의 다양하고 새로운 유즈케이스를 지원하도록 유연성이 보장되며 동시에 관련된 작업이 단순화되

어야 한다. 다양한 요구 사항, 보다 유연한 배포 모델 및 인증 체계의 유연성이 필요하게 될 것이다. 이로 인해 5G 코어 네트워크는 더욱 복잡해 질 것이다. 동시에 통신 사업자들은 TCO(Total Cost Ownership)를 줄이기 위해 운영을 단순화하려 한다. 이렇게 유연성을 확보하기 위해 복잡성을 소화하며 자동화된 관리 및 오케스트레이션 기능을 추가하여 새로운 서비스를 보다 쉽게 운영하고 신속하게 배포할 수 있도록 하는 것이다. 이를 위해 네트워크 슬라이스를 사용하여 하나의 큰 네트워크를 다양한 복수 개의 네트워크 리소스 요구 사항을 수용하는 논리적인 슬라이스로 분할하는 방법이 있다. 여기에 슬라이스 정의, 비즈니스 혹은 고객 기준으로 세그먼트를 하는 것은 물론 운영 측면, 보안 유형별로 분리, 다른 유형 사용자와의 분리와 같은 보안 측면을 정의하는 것 등이 기술적 요구 사항에 해당한다.

5G 코어는 새로운 비즈니스 기회 및 새로운 유형의 서비스를 창출하고, 모바일 브로드밴드의 요구 조건을 충족하는 것을 넘어 네트워크 운영을 최적화하는데 크게 중점을 두고 있다. 이를 위해 네트워크 슬라이스를 사용하면 각 슬라이스가 사용되는 특정 유즈케이스에 최적화된 개별 네트워크 아키텍처의 구성이 가능하다.

이렇게 네트워크 슬라이싱을 이용하면 다양한 가치를 더할 수 있다. 예를 들면 Time to Market, OPEX 절감, 필요한 서비스 특성을 맞춤형으로 충족하고 다른 서비스와의 독립성을 보장하는 것 등이다. 그리고 SLA를 준수하는 서비스 보장은 각 슬라이스가 각각의 SLA에 매핑이 되어 동작하기 때문에 단순화 및 최적화될 수 있다. 또한 각 슬라이스별 유지 관리 작업은 슬라이스들이 서로 격리되어 있기 때문에 서비스 중에도 리스크를 줄일 수 있다. 예를 들어 보다 안전하고 위험 부담이 없는 방식으로 업그레이드를 수행하며 다른 슬라이스에 영향을 배제할 수 있다.

네트워크 슬라이싱은 이미 3GPP 릴리즈 13에 decor로 나와 릴리즈 14에서 향상(enhance)되었다. 다시 간단히 정의하면 네트워크 슬라이싱은 하나의 물리적인 '코어 네트워크'를 다수의 독립적인 가상 네트워크로 분리한 후, 고객 맞춤형으로 서비스를 제공할 수 있는 5G 기술이다. 또한 논리적 네트워크 슬라이스로 구축이 가능하여 통신사업자가 네트워크 As a service를 제공할 수 있게 만들어 준다. 특히 다양한 5G 융합 서비스를 효율적으로 제공하기 위해서는 서비스 및 네트워크 리소스의 독립성/유연성이 보장되어야 하는데 이러한 네트워크 슬라이싱 기술이 적합하다. 예를 들어 5G라고 해서 모든 유즈 케이스가 eMBB와 초저지연 시간을 요구하지는 않으므로 필요에 맞는 유연한 망 리소스 할당이 가능하게 된다. 즉 네트워크 슬라이스로 다양한 서비스에 대한 각각의 맞춤형 네트워크 기능 제공이 가능하게 된다.

네트워크 슬라이싱 기술이 필요하게 된 배경은 다음과 같이 정리할 수 있다.

1) 적은 초기 투자로 비즈니스를 확장할 수 있음

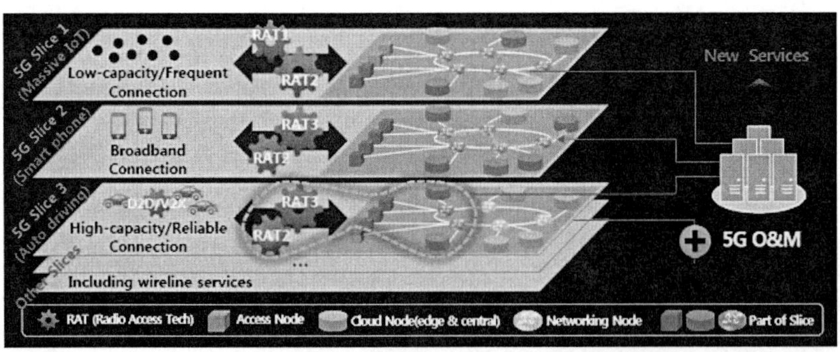

| 그림 7.8 | 네트워크 슬라이싱 개념도(출처 : KT 5G 비전포럼 자료)

2) 각 서비스별 주요 고려 사항의 맞춤형 분리를 통한 시장 적시 대응성 (Time to Market) 개선
3) 서비스별 최적화된 네트워크에 매칭
4) 기존 서비스에 대한 최소한의 영향으로 리스크 감소
5) 네트워크 서비스별로 네트워크 통계 수집이 가능해 짐

이러한 배경에서, 네트워크 리소스와 네트워크 기능들을 개별 서비스에 따라 하나의 독립적인 슬라이스로 묶어 제공함으로써 네트워크 시스템 기능 및 리소스의 분리, 고객 맞춤형, 독립적인 관리 등의 속성을 이동통신 네트워크 구조에 적용할 수 있게 된다. 그러면 서비스, 사용자, 비즈니스 모델 등의 기준에 따라 5G 이동통신 시스템이 네트워크 기능들을 선택 및 조합할 수 있어 독립적이고 유연한 5G 서비스의 제공이 가능해 진다.

네트워크 슬라이싱의 기본 전제는 네트워크 리소스를 특성에 따라 분리시킬 수 있어야 하고, 해당 리소스들은 각각 구성이 가능해야 하며, 각각 다른 아키텍처를 허용하는 것이다.

그러면 이러한 네트워크 슬라이싱을 구현하는 기술 요인들은 무엇이 있는지 살펴보기로 한다.

먼저 Common slice selection이다. 각 슬라이스별로 유즈케이스들이 다르기 때문에 고유한 필요 기술 사항들이 있다. 예를 들면 과금, Policy Control, 보안, 이동성 등을 들 수 있다. 그러한 다양한 성능 특성들은 서비스별로 명백히 다를 수 있는데 예를 들면 다음과 같다.

1) 지연 시간에 대해서는 관대한 애플리케이션과 반대로 초저지연 시간을 필요로 하는 경우
2) Best effort, 즉 주어진 상황에서 최대한 성능이 나오는 대로 지원하면 되는 애플리케이션과 이와 반대로 건강 및 안전 등과 관련된 전적

으로 신뢰할만한 애플리케이션
3) 높은 이동성을 요구하는 엔터테인먼트 애플리케이션과 주문형 모빌리티를 요구하는 경우

그리고 슬라이스 간 격리 및 무결성을 보장하기 위한 요구 사항은 다음과 같다.

1) 한 슬라이스에 있는 디바이스가 오동작 시, 다른 슬라이스에 부정적인 영향을 주지 않아야 한다.
2) 한 슬라이스에 과부하가 걸릴 경우, 다른 슬라이스에 부정적인 영향을 미치지 않아야 한다.
3) 견고성(robustness) 에 대한 슬라이스별로 각각 다른 요구 사항들은 각각의 슬라이스에 적용될 수 있어야 한다.

사실 네트워크 슬라이싱이란 개념은 새로운 콘셉트라기 보단 기존 VPN에서도 볼 수 있는 개념이라고 할 수 있다. 기존 VPN과 비교해서 본다면 5G의 요구 사항에 맞춰 End to End 기반의 슬라이싱을 의미하고 좀 더 말하면 온디멘드의 네트워크 개념이 담겨 있다.

그러면 5G 이동통신 시스템에서는 네트워크 슬라이싱이 어떤 방식으로 적용될까? 5G 네트워크는 여러 네트워크 슬라이스로 더욱 추상화(abstraction)되어, 논리적인 네트워크 슬라이스의 구성이 가능하도록 만들어질 것이다. 그래서 통신 사업자들이 네트워크를 As-a-service 형태로 제공하게 되고, 향후 필요한 다양한 범위의 유즈 케이스 요건을 충족하게 될 것이다.

향후 모든 유즈 케이스들이 모든 NW의 조건을 필요로 하는 것이 아니고, 스피드, 용량, 커버리지 등이 각 유즈케이스의 요구에 맞게 충족시켜 주는 로지컬 슬라이스에 각각 할당되게 되므로 네트워크도 매우 유연하게

설계되어야 한다.

그럼 실제 3GPP 릴리즈 13의 (Décor - Dedicated Core Networks (DCNs))에 대해 먼저 확인해 본다. 3GPP 릴리즈 13의 Décor는 네트워크에서 해당 단말에 맞는 슬라이스가 연결되도록 전송해 준다. 이로 인해 단말에 영향이 없는 것이 장점이다. 즉 단말 측에 기능 구현을 할 부분도 없다. 그래서 단말에 슬라이스 ID를 어떻게 설정할 것인지에 대해 고려할 필요가 없다는 것이다. 하지만 제약 사항으로는 완전히 격리된 슬라이스를 구성할 수가 없다는 점이다. 그리고 실제 슬라이스가 선정되기 전에 어떤 코어 네트워크든 시그널링을 위해 해당 단말이 승인되어야 한다. 그리고

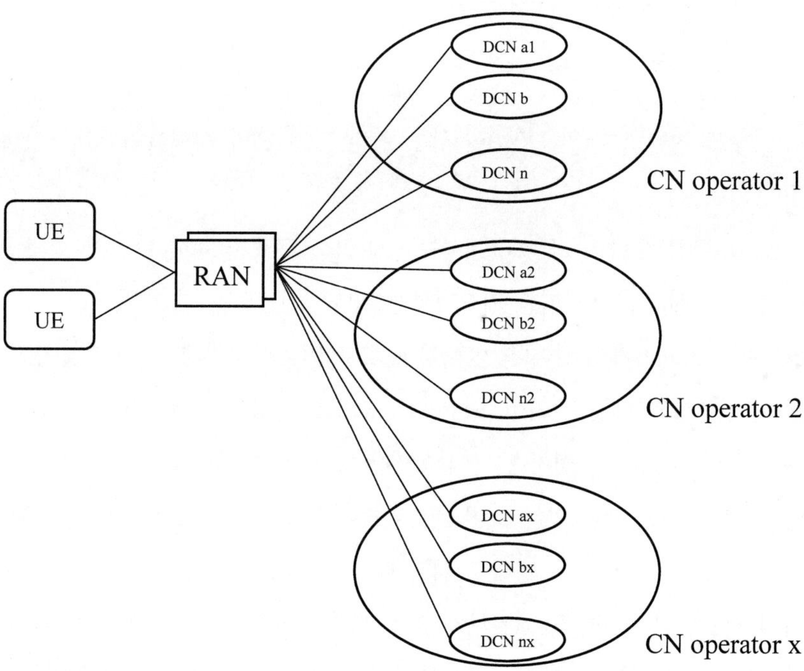

▎그림 7.9▕ Architecture Reference Model for Enhanced DECOR
(출처 :3GPP 23.711 Enhancements of Dedicated Core Networks selection mechanism(Release 14))

슬라이스 전송으로 인해 시그널링 로드가 증가하고 초기 접속 시 접속 시간도 증가하게 된다. 그리고 무선 구간에서 정상적인 경우는 별 문제가 없어 보이지만, RACH가 잘 안 되는 오류 상황일 경우 모든 슬라이스들이 해당 IMSI를 해석해야 하고 HSS로부터 가입자 데이터를 매번 읽어 와야 한다.

- **Décor의 장점** : UE에 영향이 없고 개입 사항도 없음, UE에서 슬라이스 ID를 구성하는 방법 관련 이슈가 없음
- **Décor의 제한 사항** : 완전 분리된 슬라이스가 아님. 실제 슬라이스가 선택되기 전에 어떤 CN에서의 시그널링을 위해 UE가 승인되어야 한다. 그리고 슬라이스 전송 절차는 초기 액세스 시 신호 및 액세스 시간을 증가시킨다. IMSI를 해석하고 HSS에서 가입자 데이터를 검색하려면 모든 슬라이스가 필요하다.

이렇게 릴리즈 13의 Décor에서는 여러 가지 제약 사항들이 걸려 있게 된다.

반면 릴리즈 14의 eDécor에서는 슬라이스 선택을 위해 단말이 입력을 하게 되어 시그널링 격리를 최적화하게 된다. 즉 단말은 한 개의 코어 네트워크에만 attach되는 것이다. 이것이 eDECOR의 핵심 사항이다. 단말이 코어 네트워크로 타겟 슬라이스(target slice)를 포함하여 attach request를 올리게 되면, eNB는 먼저 단말이 올리는 Slice ID를 확인한다. 그 다음 해당 단말이 slice ID에 맞는 코어 네트워크에 접속할 수 있도록 라우팅 해준다. 즉 이러한 슬라이스 선택을 위한 UE에서 제공하는 Slice ID는 개선된 격리 시그널링 최적화를 가능하게 하며, DECOR에서 주요 진화 사항이 되는 것이다.

이렇게 RAN 상에서 NAS 종단점을 선택하게 되면 네트워크의 동작이

단순해지며, 지연 시간도 줄일 수 있다. 그리고 시그널링을 줄이고, 최상의 격리가 가능해질 수 있다.

7.4 컨트롤 플레인/유저 플레인 분리

CP/UP 분리는 말 그대로, 컨트롤 플레인과 유저 플레인을 분리하는 것이다. 5G 이동통신의 새로운 유즈케이스가 많이 나오게 될 상황에서 유저 플레인 트래픽의 경우 4G LTE에 비해 훨씬 더 많은 데이터 전송을 지원해야 하고 1/10으로 짧아진 대기 시간도 지원해야 하는데, 서로 다른 다양한 유즈케이스 별로 다른 트래픽 모델이 필요하다. 단순히 SGW, PGW 등을 재분배하여 RAN에 근접하게 배치하는 것만으로도 이러한 이슈를 어느 정도 해결할 수 있겠지만, 이럴 경우 MME, PCRF, 과금 시스템과 같은 다른 네트워크 엔티티(Entity)에 대한 인터페이스가 늘어나게 되어 네트워크를 구성하고 관리하는데 부정적인 영향이 있을 수 있다.

그림 7.10은 CUPS(Control-User Plane Separation)을 개념적으로 표현한 것이다. 그림에서 점선은 코어 네트워크에서 끝나는 컨트롤 신호를 나타내고, 실선은 UE와 패킷 데이터 네트워크(인터넷, 인트라넷)간 유저 플레인 트래픽을 나타낸다. 컨트롤 플레인과 유저 플레인 분리 전에 모든 제어 신호와 사용자 페이로드는 SGW, PGW와 같은 노드 수준에서 처리된다.

CP와 UP 분리 후, 원래 노드는 컨트롤 플레인 기능과 유저 플레인 기능으로 나누어진다. 컨트롤 플레인과 유저 플레인 간의 인터페이스는 공개되고 표준화된다.

CN-CP는 CN-UP을 선택하고 프로비저닝 한다. CN-CP와 특정 데이터 네트워크 사이에 연결할 필요가 없다. UE와 데이터 네트워크 간의 페이로드는 CN-UP을 통해서만 전달된다.

그러면 이렇게 CUPS를 5G 이동통신 네트워크에 적용할 경우 얻을 수 있는 이점들을 살펴보자.

먼저 지연 시간을 줄이기 위해 유저 플레인을 무선 액세스 네트워크 가까이에 배치할 수 있게 되어 데이터 전달로 발생하는 비용을 대폭 절감할 수 있다. 예를 들면, CDN(Contents Delivery Network) 서비스 공급자의 경우 운영자의 로컬 네트워크에 분산형 캐싱 서버를 배치할 수 있다. 그리고 로봇 제어 또는 증강현실 애플리케이션과 같은 엣지 컴퓨팅 애플리케이션의 경우 초저지연 시간이 보장되어야 하는데 이와 같은 유저플레인의 로컬 배포로 지원이 가능하다. 그리고 이 유저플레인은 필요한 경우 지리적으로 분산 될 수 있다.

이렇듯 CP/UP 분리를 통해 UP를 매우 유연하게 배포하여 5G 이동통신의 다양한 유즈케이스를 잘 구현할 수 있게 된다. 그리고 중앙 집중식 컨트

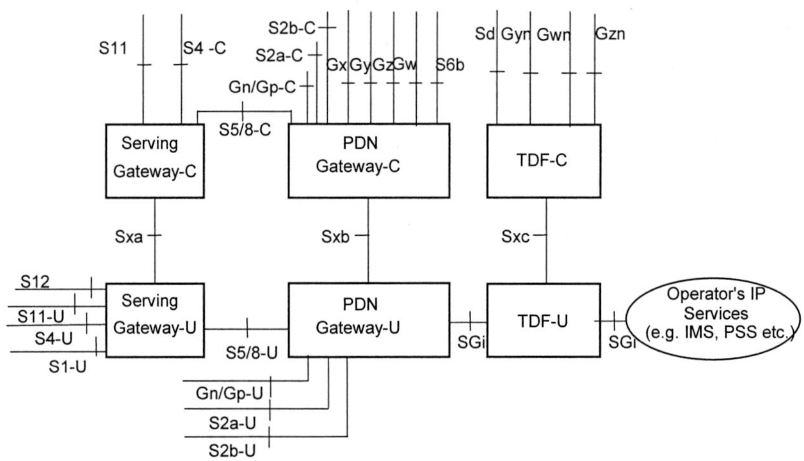

┃그림 7.10┃ 컨트롤 플레인/유저 플레인의 분리-아키텍처 레퍼런스 모델
(출처 : 3GPP 23.214 Architecture enhancements for control and user plane separation of EPC nodes; Stage 2 (Release 15))

롤 플레인을 지원하여 운영자가 네트워크 관리를 쉽고 단순하게 할 수 있다. 또한 CUPS를 사용해도 중앙 집중식 배포(Centralized Deployment)는 변경하지 않고도 계속 사용할 수 있다.

CUPS를 통해 얻을 수 있는 장점을 다시 정리하면 다음과 같다.

1) 운영상의 이유로 CP의 중앙 집중화가 필요하게 되었다. 하지만 실제 사용자 트래픽에 대해서는 낮은 대기 시간 및 운송 비용을 위한 UP 배포가 필요하다. CP와 UP의 분리함으로써 효율적인 네트워크 토폴로지를 분리하여 구성할 수 있다. 그리고 CP 및 UP를 독립적으로 배포할 수 있음으로써, 컨트롤 플레인에 아무런 영향을 미치지 않으며 UP 설치 및 업그레이드가 가능해진다.
2) CP 및 UP 독립적인 확장성 제공한다. 데이터 볼륨이 증가하고 트래픽 모델이 다양해지면서 효율적인 제어를 위해 컨트롤 플레인과 유저 플레인의 독립적인 분리가 필요하다. 이를 통해 CP 및 UP의 서로 다른 트래픽 패턴에 따라 독립적으로 조정할 수 있다. 대부분의 상용 네트워크 통계에 따르면, UP 처리 용량이 바로 전체 E2E 네트워크의 병목현상을 초래하는 경우가 많았다. 하지만 CUPS를 적용하게 되면 가입자 밀도가 높은 UP의 경우 유저플레인만 독립적으로 확장될 수 있게 된다.
3) 독립적인 CP 및 UP 중복 메커니즘을 제공한다. 예를 들어, CP는 세션 관리에서 가장 중요한 역할을 한다. 세션 관련 데이터는 컨트롤 플레인에 저장되고 유저플레인에 프로비저닝된다. 그런데 세션 장애를 최소화하기 위해 CP는 내부 복원력과 데이터센터 섀시 간의 이중화(Redundancy)와 같은 지리적 중복을 제공할 수 있다. UP의 경우 요구 사항에 따라 다른 이중화 수준을 제공할 수 있다. 예를 들어,

Massive IoT 네트워크의 경우, CP가 UP 복원 기능을 사용하지 않고도 UP을 다시 제공하면 된다. eMBB 네트워크의 경우 UP 내부 탄력성으로 충분히 커버할 수 있다. URLLC의 경우 안정성을 위해 지리적인 서버 중복성이 필요할 수 있는데 이러한 중복 메커니즘을 구현할 수 있다.

4) CP 및 UP 진화는 기능 및 아키텍처와 관련하여 독립적으로 진화할 수 있다. 예를 들어, UP은 서로 다른 기술을 통해 클라우드 및 물리적 배포 관점에서 처리 용량 및 단일 UE 피크 속도를 지속적으로 개선해 갈 수 있다. 그리고 컨트롤 플레인은 시그널링 프로세스 효율성을 높이고 UP을 선택하는 보다 융통성 있는 방법을 제공하는데 집중할 수 있다.

7.5 5G 이동통신에 적용될 무선 기술

5G 이동통신에는 기존 LTE의 진화와 병행하여 이전 버전과의 호환성에 제약받지 않는 새로운 무선 액세스 기술인 NR(New Radio)이 도입된다. 즉 5G에서는 기존 4G LTE의 OFDM을 바탕으로 하여 새로운 무선 액세스 기술이 정의되는 것이다. 이를 위해 새로운 스펙트럼이 적용되며 주로 고주파수 대역(10 GHz 이상)에서 사용될 것이다. 그리고 이러한 차세대 무선 액세스 기술은 현재 LTE에서 사용되는 스펙트럼에도 일부 적용될 것이다.

5G의 무선 주파수 관점에서, 크게 6 GHz 이하의 대역과 6 GHz 이상의 대역으로 용도를 구분할 수 있다. 원래 5G 서비스를 구현하는데 필요한 용량에 비해 실제 기존 주파수 대역의 가용한 스펙트럼이 부족하기 때문에

새로운 대역의 주파수를 찾게 되었고, 그 결과 밀리미터파 대역이 도입될 것이다. 밀리미터파는 주파수가 30~300 GHz이며, 파장이 1~10 mm인 전자기파이다. 빛에 아주 가까운 전파로 고해상도 레이더나 마이크로파 분광학 등에 이용되고 있는데 이를 이동통신에 사용하여 기존 마이크로파 대비 통신 용량은 증대시키려는 것이고 파장이 짧아 RF 회로 및 부품 등의 소형화가 가능해지는 장점이 있다. 그리고 단말 상에서 massive MIMO를 구현하는데도 유리하다. 하지만 앞에서 언급한대로 전송 손실이 많은 단점이 있다.

그러면 이러한 특성을 가진 밀리미터파 대역의 RAN을 필드에 적용할 때 감쇄는 어떤 케이스들에 의해 발생할 수 있을까? 크게 아래 그림과 같이 4가지를 꼽을 수 있다. 먼저 Outdoor-to-indoor penetration, 즉 외부 기지국 안테나에서 구성된 셀이 주택이나 빌딩 안에 있는 가입자에게 서비스할 때에도 약한 밀리미터파가 건물 벽을 투과하면서 감쇄되는 문제가 발생할 수 있다. 그리고 건물 뒤쪽에 있는 가입자를 서비스할 경우 건물에 의해 가려져 전파가 휘어져 돌아가는 회절현상이 발생할 때에도 전파 감쇄 발생할 수 있고, 건물뿐만 아니라 기지국과 단말 간에 사람이 있을 경우에도 신체에 의해 전파가 감쇄될 수 있다. 특히 비나 눈이 오는 날, 대기 오염이 심한 날에는 대기 중에 있는 물 입자나 먼지 입자에 의해서도 전파가 감쇄되는 현상이 발생할 수 있다. 그래서 5G에서는 밀리미터파 도입으로 인해

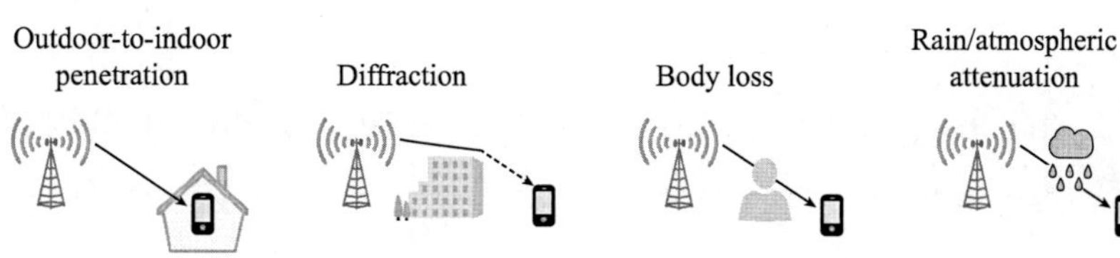

| 그림 7.11 | 밀리미터파 전파 시 발생할 수 있는 이슈들

발생할 수 있는 이러한 문제점들을 어떻게 보완해 갈지에 대한 연구가 이어진다.

5G에서의 새로운 사용 주파수와 관련하여, 실제로 5G에서 주파수를 나눌 때 6 GHz를 기준으로 상위/하위 주파수로 나누게 된다. 6 GHz 이상의 주파수 대역에서 초고속 통신을 위한 채널 대역폭을 보다 최적으로 지원하여 다양한 주파수 대역의 CA(Carrier Aggregation)을 지원하고 massive IoT를 위한 효율적인 스펙트럼 활용이 가능하다.

6 GHz 이하 대역에서는 채널 당 최대 100 MHz까지의 대역폭 확보가 가능해 질 것으로 보이며, 해당 주파수 스펙트럼으로 매크로 셀과 스몰 셀에 모두 사용 가능하다. 여기에 논의되는 대역폭은 기존 4G LTE에 정의된 대역폭 중 5, 10, 15, 20 MHz 이외에 새로이 25, 40, 50, 60, 80, 100 MHz 등의 대역폭이 있다. 그리고 해당 주파수 대역은 새로운 무선 접속 기술뿐만 아니라 기존 LTE 트랙의 진화인 LTE-evolution에도 모두 이용 가능하다.

그리고 6 GHz를 넘는 대역에 대해 살펴보면, 먼저 여기서는 더 넓은 대역폭을 확보할 수 있는데, 50, 100, 200, 400 MHz 등의 대역폭이 논의되고 있다. 하지만 위에서 언급한대로 높은 주파수의 특성상 스몰 셀 위주로 사용하게 될 것이다. 그리고 무선 접속 기술은 NR 위주로 이용될 것이다.

그러나 앞서 언급했듯이 4G LTE도 계속 동반 진화할 것이다. 당장 2020년 시장에 출시될 수십억 개의 기존 LTE 단말에 대해서도 계속 역호환(backward compatible)이 가능한 서비스가 지원될 것이며, 2020년대에 운영되는 LTE 대역에 새로운 액세스 기술이 마이그레이션되어 반영될 것이다.

그러나 5G는 기존 대비 추가 스펙트럼을 지원하는 것뿐만 아니라 새로운 기술을 활용하여 스펙트럼의 효율성을 높여 더 높은 전송 속도 성능을 얻을 수 있다. 두 개의 개별 데이터 스트림이 두 개의 독립 안테나로 동시에 전송되는 2×2 MIMO 기술이 진화하여 8, 16 또는 32개의 스트림으로 구성된 massive MIMO 시스템으로 발전하게 될 것이다. 아주 많은 수의 안테나(주파수가 높을수록 파장이 더 짧아져 각 안테나 간 이격 거리를 줄일 수 있으므로 더욱 실현이 가능해질 수 있다)를 사용하여 지능형 다차원 빔포밍을 만들고 해당 단말 디바이스 방향으로 각 빔들의 전력과 수신감도가 정확하게 조준될 수 있으므로 같은 셀에 있는 다른 디바이스에 대해 간섭을 크게 줄일 수 있게 되는 것이다.

그리고 제한된 지리적인 영역에서 셀들이 많이 존재하게 되면 4장에서 확인한 셀 간 간섭 관리 기술인 ICIC(Inter Cell Interference Coordination) 및 Coordinated Multi-Point(CoMP) 기능의 추가 진화가 더욱 필요하게 된다. 또한 기존 D2D(Device to Device)를 도입함으로써 생길 수 있는 단말 간 간섭을 최소화하기 위해 네트워크가 제어하게 될 것이다.

이러한 5G 무선 기술을 통해 4G 때에 비해 더욱 다양하고 수준 높은 애플리케이션 서비스가 가능해 진다. 예를 들면, 특정 5G 무선 액세스 기능을 필요로 하는 애플리케이션을 데이터 전송 속도(throughput)와 지연시간(latency)의 관점에서 분류해 볼 수 있다. 각 애플리케이션별로 전송속도와 지연 시간의 최소 요구 조건들이 있는데, 재미있는 것은 이러한 요구 조건들이 어느 수준 이상이 되면 결국 인간의 신경 감각을 통해 감지할 수 있는 수준 이상 임계점에 도달하게 된다. 그렇게 되면 언젠가는 더 이상의 성능 향상이 불필요해지는 시점이 오게 될 것으로 보인다.

그럼 5G 이동통신의 무선 구간에서 요구되는 성능 조건을 다시 확인해 보면 다음과 같다(3GPP TR 38.913 v14.1.0 내용 발췌).

1. **피크 데이터 속도**(Peak data rate) : 피크 데이터 속도의 목표는 하향링크의 경우 20 Gbps이고, 상향링크의 경우 10 Gbps이다.

2. **피크 스펙트럼 효율(Peak Spectral efficiency)** : 최고 스펙트럼 효율의 목표는 하향링크의 경우 30 bps/Hz이고 상향링크의 경우 15 bps/Hz이어야 한다. 그리고 4G 때에 비해 스펙트럼 효율이 3배 이상이 되어야 한다. 참고로 이러한 기준은 이미 3G에서 4G로 진화할 때에도 3배 이상의 효율 향상이 요구되었기 때문에 유사한 조건이 반복된다고 볼 수 있겠다.
3. **컨트롤 플레인 지연 시간** : 컨트롤 플레인 지연 시간의 대상은 10 ms이어야 한다.
4. **유저 플레인 지연 시간** : URLLC(Ultra Reliable Low Latency Communication)의 경우 상향링크/하향링크 모두 0.5 ms이다. eMBB의 경우 상향링크/하향링크 4 ms이다.
5. **핸드오버 시 서비스 방해 시간** : 핸드오버 시 서비스 방해 시간 목표는 0 ms이다.
6. **시스템 간 이동성** : IMT-2020 시스템과 적어도 하나의 기존 IMT 시스템 간의 이동성을 지원해야 한다.
7. **신뢰성** : 신뢰성의 목표는 1 ms 이내에 $1\sim10^{-5}$이어야 한다. 여기서 신뢰성은 특정 지연 시간 내에 지정된 바이트 전송을 보장하는 확률이다. 이 특정 지연 시간은 특정 채널무선 프로토콜 Layer 2와 Layer 3의 SDU 유입 지점에서 Layer 2/3의 SDU egress 지점으로 작은 데이터 패킷을 전달하는 데 걸리는 시간을 의미한다. 하나의 패킷 전송에 대한 일반적인 URLLC 신뢰성 요구 사항은 32바이트(byte)가 1 ms의 유저 플레인 지연 시간 내에 전송되어야 할 경우 $1\sim10^{-5}$이다.

그 외에 커버리지 향상, 단말 배터리 수명 향상, 단말 에너지 효율 향상 등을 들 수 있고 아울러 지역 트래픽 용량, 사용자 체감 데이터 속도, 연결 밀도, 이동성, 네트워크 에너지 효율 등의 향상 등이 있다. 그리고 대역폭의 경우 IMT-2020의 ITU-R 요구 사항에 맞추어야 할 부분이다.

그러면 3GPP의 5G System인 5GS의 구성 요소를 간단히 살펴보도록 한다. 앞에서 확인한 바, 5GS는 5G 코어 네트워크와 5G-RAN(무선 액세스 네트워크)로 구성된다. 앞에서 살펴본 대로 5G 코어네트워크는 무선 접속과 관계되지 않지만 완전한 네트워크를 제공하는데 필요한 기능들을 담당한다. 예를 들면, 인증, 과금 기능, 종단간(end-to-end) 연결 설정 등을 들 수 있다.

그리고 5G-RAN은 전반적인 네트워크의 무선에 관련된 기능들을 담당한다. 예를 들면, 스케줄링, 무선 자원 핸들링, 재전송 프로토콜, 코딩, 그리고 다양한 다중안테나 구조 등을 들 수 있다. 그러면 5G-RAN의 새로운 무선 기술의 영역들을 살펴보기로 한다.

7.5.1 5G 이동통신 무선 기술의 분야

5G 이동통신 무선 기술의 분야는 크게 아래와 같이 정리할 수 있다.

(1) 밀리미터파 관련 기술

5G 이동통신에서는 더 많은 스펙트럼 확보를 위해 현재 사용 중인 주파수 대역을 넘어 초고주파대 주파수를 고려하고 있다. 그래서 개발 중인 초고주파 대역 28 GHz, 32 GHz(유럽 채택 고려중) 대역은 데이터 속도를 높이는 데는 유리하지만 직진성이 강하고, 파장이 짧아 도달거리가 짧은 단점이 있다. 건물이 많은 지역이나 우천 시 공기 중에 있는 물방울에도 영향을 받게 되어 전송 속도가 느려지고, 지하나 건물 고층으로 가도 영향을 받게 된다.

Use case category	User Experienced Data Rate	E2E Latency	Mobility
Broadband access in dense areas	DL : 300 Mbps UL : 50 Mbps	10 ms	On-demand, 0-100 km/h
Indoor ultra-high broadband access	DL : 1 Gbps UL : 50 Mbps	10 ms	Pedestrian
Broadband access in a crowd	DL : 25 Mbps UL : 50 Mbps	10 ms	Pedestrian
50+ Mbps everywhere	DL : 50 Mbps UL : 25 Mbps	10 ms	0-120 km/h
Ultra-low cost broadband access for low ARPU areas	DL : 10 Mbps UL : 10 Mbps	50 ms	On-demand, 0-50 km/h
Mobile broadband in vehicles(cars, trains)	DL : 50 Mbps UL : 25 Mbps	10 ms	On-demand, up to 500 km/h
Airplanes coonectivity	DL : 15 Mbps per user UL : 7.5 Mbps per user	10 ms	Up to 1000 km/h
Massive low-cost/ long-range/low-power MTC	Low(typically 1-100 kbps)	Seconds to hours	On-demand, 0-500 km/h
Broadband MTC	See the requirements for the Broadband access in dense areas and 50+ Mbps everywhere categories		
Ultra-low latency	DL : 50 Mbps UL : 25 Mbps	<1 ms	Pedestrian
Resilience and traffic surge	DL : 0.1-1 Mbps UL : 0.1-1 Mbps	Regular communication: not critical	0-120 km/h
Ultra-high reliability & Ultra-low latency	DL : Form 50 kbps to 10 Mbps UL : Form a few bps to 10 Mbps	1 ms	On-demand, 0-500 km/h
Ultra-high availability & reliability	DL : 10 Mbps UL : 10 Mbps	10 ms	On-demand, 0-500 km/h
Broadcast like services	DL : Up to 200 Mbps UL : Modest(e.g. 500 Mbps)	<100 ms	On-demand, 0-500 km/h

| 그림 7.12 | 사용자 체감 요구 조건들(출처 : NGMN 5G White Paper)

이러한 밀리미터파는 30~300 GHz이며 파장이 1~10 mm인 전자기파를 가리킨다. 빛에 아주 가까운 전파로 현재 사용되고 있는 무선 주파수대와 적외선(파장 약 0.1 mm)의 중간에 있으며, 빛에 아주 가까운 전파이다.

5G 이동통신에서는 이러한 특성을 감안하여 스펙트럼을 6 GHz 이하와 그 이상의 대역으로 나누어 각각 용도를 정하게 될 것이다. 6 GHz 이하 대역은 이미 사용 중인 대역이 많이 분포하고 있으므로 최대 100 MHz 정도까지의 대역폭(대역폭)을 할당할 수 있게 될 것이며, 주로 매크로셀에 사용하고 경우에 따라 스몰셀 용도로 사용할 수 있다. 6 GHz 이상 대역은 최대 400 MHz까지 주파수 대역폭을 지원하게 될 것으로 보인다. 즉 5G 무선 액세스에서는 LTE-Evolution과 NR 기술 모두 포함되는 것이다.

실제로 6 GHz 이하 대역의 셀은 커버리지도 좋고 간섭에 대한 내성도 어느 정도 있다. 하지만 6 GHz 이상으로 가게 되면 커버리지나 간섭에 대한 내성이 매우 열화 된다. 이런 단점에도 불구하고 6 GHz 이상의 초고주파 대역이 거론되는 것은 주파수 대역이 넓고 전송 속도가 더 빠를 수 있다는 장점 때문이다. 그래서 5G 이동통신에서는 이러한 장단점을 감안하여 어떤 셀에 어떤 주파수 대역을 사용할지 잘 설계해야 한다. 보통 매크로셀의 용량이 부족할 경우 도입하게 되는 스몰셀 용도로 높은 주파수 대역이 사용될 것으로 보인다.

위에서 언급한 밀리미터파의 취약점을 보완하기 위한 여러 가지 기술들이 논의되고 있는데, 그중 대표적으로 빔포밍을 들 수 있다. 빔포밍 기술을 사용하여 밀리미터파의 전파 거리가 짧은 특성으로 인한 커버리지 이슈를 어느 정도 해결하고 안테나 사이즈를 줄일 수 있다. 이 경우 셀 내에서 혹은 셀 간 빔스위칭은 어떻게 할 것인가, 그리고 초기 셀 탐색과 Random Access는 어떻게 할 것인지 등이 이슈로 있다.

(2) Massive MIMO

2D array 안테나를 기반으로 3D 빔포밍을 생성하여 공간 자유도를 최대화하는 기술이다. 다수의 안테나가 필요한 High rank MIMO를 의미하기도 한다. 현재 기술적으로는 High Rank MIMO의 각 랭크(rank)에 대한 CSI(Channel Status Information)를 어떻게 보고할 것인가에 대한 이슈가 있고, 기존 4G에서의 레퍼런스 시그널을 5G에서는 어떻게 설계할 것인가, 그리고 전송 방식을 어떻게 할 것인가에 대한 표준이 완료되었다.

먼저 High Rank MIMO에 대한 CSI 피드백 관련하여, 간섭의 측정을 강화하고 대형 2D 안테나 어레이를 위한 코드북을 설계하거나 Explicit CSI를 적용할 수 있다. 레퍼런스 시그널 설계의 경우 하향링크 향상을 위해서는 CSI-RS, DM-RS를 사용하고 상향링크 개선 사항으로 SRS를 적용한다. 전송 방식으로는 4G LTE처럼 Closed-Loop/Open-Loop MIMO 방식 등이 있고 상호의존(Reciprocity) 기반 방식도 고려할 수 있다.

(3) Heterogeneous 네트워크

Heterogeneous 네트워크는 앞에서 확인한대로 5G의 새로운 개념은 아니고 이미 4G부터 적용되어온 것인데, 매크로셀 및 스몰셀이 공존하여 서로 협력 송수신을 통해 보완하여 네트워크 용량 및 커버리지를 개선하는 기술이다. 즉, 핫스팟 같이 가입자 트래픽이 좁은 지점에 몰리는 경우, 이곳에 스몰셀을 구축하여 용량을 보완하는 경우와 셀 가장자리 지역에 커버리지가 문제될 경우에 스몰셀을 구축하여 커버리지를 좀 더 확장할 수 있는 경우가 있다. 5G에서는 밀리미터파 대역이 주로 스몰셀 용도로 사용될 전망이다.

(4) URLLC(Ultra reliable and low latency communication)을 구현하기 위한 무선 기술

지연 시간을 줄이기 위해 4G LTE의 스케줄링 단위인 1ms TTI(Transmission Time Interval)와 처리 소요시간(Processing time)을 줄이는 방법이 표준으로 정리되었다. 그리고 5G 이동통신의 고주파 대역의 경우 TDD 방식을 사용하는 것이 유력한데, TDD의 특성상 하향링크와 상향링크를 스위칭하며 사용하여 지연 시간에 불리한 점들이 있다. 그래서 Self-contained TDD와 같이 TDD에서 1 msec 안에 하향링크와 상향링크를 모두 포함하는 방식이 있다.

그리고 스위칭 오버 헤드를 줄이고 HARQ 타이밍을 줄여 낮은 대기 시간의 트래픽을 지원하려고 한다. 또한 하향링크 제어 채널 관련 오버 헤드를 줄이고 지연 시간을 줄이도록 한다.

모바일 엣지 클라우드 컴퓨팅(MEC : Mobile Edge Cloud Computing) 또한 지연 시간을 줄이기 위한 주요 기술이다. 중앙에 있는 코어 네트워크를 통하지 않고 통신이 가능하여 초저지연 시간을 지원할 수 있다.

(5) Massive IoT를 구현하기 위한 무선 기술

Massive IoT를 위해서는 이미 3GPP 릴리즈 11부터 Machine Type Communication이 RAN overload control for MTC라는 워크 아이템(work item)으로 논의되어 왔다. 그리고 NB-IoT, LoRa와 같은 IoT 서비스들은 이미 상용화 되어 있다.

eMTC(LTE-M)의 경우, 많은 수의 IoT 디바이스를 사용하는 유즈케이스들을 광범위하게 지원할 수 있어야 한다. 이를 위해 해결되어야 할 기술적 문제들은 다음과 같다.

- 다양한 IoT 애플리케이션의 서비스 유지를 위한 새로운 절전 모드

(10년 이상 지속되어야 함)

- 전체 LTE 캐리어에서 LTE-M 트래픽 멀티플렉싱
- 단말 비용 절감 및 적용 범위 확대

그리고 이미 3GPP 릴리즈 14에서 포지셔닝, 멀티 캐스트, 높은 데이터 전송 속도, VoLTE 향상 지원 등의 기능들이 추가되어 진화하고 있다.

NB-IoT의 경우, 200 kHz 시스템 대역폭을 갖춘 독립형 캐리어인데 최소의 비용이 들고 전력을 소모하는 방향으로 delay에 민감하지 않으며 낮은 전송 속도로 충분한 IoT 유즈 케이스에 최적화되어 있다. 다양한 배치 유연성, 최대 20dB의 확장된 범위, 긴 배터리 수명을 위한 PSM(절전 모드) 및 eDRX (enhanced Discontinuous Reception)등의 기술적 문제들이 해결되어야 한다.

아울러 위에서 언급한 3GPP 릴리즈 14에서 추가된 새로운 기능들로 향상된 이동성 및 서비스 연속성을 지원하게 되었다.

5G NR의 경우, massive IoT를 위한 새롭고 향상된 기능으로 새로운 파형, 대량의 동시 연결을 수용하기 위한 다중 액세스, 광범위한 커버리지를 지원하기 위한 전달 메커니즘, 낮은 전력 소비를 위한 에너지 효율적인 메커니즘 등이 기술로서 언급되고 있다.

(6) 주파수 대역 효율

1 GHz 이하의 낮은 대역과 1 GHz~6 GHz 사이의 중간대역, 그리고 초고주파 대역까지 모두 5G 이동통신 네트워크에 활용하는 방안도 연구 중이다. 이를 위해 각 대역들을 적절히 활용하여 전파 환경에 따라 맞춤형으로 효율성을 높이는 기술들이 5G 상용화에 아주 중요한 부분이 될 것으로 보인다.

그 외에 정리하면 Big Pipe, 즉 전송 속도를 높이기 위해 먼저 변조 방식으로 1024 QAM이 언급되고 있다. 이것은 한 번에 10비트로 변복조를 수행하는데, 현재 4G LTE망에 적용되고 있는 64 QAM이나 256 QAM 대비 25%~67%의 성능 이득을 얻을 수 있다. 그리고 코딩을 확산하여 코딩 효율을 다소 높이는 방법이 있고, 4G대비 효율적인 스케줄링 알고리즘을 적용하여 더 많은 가입자들을 커버할 수 있을 것이다.

7.6 5G NR의 기술 구성 요소

LTE와 NR 둘 다 3GPP에서 만들어졌기에 동일한 배경을 갖고 있고, 여러 가지 기술 요소들을 공유하고 있다. 그리고 NR에서의 설계 옵션 중 많은 부분이 기존 LTE의 경험을 바탕으로 하고 있다. 그런 의미에서 앞의 3장과 4장에서 LTE에 대한 간단한 배경지식을 다루어 보았고 7.5절에서는 5G NR의 기본적인 방향성 및 분야들을 살펴보았다. 그럼 이번에는 NR에서 고려되어야 할 주요한 기술 요소는 무엇이 있는지 살펴본다. 참고로 아래 [그림 7.13]을 보면 5G 무선 액세스의 각 분야별 중요한 기술 구성 요소

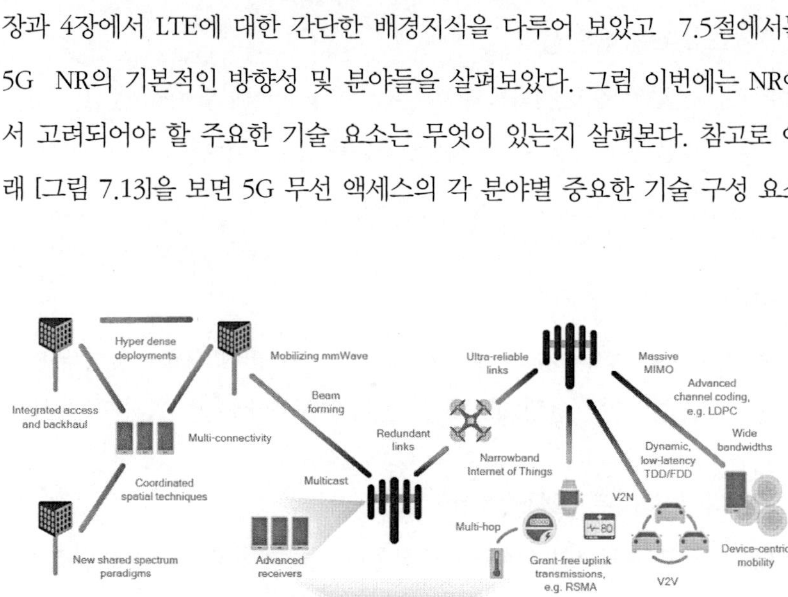

❙ 그림 7.13 ❙ 5G 이동통신에서 사용될 다양한 무선기술(출처 : Qualcomm)

들을 확인할 수 있다.

(1) 고주파수로의 확장(Extension to higher frequencies)

앞에서 언급한 6 GHz 이상의 대역으로 스펙트럼을 확보하여 가입자 및 데이터 사용밀도가 높은 지역에서 주파수 용량을 증대하고 데이터 전송률을 향상시켜 낮은 주파수 대역의 부족한 스펙트럼을 보완한다.

(2) 유연한 물리 계층

유연한 뉴머롤로지(Numerology), 즉 4G LTE에서 정해져 있는 물리 계층 파라미터들을 좀 더 유연하게 여러 옵션으로 구현한다. 예를 들면 앞에서 언급한대로 대역폭 옵션의 다양화라든지, 부반송파 간격 정의를 여러 가지 옵션으로 하여 각 주파수 대역 및 서비스에 맞춤형으로 사용, 다양한 슬롯 길이, URLLC를 위한 미니슬롯 적용 등을 들 수 있다.

(3) 스펙트럼 유연성

LTE-U와 같은 기술 진화로써 비면허 대역을 사용한다든지, 통신 사업자 간 스펙트럼을 공유하거나, 라이선스 공유를 통한 네트워크 공유로 기존의 전용 주파수 스펙트럼의 한계를 보완한다.

(4) 다중 안테나 기술

높은 주파수 대역과 낮은 주파수 대역 모두를 위해 적용되며, 커버리지 개선을 위한 빔포밍과 용량 향상을 위한 다중 사용자 MIMO 등을 적용한다.

(5) 다중 사이트 조정(Coordination)

다중 사이트로부터의 전송 및 수신을 구현하거나 멀티레이어 연결성을 구현하여 전송 속도 및 품질을 높인다.

(6) 액세스/백홀 통합

5G 이동통신 네트워크에는 매크로셀에 많은 수의 스몰셀이 존재할 수 있다. 유선으로 새로이 백홀을 구축하는 데는 많은 투자가 필요할 것이다. 그러나 액세스와 백홀에 대한 동일한 기술과 스펙트럼을 적용하고 서로 공유하게 되면 네트워크의 효율성을 높일 수 있다.

(7) 유저 데이터 전송의 효율화

NR에서는 유저 데이터 전송 효율을 높이기 위해 유저 데이터 이외의 나머지 전송은 최소화하는 방향으로 설계될 것이다. 그리고 유저 데이터와 시스템 정보를 분리하여 전달한다. 이를 통해 데이터의 전송 속도를 더 높이고 에너지 효율을 향상시킬 수 있다.

(8) 컨트롤 플레인과 유저 플레인의 분리

시스템 정보 전달과 데이터 기능을 분리한다. 뒷장에 컨트롤 플레인과 유저 플레인 분리에 대해 언급할 것이다(CP/UP split).

(9) 유연하고 확장 가능한 설계(Flexible and Scalable Design)

스펙트럼, 시스템 배치, 유즈 케이스 등의 옵션이 통신 사업자의 다양한 요구 사항에 부응하기 위해 좀 더 유연성, 확장성이 보장되어야 한다. 스펙트럼의 경우 밀리미터파 대역이 포함되어 다양한 사용 밴드가 정의되고, Carrier Aggregation 옵션도 더욱 많아진다. 시스템 배치 측면에서는 앞서 언급한 RAN 가상화를 통해 다양한 5G 이동통신 서비스의 다양한 유즈 케이스들을 위한 세분화된 요구 사항들을 충족하는 여러 옵션들이 지원된다.

7.6.1 5G NR의 세부 기술들

이번에는 2017년 12월에 릴리즈된 NR NSA표준 버전을 기반으로, 5G로의 진화를 이끄는 NR 기술들을 세부적으로 살펴보도록 한다. 먼저 NR에서의 전반적인 프로토콜 구조와 시간-주파수 구조에 대해 살펴볼 필요가 있다. 그리고 전반적인 전송채널 처리와 이에 관련된 제어 시그널링은 어떻게 설계되었으며 다중 안테나 구조 및 빔포밍 기능을 어떻게 지원하게 될지, 기존 LTE에 비해 재전송 기능, 스케줄링, 초기호 접속과정 및 전력제어에는 어떠한 차이가 있는지 등에 대한 확인이 필요하다. 뿐만 아니라, NSA에서는 LTE에 이동성 및 초기 호접속에 의존하기 때문에 LTE와 NR간의 공존 및 호환 동작은 어떻게 이루어지는지도 살펴보도록 하겠다.

(1) 전송 구조, 대역폭 파트 및 프레임 구조

DFT-precoded OFDM이 상향링크의 전송 방식인 LTE와 다르게, NR은 전반적으로 상향링크, 하향링크 모두 동일한 전송 방식을 취하려는 필요로 인해 상향 전송 방식으로 기존의 non-DFT-precoded OFDM을 사용한다.

sub-1GHz주파수의 반경이 큰 셀부터 매우 넓은 스펙트럼이 할당되는 밀리미터파 적용까지 넓은 범위의 적용 시나리오를 지원하기 위해, NR은 15 kHz부터 240 kHz까지의 범위에 걸쳐 유연한 부반송파 간격이 가능한 OFDM 뉴머롤로지를 지원한다. 이 때 cyclic prefix기간도 부반송파 간격에 비례하게 된다. 최대 총대역폭이 400 MHz이고 부반송파 간격인 15/30/60/120 kHz 별로 최대 반송파 대역폭은 각각 50/100/200/400 MHz가 된다. 만약 더 큰 대역폭이 필요할 경우 캐리어 에그리게이션을 사용할 수 있다.

0.45 GHz에서 6 GHz까지의 주파수 범위는 표준에서 공통적으로 FR1 (Frequency Range)라고 하고 24.25 GHz부터 52.6 GHz까지의 주파수 범

위는 FR2라고 한다. 현재 6G Hz와 24.25 GHz사이에 정의된 NR스펙트럼은 없다. 하지만 기본적인 NR 무선 접속 기술은 스펙트럼에 상관없고 NR 표준은 부가적인 스펙트럼을 커버할 수 있도록 쉽게 확장될 수 있다. 예를 들면 6G Hz부터 24.25 GHz까지의 주파수 스펙트럼으로도 확장할 수 있다는 의미이다.

그리고 주파수 대역폭에 있어서는, LTE의 경우 모든 단말들은 20MHz 캐리어 대역폭까지 지원 가능했다. 하지만 NR에 가능한 매우 넓은 주파수 대역폭을 가정하면 모든 단말들이 최대 캐리어 대역폭을 필수적으로 지원할 필요는 없을 것이다. 그리고 NR은 단말 에너지 소모를 줄이는 방법으로 '수신기-대역폭 적응'을 도입한다. 대역폭 적응은 상대적으로 적은 대역폭을 사용하여 컨트롤 채널을 모니터링하고 중간 수준 전송율의 데이터를 받는다. 또한 높은 데이터 전송율이 지원되어야 할 경우에만 넓은 대역의 수신기가 동적으로 열리도록 해준다. 이를 위해 NR은 대역폭 파트(bandwidth part)를 정의한다. 이것은 어떤 단말이 현재 어떠한 뉴머롤로지의 전송을 받아들이도록 추정되는 대역폭을 가리키는 것이다.

NR의 시간 도메인 구조에서는 10ms 무선 프레임이 10개의 1 ms 서브프레임으로 기술된다. 하나의 서브프레임은 14개의 OFDM 심볼로 각각 구성된 슬롯들로 나누어지는데 mili second안에 있는 각 슬롯의 기간은 뉴머롤로지에 따라 다르다. 15 kHz 부반송파 간격일 경우, NR 슬롯은 기존 LTE 서브프레임의 구조와 동일하며 LTE와의 공존하는 측면에서 이점이 있다. 슬롯은 고정된 OFDM심볼 수로 정의되기 때문에 높은 부반송파 간격으로 슬롯 간격은 짧아진다. 이론상으로 이것은 낮은 지연시간 전송을 지원하는데 사용될 수 있다.

LTE와 달리 NR은 셀 특정 레퍼런스 시그널을 사용하지 않는다. 오직 채널 추정을 위해 단말 특정 복조 레퍼런스 신호에만 의존한다. 이로써 뒤에서 언급할 효율적인 빔포밍 및 다중 안테나 동작이 가능해진다. 셀 특정 레퍼런스 신호와는 반대로, 전송할 데이터가 없는 경우 복조 레퍼런스 신호들은 전송되지 않는다. 그리하여 네트워크 에너지 효율이 향상되고 간섭도 줄일 수 있게 된다.

(2) 저지연시간 지원

초저지연을 구현할 수 있는 것은 NR의 중요 특성이고 NR 설계 상세의 많은 부분에 영향을 미친다. 한 가지 예를 들면 그림 5.3에 나온 레퍼런스 시그널과 제어 신호를 "앞 단에 싣는" 방식이다. 레퍼런스 시그널과 스케줄링 정보를 싣고 있는 하향 링크 제어 신호를 전송의 앞부분에 위치시키고, OFDM심볼들에 시간 영역 인터리빙을 사용하지 않음으로써, 단말은 사전 버퍼링 없이 수신 데이터 처리를 즉시 시작할 수 있다. 그래서 디코딩 지연시간을 최소화 하게 된다. 또다른 예로 흔히 '미니 슬롯' 전송으로 알려진 하나의 슬롯 중 일부분에 전송을 하는 것이 있다.

단말이나 네트워크 상의 프로세싱 시간에 대한 요구 조건은 LTE에 비해 NR에서 매우 엄격해졌다. 예를 들면 단말은 하향링크 데이터 전송을 받은 후 대략 한 슬롯 (아니면 단말의 능력에 따라 한 슬롯보다 더 짧도록) 정도의 HARQ(Hybrid-ARQ)인식에 응답하여야 한다. 유사하게 상향링크 데이터 전송에 대한 그랜트 수신으로부터의 시간은 위와 동일한 범위에 있어야 한다.

또한 MAC과 RLC같은 상위 레이어 프로토콜은 전송해야 할 데이터양을 알 필요 없이 프로세싱을 가능케 하도록 선택된 헤더 구조를 고려하여 적은 지연시간으로 설계되어 왔다(6장 참조). 이것은 상향링크에 특히 중요한데 그 이유는 단말은 전송이 발생할 때까지 상향링크 그랜트를 받고 나서 적은 수의 OFDM심볼만을 갖고 있기 때문이다. 반대로 LTE프로토콜 설계는 MAC과 RLC프로토콜 레이어가 어떤 프로세싱이 발생하기 전에 전송해야 할 데이터의 양을 알아야 하도록 되어 있는데, 이로 인해 초저지연시간을 지원하는 게 어렵게 된다.

(3) 스케줄링과 데이터 전송

앞의 4장에서 LTE의 스케줄링에 대해 먼저 살펴 본 바와 같이, 무선 이동통신의 중요한 특성으로 다른 셀이나 다른 단말에 의한 전송으로 인해 랜덤하게 간섭이 변화하는 것, 주파수 선택적 페이딩, 거리에 따른 경로 감쇄 등으로부터 유래한 순시 채널 조건에서의 매우 크고 전통적인 급격한 변화를 들 수 있다. 이러한 변동 사항들을 극복하기 위한 방법 중 하나로써 시간-주파수 자원들이 사용자 간에 동적으로 공유되는 채널 의존 스케줄링을 사용 한다. 동적 스케줄링은 LTE에서 사용될 뿐 아니라, 하이 레벨로 본다면 NR 스케줄링 프레임워크는 LTE의 경우와 유사하다고 할 수 있다. 스케줄러는 기지국에 탑재되어 있으며 단말로부터 보고되는 채널 품질 정보를 바탕으로 스케줄링 의사결정을 내린다. 또한 스케줄링 대상 단말로 보내지는 스케줄링 의사결정시 서로 다른 트래픽 우선순위와 QoS(Quality of Service) 요구조건도 고려하게 된다.

각 단말은 초저지연 시간을 필요로 하는 트래픽을 지원하기 위해 더욱 자주 모니터링을 할 수 있지만, 보통 슬롯당 한 번씩 여러 개의 PDCCH(Physical Downlink Control Channel)를 모니터링 한다. 유효한 PDCCH를 감지하게 되면, 단말은 스케줄링 결정사항을 따르고 NR에서 전송 블록으로 알려진 한 단위의 데이터를 수신하거나 송신하게 된다.

하향링크 데이터 전송의 경우, 단말은 하향링크 전송 내용에 대해 디코딩을 시도한다. NR에 의해 지원되는 높은 데이터 전송속도를 가정하면, 채널 코딩 데이터 전송은 LDPC(low-density parity-check)코드에 기반을 둔다. LDPC코드는 LTE에서 사용되는 터보 코드보다 복잡도가 낮기 때문에, 특히 높은 코드 비율일 경우 구현 관점에서 적합하다고 할 수 있다.

동적 스케줄링이 NR의 기본 동작이긴 하지만, 동적 승인(grant)없는 동작도 설정 가능하다. 이 경우, 단말은 상향링크 데이터 전송에 사용될 수 있는 자원들보다 앞서 설정되어야 한다. 일단 단말이 가용한 데이터를 갖고 있으면, 기존의 상향링크에서 스케줄링 요청-승인 과정을 거치지 않고 즉시 상향링크 전송을 시작할 수 있다. 게다가 바로 앞 절에서 언급한 저지연도 달성할 수 있게 된다.

(4) 제어 채널의 변화

NR의 동작은 몇몇 물리계층 제어 채널을 필요로 하며, 하향링크로 스케줄링 결정을 보내고 상향링크로 피드백 정보를 제공하게 된다.

하향링크 제어채널은 PDCCH(Physical Downlink Control Channels)인데, LTE에 비해 주요한 차이점은 하향링크 제어채널의 시간-주파수 구조가 더욱 유연해 진 것이다. 여기서 PDCCH는 한 개 이상의 제어 자원 집합(Control Resource Sets-CORESETs)안에 전송된다. 즉, 모든 캐리어 대역폭이 사용되는 LTE와 다르게 NR에서는 캐리어 대역폭의 단지 일부분만 점유하도록 설정이 가능하다는 점이다. 이것은 서로 다른 대역폭 처리 능력을 갖고 있는 단말들을 다루기 위해 필요하며, 또한 향후 호환성을 위해서도 필요하다.

LTE와 또다른 주요한 차이점으로는 제어 채널에 대한 빔포밍을 지원한다는 것이다. 이것은 자신의 전용 레퍼런스 신호를 갖고 있는 각각의 제어 채널들에 다른 레퍼런스 신호 설계가 필요하다.

그럼 상향 링크 제어채널인 PUCCH(Physical Uplink Control Channel)에서의 변화에 대해 알아보자. HARQ의 ACK/NACK, 다중 안테나 동작에 대한 채널 상태 피드백, 상향 데이터 대기 전송에 대한 스케줄링 요청 등과 같은 상향링크 제어 정보를 전송하며, 여러 가지 다른 PUCCH 포맷이 있는데 이것은 전송할 정보량과 PUCCH전송 시간에 따라 다르다. 짧은 PUCCH는 한 슬롯의 마지막 한 개 혹은 두 개 심볼에 전송되며 이른바 자기-포함 슬롯(Self-Contained Slots)을 구현하기 위해 HARQ ACK에 대한 매우 빠른 피드백을 지원할 수 있다.

(5) 초기 호 접속

초기 호 접속은 단말이 셀을 찾아서 자리를 잡고(Camp-on), 필요한 시스템 정보를 수신하며, 랜덤 엑세스를 통해 기지국에 연결을 요청하는 일련의 과정이다. NR 초기 호 접속의 기본 구조는 LTE의 초기 호 접속과 유사하다.

- PSS (Primary Synchronization Signal)와 SSS(Secondary Synchronization Signal) 이렇게 한 쌍의 하향링크 시그널이 있는데, 이것은 단말이 네트워크를 찾고 동기를 맞추며 네트워크를 확인하기 위해 사용한다.
- PSS/SSS와 같이 전송되는 PBCH(Physical Broadcast Channel)가 있다. PBCH는 브로드캐스트 시스템 정보가 전달되는 표시를 포함하는 최소한 양의 시스템 정보를 전달한다. NR측면에서 PSS, SSS, 그리고 PBCH는 합쳐서 SS(Synchronization Signal)블록이라고 한다.
- 랜덤 엑세스 과정은 랜덤 엑세스 프리앰블의 상향링크 전송부터 시작하여 4단계로 이루어진다.

하지만 LTE와 NR간에 초기 호 접속 측면에서 몇 가지 중요한 차이가 있다.

LTE에서는 PSS, SSS, PBCH가 캐리어의 중앙에 위치하며 매 5 ms간격으로 전송된다. 그래서 최소한 5 ms동안 각각 가능한 캐리어 주파수에 머물러 있으며 캐리어가 특정 주파수에 존재할 경우 단말은 적어도 하나의 PSS/SSS/PBCH 전송을 받을 수 있도록 보장된다. 하지만 NR에서는 높은 네트워크 에너지 성능을 달성하기 위해, SS블록은 디폴트로 매 20ms마다 전송된다.

(6) 상호 연동 및 LTE와의 공존

밀리미터파 대역에서 완전한 커버리지를 제공하기가 어렵기 때문에, 낮은 주파수 대역의 시스템과 상호 연동은 중요하다. 특별히 상향링크와 하향링크간의 커버리지 불균형이 일반적인 경우가 많은데 상향링크와 하향링크가 다른 주파수 밴드일 경우 더욱 심하다고 할 수 있다. 단말에 비해 기지국의 더 높은 전송 파워로 인해 하향링크의 달성 가능한 데이터 전송속도가 부족한 대역폭에 의해 자주 제한을 받게 되는데 이로 인해 더 넓은 대역폭이 가능한 높은 주파수 스펙트럼에서 하향링크를 동작하는 것이 더욱 필요하다. 반대로, 상향링크는 전력으로 인해 자주 제한이 걸리는데 이로 인해 더 넓은 대역폭에 대한 수요가 줄어들게 된다. 대신에 낮은 주파수 대역에서는 가용한 대역폭이 더 부족하긴 해도, 무선 채널 감쇄가 더 작기 때문에 상향링크를 위해 높은 데이터 전송속도가 달성될 수 있을 것이다.

상호 연동을 통해 높은 주파수 대역의 NR시스템은 낮은 주파수 시스템을 보완할 수 있다. 낮은 주파수 시스템은 NR이나 LTE 어떤 것이라도 될 수 있고, NR이 이 두 가지 경우중 하나에 상호 연동할 수 있게 된다. 이러한 상호 연동은 다른 수준에서 구현될 수 있으며 NR캐리어 에그리게이션(aggregation), PDCP 계층을 공유하는 이중 접속(Dual Connectivity), 핸드 오버 등을 들 수 있다.

두 가지 공존 시나리오가 3GPP에서 정리되었고 NR설계에 반영되었다.

- 첫 번째 시나리오의 경우, 상향링크와 하향링크 모두에 LTE/NR이 공존한다. 이것은 쌍을 이루는 스펙트럼이나 그렇지 않은 스펙트럼 모두의 경우와 관련이 있다.
- 두 번째 시나리오의 경우, 상향링크 전송 방향으로만 LTE/NR이 공존한다. 전형적으로 낮은 주파수의 짝을 이루는 스펙트럼의 상향링크 파트 내에서만 해당하며, NR하향링크 전송은 NR에 전적으로 할당된 스펙트럼에서만 발생하는데 주로 높은 주파수 대역에 해당한다. 이런 시나리오는 앞서 언급한 상향링크-하향링크 불균형을 다루어 보려고 시도하는 경우다. NR은 SUL(Supplementary uplink)를 지원하여 이런 시나리오를 특정하게 다룬다.

  그리고 15 kHz 부반송파 스페이싱(sub-carrier spacing)에 기반을 두어 LTE에 호환되는 NR뉴머롤로지의 가능성을 통해 NR과 LTE의 시간/주파수 리소스 그리드가 서로 유사하게 될 수 있다,

그밖에 NR phase1에서 논의된 물리계층 기술들로는 Duplexing 관점에서는 Dynamic TDD, FDD와 같이 Paired 및 Unpaired 스펙트럼이 있고, 다중접속 기술로는 CP-OFDM, DFT-s-OFDM 등을 들 수 있다. 부반송파 간격(Subcarrier spacing)은 6 GHz 이하 대역에서는 기존 15 kHz 이외에 30 kHz, 그리고 URLLC를 위한 60 kHz 등이 있고, 6 GHz 이상의 높은 주파수 대역에 대해서는 60 kHz, 120 kHz, 240 kHz 등이 있다. 채널 코딩은 데이터 채널의 경우 LDPC, 컨트롤 채널의 경우 Polar code가 있으며, 다중 안테나의 경우 하향링크 8개, 상향링크 4개의 MIMO layer가 지원되고, 아울러 하향링크/상향링크 빔 매니지먼트에 대해서도 정의되어 있다.

CHAPTER

8

5G로 만들어지는 4차 산업혁명 주요 기술

불과 10년 내지 20년 사이에 현대 사회의 모습을 혁명적으로 변화시킨 것은 바로 IT(Information Technology, 정보 기술)라고 할 수 있다. IT는 멀리 있는 것이 아니라, 일상생활에서 당연한 듯 사용하고 있는 컴퓨터, 인터넷, 스마트폰, 스마트 TV 등도 이에 해당한다. 또한, 앞으로 다가올 사회의 모습을 묘사할 때 빼놓을 수 없는 것이기도 하다.

맨 첫 장에서 언급한 것처럼 5G 이동통신 네트워크는 All-IT 네트워크로 기존의 통신과 IT가 융합되는 형태로 발전하게 될 것이다. 그리고 이렇게 All-IT 네트워크를 가능케 하는 핵심 기반 기술이 바로 클라우드 컴퓨팅이다. 클라우드 컴퓨팅은 일시적인 기술 트렌드가 아니라 텔레콤 및 엔터프라이즈의 IT를 현대화, 고도화하는 과정으로 IT 전략이 지향하는 방향이다. 특히 엔터프라이즈는 클라우드 전환을 통해 경영 활동에서 IT의 부담을 덜고, 기업의 핵심 사업에 집중할 수 있다. 더 나아가 클라우드를 기반으로 빅데이터, 사물인터넷, 인공지능, 핀테크 등으로 사업 범위를 확대할 수 있다. 지금까지는 클라우드 기반의 5G 이동통신 네트워크에 대해 살펴보았고, 이번 마지막 장에서는 바로 이 클라우드 기반의 5G 이동통신 네트워크상에서 구현될 다양한 4차 산업혁명 기술들을 살펴보기로 한다.

먼저 아래 표와 같이 4차 산업혁명의 다양한 서비스를 구현하기 위해서는 아래와 같이 각 서비스별로 5G 이동통신 네트워크가 지원되어야 한다.

예를 들어 실제로 현장에 있는 듯한 실감나는 서비스를 제공하는 5G 기반 증강현실/가상현실 서비스나 몰입감이 뛰어난 대용량 콘텐츠 스트리밍의 경우 기본적으로 데이터 전송속도가 높아야 한다. 특히 증강현실/가상현실 서비스의 경우 체험자에게 전혀 부자연스러움이 없도록 하려면 초저지연 시간이 구현되어야 한다.

	Immersive 5G		Intelligent 5G		Omni-pressent 5G	Autonomous 5G			Public 5G		
	AR/VR	MCS	UCC	CA	IoT	ST	Drone	Robot	DM	PS/PS	ES
Ultra High Data Rate	◉	◉		◉			◎	◎			
Massive Connection				○	◉				◎		
High Relibaility					○	◉	◉	◉	◉	◉	◉
Ultra low Latency	◉	◎	◉		◎	◉	◉	◉		◉	◉
High Mobility						◉	◎		◎		
High Energy Efficiency					◉		◎		◉	◉	○
Cost Effectiveness			◉	◉	◉				○		

◉ : 1st tier requirement ◎ : 2nd tier requirement, ○ : 3rd tier requirement
MCS : Massive Contents Streaming, UCC : User-Centric Computing,
CA : Crowded Area, ST : Smart Transportation
DM : Disaster Monitoring, PS/PS : Private Security/Public Safety

❙ 그림 8.1 ❙ 5G 서비스를 위한 네트워크 요구 조건(출처 : 5G 포럼, 융합서비스분과위원회)

지능형 5G 서비스는 사용자 중심의 컴퓨팅(UCC)이나 가입자가 밀집되어 있는 지역을 위한 서비스이다. UCC의 경우 사용자에게 그 즉시 적절한 정보를 제공해 주어야 하기 때문에 초저지연 시간의 네트워크 요구 조건이 충족되어야 한다. 그리고 가입자 밀집 지역에는 높은 데이터 전송 속도를 지원하여 많은 가입자들을 수용할 수 있는 용량 확보가 가능하여야 한다.

어디서나 지원하는 IoT 서비스의 경우 앞에서 언급한대로 네트워크가 많은 수의 디바이스를 수용할 수 있어야 한다. 그리고 에너지가 절약되어야 하고 비용도 효율적이어야 한다. 특히 많은 디바이스를 필요로 하는 IoT 서비스를 위해 IoT 디바이스가 사용하는 대역폭이 유연해야 하고 네트워크에 접속하는 호처리 절차도 간소화되어야 할 필요가 있다.

지능형 교통망, 드론, 로봇과 같은 자동화된 서비스들을 위해서는 우선 신뢰성이 확보되어야 한다. 즉 오동작이 발생하는 일이 없어야 한다는 것이다. 그리고 초저지연 시간 요건도 충족되어야 한다. 이를 구현하기 위해 최소 스케줄링 단위인 TTI(Transmit Time Interval)를 더 짧게 하고, 다이버시티의 레벨을 다양하게 하기도 한다. 그리고 D2D를 적용하여 기존 네트워크 이외를 보완하는 방법도 있다.

대중의 안전을 위한 공공안전(Public Safety) 지원을 위한 네트워크 요구 조건도 유사하다. 재난 발생 감시, 안전 서비스, 응급 서비스 등도 높은 신뢰성과 초저지연 시간의 요건이 중요하다.

이렇듯 5G 이동통신 네트워크를 통해 현재 4G LTE 네트워크로는 구현이 어려운 4차 산업혁명에서 구현하려는 다양한 서비스들을 기술적으로 지원하게 된다. 그럼 이번 장에서는 다양한 4차 산업혁명의 주요 기술들을 살펴보고, 5G 이동통신 네트워크가 어떤 식으로 기여하게 되는지 살펴보기로 한다.

8.1 가상현실을 넘어서

가상현실은 실제로는 존재하지 않지만 컴퓨터 기술로 사용자의 오감을 자극해 마치 실제로 있는 것처럼 느끼게 만드는 기술이다. 기기를 착용하면 실제로 특정 장소에 있는 것처럼 느끼게 해주는 서비스이기도 하다. 이와 다르게 증강현실은 실제 모습에 컴퓨터나 스마트폰이 만든 가상의 정보를 겹쳐서 구현한다. 그럼 가상현실이 계속 주목을 받는 이유는 무엇일까? 몇 가지가 있겠지만, 아마도 5G 이동통신 시대에는 혼자 이용하는 미디어 기기가 많아지고 이를 받쳐줄 5G의 대용량 데이터 전송 및 초저지연시간 기술을 통해 현실감을 충분히 구현해 갈 수 있기 때문에 가상현실 관련한 게임 및 영화 콘텐츠, 시뮬레이션 등의 비즈니스가 활발해 지고 시장 규모도 커지기 때문일 것이다.

좀 지난 얘기이지만, 미국에서 개발된 3D 가상현실 사이트 '세컨드 라이프'가 한 때는 한 달에 백만 명 이상씩 가입자가 늘어나고 이로 인한 비즈니스가 활성화되어 미래학자와 디지털 콘텐츠·소프트웨어 업계 등이 다시 한 번 '가상현실'의 가능성에 주목하게 되었는데, '가상현실'은 이제 어두운 '연구실' 안에서 무거운 장비를 쓰고 영상을 보는 범주를 벗어나, 3D 그래픽과, 실시간 컴퓨팅, 초고속 네트워크 유비쿼터스 환경에 기반한 융합기술로서 우리에게 다가오고 있다. 이미 자동차, 조선 등 일부 산업에서 교육 훈련용으로 활용되고 있고, 군사, 의료, 입체 영상 디스플레이 분야 등에서 시장의 문을 두드리고 있는 시뮬레이션과 혼합 현실(Mixed reality), 촉각 기술(Haptic) 등 가능 현실 관련 기술이 향상되고 있다. 컴퓨터, 디지털 기술의 진보로 '가상현실' 관련 기술은 이제 '보다 실감나는 가상', 때로는 '현실보다 더 리얼한 가상'의 모습으로 다가오고 있고, 향후 사람들은 가상의 세계에서 점점 더 많은 시간을 보내게 될 것이다.

| 그림 8.2 | 스키점프 VR 시뮬레이터(출처 : 과학기술정보통신부, 한국정보화진흥원, KT – 평창ICT올림픽 가이드북)

*그럼 증강현실은 무엇인가? 가상현실이 100% 가상 이미지 그래픽을 만들어 제공하여 현실과 완벽하게 분리하는 반면에 증강현실은 실제 현실 장면 위에 가상 이미지를 덧씌워 정보를 제공하여 현실과 가상이 공존하게 하는 기술이다. 게임, 영상 콘텐츠 이외에도 공장, 물류 창고, 설계 등 산업 전반에 쓰이게 된다. 가상현실과 달리 별도 기기 없이 스마트폰이나 유리창, 거울 등을 활용해서 만들 수도 있다.

세계 최대의 IT 전시회인 CES2018에서 선보인 증강현실 기술로, 엔비디아에서는 자동차 앞 유리에 AR 화면을 띄워 주는 '드라이브 AR' 소프트웨어를 공개 했다. 그리고 파나소닉의 경우 스포츠 경기장에 AR 기술을 적용한 '스마트 스포츠 경기장 AR'을 선보였는데 AR 안경을 쓰면 본인 좌석까지 가는 길을 안내받고, 각종 경기 정보를 AR 이미지로 볼 수 있는 서비스가 가능하다.

미래 학자들은 시간이 흐를수록 가상공간과 가상현실에 대한 사용자들의 의존도가 높아질 것임을 예고하고 있고, 경제적으로도 이제까지는 예측하지 못했던 새로운 시장과 수요의 가능성이 열리게 될 것으로 보고 있다. 이러한 경향 속에서 가상현실을 활용한 통신에 대한 수요도 발생할 것으로 보인다. 특히 현재의 가상현실에는 VR 콘텐츠가 어지럼증을 유발하여 때로는 자연스럽지 못한 문제가 있는데 이런 부분은 주로 지연 시간이 충분하지 못해 생길 수 있다. 하지만 5G 이동통신 시대에는 네트워크 지원 역량이 향상되며 (특히 초저지연 시간의 개선) 좀 더 자연스럽게 실감나는 가상현실이 지원될 것이므로 가상현실 통신 서비스는 향후 통신 사업의 중요 경향이 될 것이다. 또한 가상현실을 보여주는 화질은 4K/8K UHD, 시야각은 200도까지 확장이 필요하기 때문에 전송 데이터가 증가하게 되어 대용량 데이터가 오갈 수 있는 무선 네트워크가 필요하다.

특히 가상현실을 고정점에서 즐기는 경우, 헬멧을 유선으로 연결하여 사용하면 복잡한 케이블이 사용자에게 거추장스럽게 불편할 수 있기에 무선으로 구현하는 것이 선호될 수 있고, 그럴 경우 결국 5G 네트워크가 필요하게 될 것이다.

그리고 아래와 같이 가상현실 기술 관련 주요 표준들로는 TTAK.KO-10.0951인 'PC 및 콘솔 겸용 HMD를 이용한 가상현실 장치 명세'와 TTAK.KO-10.0860인 '웨어러블 콘텐츠 시청, 안전 지침. 2016' 등, 가상현실 분야별 국내 주요 표준들이 있다.

[표 8.1] 가상현실 관련 주요 표준의 예

TTAK.KO-10.0950	모바일 전용 머리 장착형 영상장치(HMD)를 이용한 가상현실 장치 명세
TTAK.KO-10.0951	PC및 콘솔 겸용 머리 장착형 영상장치(HMD)를 이용한 가상현실 장치 명세
TTAK.KO-10.0712	HMD의 입체감 및 휴먼팩터 일치를 위한 명세에 대한 정보통신 단체 표준
TTAK.KO-04.0140	디지털 홈 환경에서의 좌표 및 모션 시스템에 대한 정보통신 단체 표준
TTAK.KO-10.713	HMD 장비의 입체감 및 휴먼팩터 제어를 위한 API에 대한 정보통신 단체 표준
TTAE.OT-11.0026	GPU 기반 고효율 그래픽 컴퓨팅 API-Vulkan 1.0에 대한 영문 정보통신 단체 표준
TTAK.KO-10.0859	UHD 콘텐츠 시청 안전 지침에 대한 정보통신 단체 표준으로 UHD 시청 환경에 대한 관련 지침
TTAK.KO-10.0860	웨어러블 콘텐츠 시청 안전 지침에 대한 정보통신 단체 표준
TTAK.KO-01.0201	영상 기반 UX 품질 지표에 대한 정보통신 단체 표준
TTAR-10.0066	HMD 기반 3D 휴먼팩터에 대한 기술 보고서
TTAK.KO-10.0955	스케일러블 UHD 디지털 콘텐츠 재생 데이터 포맷 구현 지침에 대한 정보통신 단체 표준
TTAK.KO-10.0873	UHD급 고품질 콘텐츠를 효율적인 스트리밍 서비스 제공에 대한 정보통신 단체 표준

[표 8.1] 가상현실 관련 주요 표준의 예(계속)

TTAK.KO-10.0947	체감형 게임 공간 내의 사용자 행동 정의 및 추적 기술에 대한 정보통신 단체 표준
TTAK.KO-10.0959	HMD를 이용한 가상현실 화상회의 시스템에서의 시선 정보 시그널링에 대한 정보통신 단체 표준
TTAK.KO-10.0432	실감 콘텐츠를 위한 발향 장치 데이터 구조에 대한 정보통신 단체 표준
TTAK.OT-10.0398	실감 음향용 공간 임펄스 응답 측정 모델 데이터베이스에 대한 정보통신 단체 표준

(출처 : 자료 제공 : 한국정보통신기술협회(TTA) 내 손안의 표준(UHD 방송과 가상현실) 인포그래픽스 (2017.11))

가상현실 관련 정보통신 단체 표준의 내용을 살펴보면 다음과 같다(자료 제공 : TTA VR 관련 정보통신 단체 표준).

TTAK.KO-10.0950

모바일 전용 머리 장착형 영상장치(HMD)를 이용한 가상현실 장치 명세에 대한 정보통신 단체 표준. 스마트폰 결합 방식의 HMD 구조와 구성에 대하여 정의한다.

TTAK.KO-10.0951

PC 및 콘솔 겸용 머리 장착형 영상장치(HMD)를 이용한 가상현실 장치 명세에 대한 정보통신 단체 표준. PC 또는 콘솔 기반의 HMD 구조와 구성에 대하여 정의한다.

TTAK.KO-10.0712

HMD의 입체감 및 휴먼팩터 일치를 위한 명세에 대한 정보통신 단체 표준. HMD 및 유사 장비의 단순화된 구조 모델을 제시하고 입체감 및 휴먼팩터에 영향을 주는 설계 매개변수의 목록과 장비의 성능 및 기능을 표현하는 매개변수의 목록 표준을 정의한다.

TTAK.KO-04.0140

디지털 홈 환경에서의 좌표 및 모션 시스템에 대한 정보통신 단체 표준. 디바이스(센서)의 위치를 관리하고, 실제 이동 및 움직임을 제공하는 디바이스에 대해 표준 좌표계 시스템을 제시한다.

TTAK.KO-10.713

HMD 장비의 입체감 및 휴먼팩터 제어를 위한 API에 대한 정보통신 단체 표준이다.

TTAE.OT-11.0026

GPU 기반 고효율 그래픽 컴퓨팅 API-Vulkan 1.0에 대한 영문 정보통신 단체 표준. 크로노스 그룹(Khbonos Group)이 정의한 벌칸(Vulkan) 1.0 표준으로 GPU 기반의 고효율 그래픽 및 컴퓨트용 개방형 API를 정의한다.

TTAK.KO-10.0859

UHD 콘텐츠 시청 안전 지침에 대한 정보통신 단체 표준으로 UHD 시청 환경에 대한 관련 지침, 콘텐츠 관련 지침, 디스플레이 관련 지침, 시청자 관련 지침, 시청 방해 요소 관련 지침을 정의한다.

TTAK.KO-10.0860

웨어러블 콘텐츠 시청 안전 지침에 대한 정보통신 단체 표준. 웨어러블 기기로 콘텐츠 시청 시 발생할 수 있는 여러 문제점에 대한 안전 시청 환경 관련 지침, 콘텐츠 관련 지침, 디스플레이 관련 지침, 시청자 관련 지침, 시청 방해 요소 관련 지침을 제시한다.

TTAK.KO-01.0201

영상 기반 UX 품질 지표에 대한 정보통신 단체 표준. 다양한 기기에서 사용자 입력에 대한 반응 시간과 화면의 움직임 등 UX 품질 지표에 대해 정의한다.

TTAR-10.0066

HMD 기반 3D 휴먼팩터에 대한 기술 보고서로, HMD 기반의 가상현실 콘텐츠 서비스 사용자에게 발생되는 신체적 이상 현상과 이를 해소하기 위하여 다양하게 연구되는 방법들을 조사한 내용을 기술한다.

TTAK.KO-10.0955

스케일러블 UHD 디지털 콘텐츠 재생 데이터 포맷 구현 지침에 대한 정보통신 단체 표준. UHD 콘텐츠 복호화 효율성을 위한 데이터 포맷에 대해 정의한다.

TTAK.KO-10.0873

UHD급 고품질 콘텐츠를 효율적인 스트리밍 서비스 제공에 대한 정보통신 단체 표준. 다중 전송에 필요한 콘텐츠 데이터 포맷과 메타 데이터 형식에 대하여 기술한다.

TTAK.KO-10.0947

체감형 게임 공간 내의 사용자 행동 정의 및 추적 기술에 대한 정보통신 단체 표준. HMD, 액츄에이터, 깊이 카메라를 활용하여 구동되는 체감형 게임에서 사용자의 행동과 추적 기술을 정의한다.

TTAK.KO-10.0959

HMD를 이용한 가상현실 화상회의 시스템에서의 시선 정보 시그널링에 대한 정보통신 단체 표준. 스케일러블 비디오 및 HMD의 배경 지식, 표준 시그널링 규격 등을 기술한다.

TTAK.KO-10.0432

실감 콘텐츠를 위한 발향 장치 데이터 구조에 대한 정보통신 단체 표준. 발향 장치 설계 시 필요한 기본 조건, 현실감을 극대화할 수 있는 데이터 구조와 포맷을 정의한다.

TTAK.OT-10.0398

실감 음향용 공간 임펄스 응답 측정 모델 데이터베이스에 대한 정보통신 단체 표준. 머리 전달 함수 HRTF(Head Related Transfer Functions) 형태, 측정 공간의 좌표계, 측정 데이터를 구성하는 샘플링 주파수와 다이내믹 레인지, 측정 정보가 가져야 할 일관성, DB 구성을 위한 형식 등을 기술한다.

그리고 가상현실 네트워크로 가입자 간 통신을 가능케 하고 발전하는 가상현실 사이트를 실제 가상현실 단말 센터에서도 즐길 수 있는 장비가 개발된다면 통신 분야에서 또 한 번의 큰 혁신이 이루어지게 될 것이다. 또한 가상현실 이동통신 서비스를 통해 어디서나 가상현실을 체험할 수 있다면 향후 상당수의 이동통신 가입자들이 서비스를 사용할 것으로 예측된다.

최근 가상현실 기기의 업체 동향을 살펴보면, 구글, 오큘러스, 소니 간의 3파전으로 가상현실 콘텐츠를 보여주는 헤드셋뿐만 아니라, 게임 등에 쓰이는 조종기나 가상현실 콘텐츠까지 함께 선보이고 있다. 일반 소비자들도 쉽게 쓸 수 있는 제품을 내놓아 가상현실 대중화를 이끌겠다는 것이다.

이를 위해 가상현실에 대한 연구는 계속 진행되어 왔고, 다양한 분야로 영역을 넓혀 가고 있다. 그리고 강력한 실감을 제공할 수 있는 가상현실 통신에 대해서도 여러 연구가 진행 중인데, 이러한 가상현실을 이용한 통신 중 5G 이동통신 기반으로 하게 되면 어떠한 모습으로 발전하게 될지 살펴보기로 한다. 즉 고정된 지점에서의 가상현실 통신이 아닌, 이동 환경에서의 가상현실 통신에 대한 방안은 무엇일까 생각해 본다(설령 이동 환경까지 고려하지 않더라도, 유선 기반의 가상현실 기기 연결은 복잡한 케이블링으로 사용자 입장에서는 불편할 것이다. 가상현실 플랫폼과 기기간 무선 연결로 가게 될 것이다).

예를 들면 한 명의 사용자가 이동 중이거나 장소를 옮긴 상태이고, 상대방은 고정된 지점에서 상호 통신을 하는 경우와 양자가 모두 이동 중 일 때의 가상현실 통신 방안에 대해 고려해 본다. 이동 사용자에서 cave 사용자로 데이터 전달 시, 이동 사용자는 기본적으로 휴대폰이나 몸에 착용하는 단말 디바이스를 통해 자신의 모습과 음성, 단말의 카메라로 캐치되는 주변 환경의 시각정보와 잡음 정도만 이동통신 네트워크를 통해 전송하고, 유비쿼터스 네트워크는 이동 사용자의 단말과 WPAN(Wireless Personal Area Network)으로 교신하면서 이동 사용자 주변 환경에 대한 각종 정보를 수집하여 전송하며, 이 양대 네트워크를 거쳐 cave까지 도달한 정보들은 취합되어 최종적으로 사용자 주변 환경을 모델링하게 된다. 그리고 이러한 정보는 cave 내부에 있는 디스플레이를 통해 사용자에게 보여지게 된다.

향후 가상현실 통신 서비스를 위해 등장하게 될 제품 및 서비스를 미리 예측해 보면 다음과 같다.

1. **가상현실 단말 센터**: 가상현실을 체험할 수 있는 일종의 '작은 방'과 같은 공간으로 그동안 연구되어 온 유사한 것이 Cave이다. 시각, 청각, 촉각의 차원에서 사용자가 가상현실을 인식할 수 있도록 한다.

2. **가상현실 통신 구현을 위한 네트워크 장비**: 가상현실 단말 센터를 네트워킹하는 장비로서 고속, 대용량의 데이터 통신이 가능해야 한다.
3. **가상현실 이동 서비스**: 상기 단말 센터 및 네트워크 장비와 연동되어 이동 중에도 3D 단말을 통해 상대방과 통신이 가능하고, 가상현실을 체험할 수 있어야 한다. 가상현실 네트워크 장비에 연결되며 대용량 데이터 처리 및 시각, 청각, 촉각의 차원에서 고객이 가상현실을 체험하도록 하는 3D actuator가 개발되어야 한다.

그리고 가상현실 네트워크 장비는 각지에 떨어져 있는 가상현실 단말 센터를 연결하고 기존 네트워크의 용량 및 속도를 확장하는 방식으로 구현이 가능하다.

먼저 가상현실 시스템 및 그 요소 기술에 대해 알아보고, 가상현실에 필요한 통신 기술과 현재까지 연구되고 있는 내용에 대해 소개하며, 가상현실 통신의 새로운 패러다임으로서의 가상현실 이동통신은 어떻게 되는지 그 시스템 구조와 동작원리를 살펴보기로 한다.

8.1.1 가상현실 시스템 및 그 요소 기술

가상현실이란 컴퓨터를 사용하여 인간의 오감에 의해 가상의 현실감을 느낄 수 있게 하는 기술이다. 그리고 가상현실에서는 영상과 음향 이외에도 촉감, 질감, 평형감, 냄새, 움직임 등의 정보가 사용되어 이용자에게 더욱 충분한 현실감을 제공하려고 한다[2]. 가상현실 시스템을 구현하는 데 필요한 기반 기술은 다음과 같다.

(1) Real-time interactive 3D graphics

가상현실을 구현하는데 가장 어려운 점이 사람이 눈으로 보는 것을 컴퓨터로 재구성하는 것인데, 사용자가 현실감을 느끼기 위해서 0.1초 이하의 반응 시간을 가지는 그래픽 렌더링이 필요하게 되고, 이것을 구현하기 위해 다음과 같은 방식들이 연구되고 있다.

- Multi resolution : 사람의 눈이 멀리 떨어진 물체의 특징에는 관심을 두지 않는다는 속성을 감안하여 가까운 경우와 멀리 떨어져 있는 경우 물체의 표현을 다르게 하는 방법이다.
- Texture Mapping : 물체를 다면체로 분해하여 표현하지 않고 하나의 판박이 그림으로 표현하는 방법이다. 사용자와 상호작용을 위해 근래에는 사용자와 물체 사이의 거리가 줄어들면, 물체 판박이 그림이 아닌 다면체로 처리하도록 한다.
- 이미지 렌더링(Image Rendering) : 빠른 속도의 렌더링을 위하여 사용자의 반응에 따라 미리 계산된 장면을 사용하여 새로운 중간 장면을 계산해 내는 방식이다[3].

(2) Immersive display

위에서 렌더링된 영상을 효과적으로 사용자가 인식하도록 하는 디스플레이인데, 대표적인 것이 그 동안 언론을 통해 흔히 봤던 것처럼 사용자가 헬멧을 쓰고 가상현실을 체험할 수 있는 헤드 마운트 디스플레이(Head Mounted Display)를 들 수 있다. 현재의 HMD는 사용자에게 영상을 제공하는 것뿐만 아니라 카메라를 장착하여 사용자가 보는 영상을 다른 사용자에게 전송하기도 하며, 이 영상을 가상현실 영상과 합성하여 제공하는 혼합 현실(Mixed Reality)로도 발전하고 있다. 그리고 Cave는 사용자가 몸에 어떤 것을 부착하는 것이 아니라 주변이 전부 디스플레이 스크린으로 구성된 방에서 가상현실을 사용하는 것이다. 두 사람 이상이 입체 영상을 볼 수 있지만 영상의 변화는 추적 장치를 사용하는 한 사람에게만 적용되며, 영상의 반응 속도는 느린 편이다. 앞으로 두 사람 이상이 원하는 영상을 볼 수 있고, 또 지연 속도 역시 줄이도록 화면의 표시 속도를 증가시키는 연구가 필요하다[3].

(3) 임장감 음향처리

이것은 사용자가 실제로 현장감을 느낄 수 있도록 해주는 음향효과를 의미한다. 여기서 중요한 것은, 사용자가 가상 음원의 위치를 느낄 수 있도록 하는 것, 그리고 공간적인 위치 정보뿐만 아니라, 공간이 주는 정보까지도 표현이 가능해야 한다. 이러한 효과를 위해 MPEG-4가 주목 받고 있는데, 합성 음향을 주변의 환경에 적응하도록 환경을 구성하는 네트워크를 전달하여 수신을 받은 사용자가 원하는 위치에 음원을 배치할 수 있도록 하며, 이러한 음원의 효과는 가상의 주변 환경에 영향을 받을 수 있게 하고 있다[3].

그밖에 촉감 및 평형감 처리, 후각 및 미각 처리, 생체 신호 처리, 그리고 동작 정보 처리 등이 있다.

8.1.2 가상현실 통신에 필요한 기술

가상현실에서의 통신은 이러한 가상세계에서 여러 가지 다양한 정보 매체를 사용하여 사용자가 가상세계 안의 오브젝트나 다른 사용자와 상호작용을 하는 것이라고 할 수 있다. 이것을 통해 현재 통신 시스템과 사람 간에 존재하는 제약 사항들을 극복해 갈 수 있는 것이다.

그렇다면 가상현실 통신 시스템은 오늘날 인간과 네트워크 인터페이스 간의 모든 제한을 제거하는 것을 목표로 한다고 할 수 있다. 예를 든다면 마치 당신이 눈앞에 있는 친구와 얘기하고 있는 것 같은 환경을 구현할 수 있다는 것이다. 이러한 시스템은 구두로 전달되는 메시지 이외의 것들도 네트워크 상에서 전달 가능하게 하고 현재의 인터넷, 전화의 수준을 초월하게 된다. 이것은 궁극적으로 통신 시스템의 향후 나아가야 할 길이라고 할 수 있다. 예를 들면 더욱 현장감 있는 가상현실 통신을 구현하기 위해 사용되는 정보들은 언어적 정보(verbal information), 비언어적 정보(non-verbal information), 그리고 감각에 관련된 정보로 구분될 수 있다. 이중 언어적 정보(verbal information)를 제외한 나머지 각각 분류된 정보의 특성 및 전달 방안은 다음과 같다.

➤ 비언어적 정보

비디오 통신이 이용된다. 기존의 시스템에서는 3D 아바타를 사용하여 가상 환경에서의 사용자를 표현하였지만, 이것을 통해 동작, 표현, 눈짓 등의 언어 외 정보들을 표시할 수는 없었다. 하지만 사용자의 이러한 정보들도 서로 공유될 수 있어야 한다[4].

➤ 감각 관련 정보

사용자의 감각 기관에 인지되는 감각 정보들도 잘 전달될 수 있어야 한다. [그림 8.3]은 미디어로 커버될 수 있는 부분과 이에 상응하는 통신 시스템이다. 현재까지 시각 차원의 구현하는 부분에 대한 연구 및 개발이 어느 정도 이루어져 왔다고 한다면 다음 단계는 촉각에 대한 부분이 되어야 한다.

그러나 이것은 추상적이어서 통신 시스템 상에서 구현하려면 실제 인간의 감각 정보와 시스템 상의 오브젝트 간 관계가 제대로, 그리고 가급적 모든 경우를 포괄할 수 있도록 다양하게 설정되어 있어야 한다. 그리고 어려운 점은, 상기 인간의 감각 정보와 시스템 상 오브젝트의 즉각적인 매칭 설정이다.

가상현실 통신에서 양방향 소통을 구현하려면 센서와 actuator로 구성된 다음과 같은 레퍼런스 모델이 있어야 한다[4].

먼저 전송단에서의 미디어-센서 인터페이스는 음성, 영상, 촉각 등의 미디어로부터 나오는 여러 정보에 대한 인터페이스를 정의한다. 감지된 정보는 센서에 의해 센서 시그널 인터페이스로 정의되며, 그중 규격에 포함될 수 있는 일부 정보들은 센서 시그널 프로세스(sensed signal process)에 의해 사용자-네트워크 인터페이스로 변환된다. 감지된 시그널 프로세서의 기능은 시그널 포맷 전환(signal format conversion), 압축 코딩, 몸동작 및 표정 표현 등을 위한 이미지 변환이다.

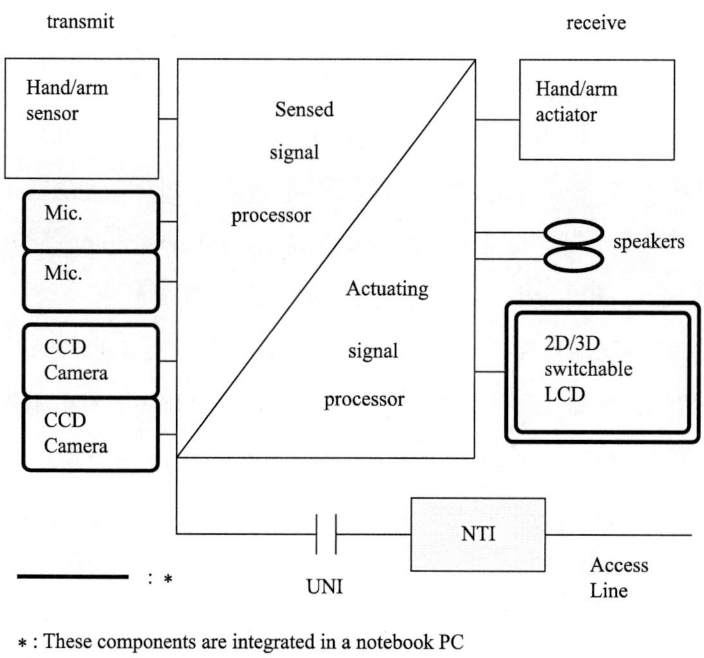

▌그림 8.3▌ 가상현실 통신을 위한 인터페이스 레퍼런스 모델

수신단에서 UNI는 actuating Signal 인터페이스로 변환된다. 그래서 최종적으로 사용되는 Actuator를 통해 청각, 시각, 촉각, 후각, 미각에 해당하는 형태로 송신단에서 보내온 여러 가지 미디어 정보들을 인식하게 된다. 사용되는 센서의 종류로 마이크, 3D 비디오 카메라, touch medium 등을 들 수 있다. 이중 touch medium은 3가지 구성 요소로 되어 있는데, 첫째는 키보드나 마우스에 의해 감지된 touch로 텍스트나 이미지를 만들어 내는 것이다. 둘째는 악수나 포옹 같은 휴먼 터치(human touch) 인터페이스인데, 데이터 glove나 신체 접촉 센서로 감지되는 것들이다. 세 번째는 온도 센서에 의해 감지되는 체온이다. 그밖에 후각 센서는 전자코 기술로 가능하고 미각 센서는 전자혀 기술로 구현이 가능하다.

Actuator도 여러 가지 기술로 구현된다. 스피커는 오디오 미디어의 주요 actuator가 된다. 그리고 HMD는 가상현실에서 등장한지 이미 오래다. 시각적인 미디어(Visual media)를 위해, LCD나 안경, 고글 등을 사용할 수 있지만 홀로그래피가 가장 각광받고 있다. 왜냐하면 공간에서 시스템이 컬러 이동 이미지를 구현할 수 있기 때문이다. 후각과 미각에 관련된 actuator는 아직 구현되어 있지 않지만, tele-cooking이나 tele-dining과 같은 가상현실 통신 서비스의 수요로 인해 개발이 가속화되고 있다.

그밖에 사용자-네트워크 인터페이스를 거쳐 여러 네트워크를 통해 센서-시그널(sensed-signal)을 보내기 전에, 몇 가지 프로세싱이 적용되어야 한다. 프리 프로세싱(Pre-processing) 코딩, A/D conversion, 압축, bit-rate adaptation 등이 사용자의 네트워크 인터페이스에 적용된다. 수신단에서는 역변환이 필요하다[4].

8.1.3 현재의 가상현실 통신 기술

현재 논의되고 있는 가상현실 통신 시스템에 대한 예를 살펴본다(지금부터는 가상현실 공간을 'space'라고 지칭한다). 먼저 소개할 시스템은 아래 [그림 8.4]와 같이 초고속 네트워크에서 임장감 있는 가상현실을 사용하는 multimodal 통신 시스템이다. 이것은 사용자에게 가상현실 체험할 수 있도록 해주는 대부분의 기능이 포함된 Client manager, 각 오브젝트들을 시스템의 term과 매칭시켜 주는 Knowledge manager, 그리고 멀티미디어 데이터를 제공하여 현장감을 높일 수 있는 Distributed Multimedia Database Server로 구성된다. 먼저 Client Manager는 사용자 인터페이스, Control Manager, Client Object Manager, Scent Manager, Menu Manager, Video Avatar Manager, Audio Manager, Client Space Manager로 구성된다. 구성도와 각 모듈의 기능은 다음과 같다[5].

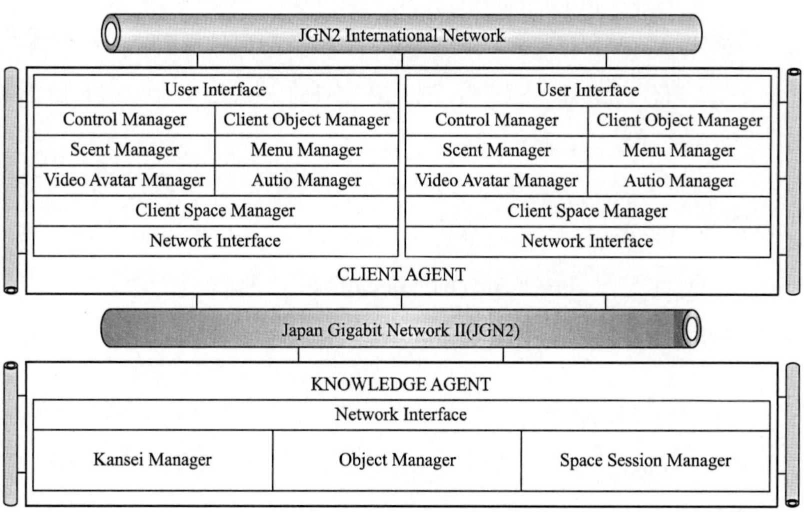

▌그림 8.4▐ 가상현실을 사용한 Multimodal 통신 시스템 구조

- 사용자 인터페이스: 가상현실 구현 요청을 받아들이고, 여러 가지 space를 제공한다.
- Control Manager: 사용자의 현재 좌표가 확인된 후 가상현실의 공간에 매칭시킨다. 게다가 오브젝트들의 변화와 오브젝트의 움직임에 대한 부분도 제어한다.
- Client Object Manager : 가상현실 공간에서 오브젝트가 정렬될 수 있도록 한다. 그리고 움직임 기능까지 오브젝트에 설정한다.
- Scent Manager : 자연물(나무, 꽃 등)과 인공물의 후각 정보가 관리된다.
- Menu Manager : 여러 기능들을 설정할 수 있는 3D 메뉴를 뜨게 한다. 그리고 해당 기능을 제어한다.
- Video Avatar Manager : 사용자가 가상현실 공간에서 아바타로 투영된다. 그리고 다른 사용자와의 대화도 관리한다.
- Audio Manager : 여러 환경의 소리와 오브젝트가 움직일 때 발생하는 소리를 제어한다.
- Client Space Manager : 각 사용자에게 업데이트된 정보 제공을 제어하고, 최신 정보를 제공한다. 그리고 상대방 사용자가 space와 동기를 맞출 수 있도록 해준다.

Knowledge Agent는 keyword manager, object manager, space session manager로 구성된다. Keyword manager는 space의 상태를 언급하는 용어인 keyword와 space 간의 관계를 설정한다.

- Object Manager : space object, fittings object, spectacle object, voice object 등이 저장되는 Multimedia database를 검색하도록 요청한다.

- Space Session Manager : 모든 space에서의 공유 정보들이 관리된다[5].

또한 다음과 같이 위의 시스템에서 더 고려되어야 할 사항들이 있다.

1. Space에서 비언어적 통신 정보를 감지하는 방법 : 실제 환경에서 존재하는 다양한 정보들을 어떤 방식으로 파악하여 전송하느냐에 대한 연구가 필요하다.
2. 시각, 청각, 후각 정보 등을 사용하는 인간의 감각에 영향을 주는 감각 정보의 테스트패턴을 만드는 일 : 더욱 실감나는 가상현실 구현을 위해 인간의 감각에 깊은 체험을 심어줄 수 있는 테스트 유형이 필요하다.
3. 감각 정보를 갖는 비언어적 통신 정보들을 발생시키는 Multimodal communication system이 설계되어야 한다. 다양한 Actuator에 대한 논의가 진행되고 있다.

또 다른 한 가지 모델은 개인 간 멀티미디어 통신을 위한 가상현실 통신 시스템으로서 인터페이스 레퍼런스 모델에 기반을 두었다. [표 1]과 같이 Electronic, hybrid, robotics 이상 3가지 구현 모델이 있다. 그런데 이들은 주로 actuator를 어떻게 구현할 것인가에 따라 다른 것이다. Actuator에 대한 분류는 어떻게 구현했느냐에 따라 electronics 혹은 robotics가 되는 것이다. 물론 두 가지 모두 적용될 경우에는 hybrid로 분류하게 된다. 가상현실 통신 시스템은 구현이 어렵지 않아야 하고 구성도 간단해야 한다. 그러기 위해 robotics보다는 electronics나 hybrid로 구현하는 것이 무난하다. 왜냐하면 robotics의 경우 주로 특정한 목적에 사용되기에 일정한 공간과 전력이 꼭 확보되어야 한다. 예를 들면 의료진의 원격 수술, 기술자의 원격 유지 보수, 개인용 컴퓨터의 A/S를 위한 전문가의 원격 지원 등이 Robotics를 필요로 하는 범주에 해당된다.

Hybrid 가상현실 통신 시스템과 Robotics 가상현실 시스템의 현재 고안은 다음과 같다[4].

[표 8.2] 가상현실 통신 시스템의 3가지 구현 모델

Implementation Models	Features
Electronics	Sensor: to be realized by electronics Actuator: to be realized by electronics
Hybrid	Sensor: to be realized by electronic(and mechatronics) Actuator: to be realized by electronics and partial body robotics(e.g. Handshake)
Robotics	Sensor: to be realized by electronics(and mechatronics) Actuator: to be realized by entire/partial human body robotics

(1) Hybrid 가상현실 통신 시스템

[표 2]에서 보듯이, Hybrid 가상현실 통신 시스템의 핵심 하드웨어는 3D 영상통화 기능을 갖춘 노트북 형태이며 청각 신호는 스테레오로 전달된다. 3D 카메라는 인간의 눈을 자극하는 센서로 2개의 CCD 비디오 카메라(charge-coupled device camera)를 사용한다. 이것은 디지털 카메라의 하나로, 전하 결합 소자(CCD)를 사용하여 영상을 전기 신호로 변환함으로써 디지털 데이터로 플래시 메모리 등의 기억 매체에 저장하는 장치이다. 화질이 우수하나 다만 전력 소모와 가격 면에서 불리하다. 3D 디스플레이는 입체 LCD를 사용하는데 이것은 image splitter를 사용하여 3D 영상을 구현하는 방식이다. 특별히 3D 전용 안경을 착용할 필요는 없다.

그리고 해당 입체 LCD는 각 block 기반으로 영상통화 시 3D 모드로, 텍스트나 그림의 경우 2D로 전환된다. 그리고 송신단에서는 Hand/Arm sensor가 있고 수신단에는 Hand/Arm actuator가 있어서 촉각 정보도 통신이 가능하게 구성되어 있다.

[표 8.3] Hybrid 가상현실 통신의 설계 개념

Items		Design concepts
Core hardware	terminal	Personal computer/Network Computer
Sensors		3D video camera, microphones, arm and hand motion sensor
Sensors processor	signal	Video signal format conversion, coder with compression, arm and hand motion data coding
Actuating processor	signal	Video signal format conversion, decoder with decompression, data decoding for robotic arm drive
Actuators		3D/2S switchable display, speakers, handshake robotics
Intended users		General public/business users

(2) Robotics 가상현실 통신 시스템

로보틱스(Robotics) 가상현실 통신 시스템은 위에서 설명한 hybrid 방식에 비해 더욱 실감나는 face-to-face 통신이 가능하다. [표 3]에 Robotics 가상현실 통신 시스템의 기본 요소들을 기술하였다.

[그림 8.5]에서는 시스템의 이미지가 어떤지 알 수 있다. 쌍방에 두 개의 로봇이 대화 상대의 아바타가 되어 사용자의 몸체, 얼굴, 표정, 몸짓 등을 거의 완벽하게 구현된다. 주요 sensor와 actuator가 robotics로 구현된 시스템은 이미지 스캐닝 정보를 전송할 필요가 없어 초고속 네트워크가 꼭

필요한 것은 아니다. 하지만 이러한 robotics를 구현하기 위해 최소한 사람의 팔, 손, 손가락 등이 robotics로 제대로 구현되어야 한다[4].

[표 8.4] Robotics 가상현실 통신의 설계 개념

Items	Design concepts
Core terminal hardware	Body robotics
Sensors	3D scanners, 3D video camera, microphones
Sensors signal processor	Coding for audio signal, image processing for captured entire body motion and facial expressions
Actuating signal processor	Decoding for audio signal, data decoding for entire body and face components drive
Actuators	Body robotics, speakers
Intended users	Business users

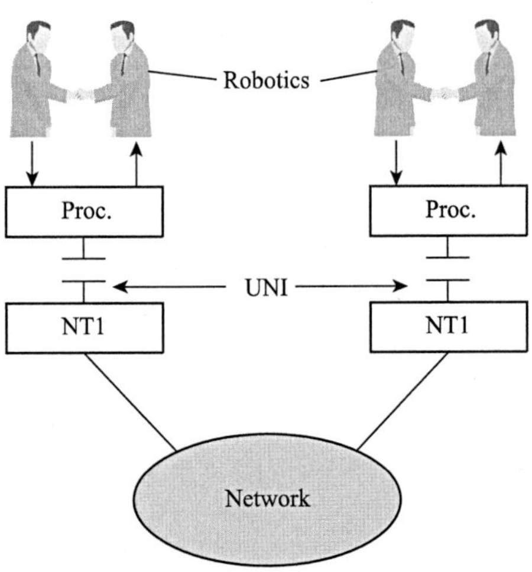

▌그림 8.5▌ Robotics 가상현실 통신

8.1.4 가상현실 기반 통신 시스템

그러면 이동 환경 하에서 유비쿼터스 네트워크를 적용한 가상현실 통신 시스템에 대해 어떤 식으로 구현될 수 있는지 살펴보기로 한다. 여기서는 앞에서 기술한 고정된 지점에서의 가상현실 통신이 아닌, 이동 환경에서의 가상현실 통신에 대한 방안을 보여준다. 즉, 한 명의 사용자가 이동 중이거나 장소를 옮긴 상태이고, 상대방은 고정된 지점에서 상호 통신을 하는 경우와 양자가 모두 이동 중일 때의 가상현실 통신 방안에 대해 생각해 본다(양자가 모두 고정된 지점에 있을 경우에는 둘 다 cave안에서 고도의 실제감을 지원하는 화상 회의 구현 정도면 충분히 가능할 것으로 보인다).

(1) 한 사용자만 이동 환경에 있을 경우

고정된 지점에 있는 상대방은 실감나는 가상현실 통신을 위해 cave에 들어가거나 아니면 HMD를 착용하도록 한다. 비록 cave 안에 앉아 있더라도 이동 사용자의 단말 및 주변 WPAN에 속한 유비쿼터스 센서 네트워크를 통해 이동 사용자와 같은 가상 환경에 들어 있으므로 cave에서는 3D 스크린으로 대화 상대와 대화 상대 주변의 환경까지 앞에서 언급한 electronics 방식으로 볼 수 있고, 소리의 발생 위치까지 알 수 있는 MPEG-4의 재생을 적용하며, 후각과 미각은 구현이 어렵지만, 촉각의 경우, cave 안의 사용자가 가상현실 체험용 장갑(이하 글로브라고 함)을 착용하여 상대방과 악수를 하거나, 아니면 상대방이 지시하는 사물을 직접 만지는 느낌을 체감할 수 있도록 한다. 서비스 예를 들면, 이동 사용자가 여행을 갈 경우, cave 안의 사용자는 원격지에 직접 동행한 것 같은 느낌을 받을 수 있고, 이동 사용자가 쇼핑 중일 경우, cave 안의 사용자는 동행하며 물건을 같이 골라줄 수 있다. 그리고 군용으로 사용할 경우, 경계 근무 인원이 이동 사용자일 경우, cave 안에서도 함께 임무를 수행할 수 있다.

그러나 이러한 정보를 이동 환경에 있는 사용자의 단말 하나만으로 모두 감지해서 데이터를 전송하기는 불가하고 네트워크의 부하도 상당히 증가하게 된다. 그래서 대안으로 유비쿼터스 센서 네트워크를 같이 활용하는 것이 고안되었다. 이동 환경에 있는 상대방은 자신의 모습이나 음성뿐만 아니라 주변 환경의 시각, 음성, 음향, 음원 위치 등의 모든 정보와 자신이 만지는 물체의 촉각 정보까지 모두 cave 안에 있는 상대방에게 전달해야 한다. 이동 환경 사용자가 갖고 있는 단말기로는 자신의 모습, 음성과 주변 환경의 시각 정보, 주변인의 음성 외에 다른 모든 정보를 감지하기는 어렵다. 그래서 다음과 같은 절차로 진행한다. 이동 사용자가 가상현실 통신을 시작하고자 할 경우, 먼저 이동 사용자 주변에 있는 센서 네트워크의 현황을 감지하고, 사용자 단말에서 감지하기 어려운 주변 환경의 시각, 음성, 음향, 음원위치 등의 정보를 해당 센서 네트워크에 요청하여 파악하도록 한다. 이런 정보들이 네트워크를 통해 cave에 전달되면, cave에서는 이동 사용자 주변의 환경을 모델링하게 된다. 물론 이러한 각 정보들이 실시간으로 매칭되려면 유비쿼터스 네트워크와 이동 사용자의 이동통신 네트워크의 시간동기가 정확히 맞아야 한다. 그렇지 않을 경우 이동 사용자의 정보가 모바일 네트워크와 유비쿼터스 네트워크 두 곳으로부터 전달되기 때문에 Cave앞 Packet merging agent에서 양자의 정보가 뒤틀어 질 수 있기 때문에 시간 동기를 맞추는 것이 필요하다. 그러기 위해 NTP 서버를 활용하여 망 동기를 맞춘다. NTP는 'Network Time Protocol'의 약자로 패킷 스위치망이나 variable-latency 데이터망에서 클럭 동기를 맞추기 위한 프로토콜이다. NTP는 clock source로부터 위계 구조를 가지고 있고, 각 level을 stratum이라고 한다. 제일 상위는 stratum이라고 한다. 하지만 stratum은 단지 기준 클럭으로부터의 거리를 의미하는 것이고, 클럭 품질이나 신뢰성의 등급을 의미하는 것은 아니다. 이러한 NTP를 사용하여

NTP 서버에서 제공하는 기준 클럭으로 망 동기를 맞출 수 있다.

그리고 촉각 정보의 경우, 이동 사용자가 글로브를 착용하게 하여, 글로브로 촉수할 경우, 해당 물체에 대한 정보들을 글로브 단말을 통해 cave로 송신하게 하여, cave 안의 사용자가 자신이 착용하고 있는 글로브로부터 이동 사용자가 만지는 촉감을 느낄 수 있도록 한다. 이렇게 물건을 만지고 느끼고 잡는 등의 행위를 통해 디지털 정보를 조작하게 하는 tangible interface는 이동 사용자의 실제 공간과 cave 안의 가상 공간 사이에 벽이 없게 하는 효과를 가져온다.

반대 방향 통신의 경우, 글로브 안의 사용자는 이동 사용자의 단말에 설치된 홀로그램 재생기를 통해 이동 사용자 앞에 투영되도록 한다. 마치 실세계와 가상 세계를 결합하여 실물과 가상 객체(상대방 사용자)가 공존하는 상황으로 만들어 양측 사용자 모두 해당 환경과 실시간으로 상호 작용할 수 있게 하는 혼합 현실(Mixed Reality)을 구현하는 것과 유사하다. 이를 구현하기 위해 이동 사용자가 소지한 모바일 기기(차세대 휴대폰이 될 수 있고, 몸에 착용 가능한 디바이스일 수도 있음)에 부착된 카메라의 위치를 인식하는 기술, 입력된 실세계 공간에 가상의 디지털 정보를 정합하고 표현하는 기술(여기서는 cave 안 사용자의 홀로그램을 의미), 이동 사용자가 자신의 눈앞에 나타난 cave 사용자의 홀로그램과 현실감 있게 상호 작용하는 기술이 필요하다.

단 이동 사용자에게는 cave 안 사용자의 영상 정보와 음성 정보, 그리고 간단한 움직임 정보만 인식할 수 있게 하면 된다(예를 들면, cave 안의 사용자가 cave 안에서 체험하는 이동 사용자 주변 환경을 체험하며 몸의 방향을 돌리거나 걷거나 팔을 움직이고 손가락으로 어느 지점을 가리키는 정도의 행동). 여기서 주의할 점은, 이동 사용자 앞에 투영된 cave 사용자의 홀로그램의 공간 정보가 cave 안에 투영된 이동 사용자 주변 환경의 공간 정보와 동기(sync)가 맞아야 한다는 것이다. 그러기 위해 홀로그램이 투영된 위치 정보와 cave 안에 있는 사용자 주변에 투영된 공간 속에서의 사용자 위치는 GPS로 동기를 맞추도록 한다. 그렇지 않을 경우 발생할 수 있는 문제점에 대한 예를 들면, cave 안의 사용자가 이동 사용자 주변 공간을 보면서 손가락으로 특정 지점을 가리킬 경우, 이동 사용자 앞에 나타난 상대방의 홀로그램에서 가리키는 지점이 불일치하게 되는 문제가 발생한다. 따라서 가상 물체와 실제 환경의 3차원 좌표가 정확히 일치되어야 한다. 이 부분은 영상 정합 기술을 활용하면 된다.

네트워크의 필요 용량을 줄이기 위해 cave 안에 주 대화 상대를 가급적 robotics로 구현하도록 한다. 어차피 cave 안에 있는 사용자의 대화 상대방은 정해져 있으므로 robotics로 구현된 상대방과 대화하며 주변 환경만 electronics로 구현하도록 한다. 하지만 cave 내 actuator 기술로 이미 구현되어 있는 electronics 방식으로 몰입 디스플레이를 적용하여 실감 있는 가상현실 통신을 할 수 있다.

(2) 양자가 모두 이동 중일 때 가상현실 통신 방안

Cave를 활용하는 side가 없으므로 실제감은 많이 떨어지게 된다. 다만 홀로그램으로 상대방의 모습과 음성 정보를 제공받게 되며, 본인은 홀로그램으로 상대방 이동통신 사용자 근처에 display된다. 경우에 따라 가상 cave가 홀로그램으로 투영되게 하여 cave 밖에서도 실제감을 느낄 수 있도록 한다. 하지만 이런 경우 대용량 네트워크가 지원되야 하고, 가상 cave를 구현하기 위한 홀로그램 단말의 기능도 지원되어야 한다.

유비쿼터스 센서 네트워크는 USN이라고도 하며 태그와 센서로부터 사물이나 환경 정보를 감지하거나 이를 저장, 가공, 통합해 상황 인식 정보와 지식콘텐츠를 만들어 활용하는 것이다. 결국 언제, 어디서나, 누구나 원하는 지식과 서비스를 제공하는 사회의 기반 인프라가 되는 셈이다. 일부 센서에는 소형 카메라가 달려 있어, 이동 사용자 주변의 환경을 모델링하는데 필요한 부가 정보를 제공할 수도 있다.

네트워크 구성도는 다음과 같다. 크게 모바일 네트워크와 Cave 네트워크로 구성된다. 모바일 네트워크에는 향후 LTE-Advanced 네트워크 등을 적용하도록 하고, 이와 별도로 유비쿼터스 센서 네트워크도 구성 요소에 포함된다. Cave 네트워크는 모바일 네트워크에서 전송된 정보들을 PDN을 통하여 data merging entity에서 모든 정보를 통합한 후, Cave로 제공하도록 한다.

먼저 이동 사용자에서 cave 사용자로 전달되는 정보의 경우, 이동 사용자는 기본적으로 휴대폰이나 몸에 착용하는 단말 디바이스를 사용하는데, 이 때 단말을 통해서는 앞에서 언급한대로 자신의 모습과 음성, 단말의 카메라로 catch되는 주변 환경의 시각 정보와 잡음 정도만 이동통신 네트워크를 통해 전송한다. LTE 네트워크를 사용하도록 하지만, 기존의 HSPA나 WiMAX 등 현재 가용한 이동통신 네트워크를 활용하여도 구현이 가능하

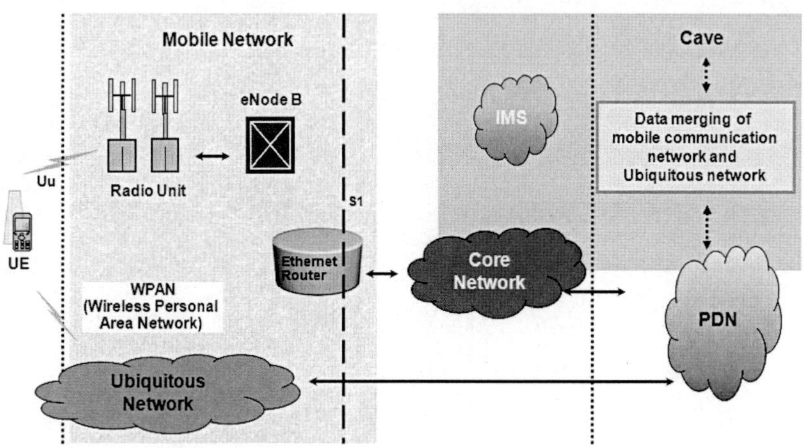

▌그림 8.6▐ 가상현실 이동통신 네트워크 구성도

다. 그리고 유비쿼터스 네트워크는 이동 사용자의 단말과 WPAN(Wireless Personal Area Network)으로 교신하면서 이동 사용자 주변 환경에 대한 각종 정보를 수집하게 된다. (주변 시각 정보 및 소리의 발생 위치) 그런데 이 양대 네트워크는 NTP를 이용하여 시간 동기(time synchronization)가 이루어지도록 하고, GPS를 통해 3차원 영상 좌표에 대한 기준이 서로 맞도록 한다. 그리고 All-IP 네트워크이므로 유비쿼터스 네트워크나 단말, Cave 모두 IP로 라우팅된다.

이 양대 네트워크를 거쳐 cave까지 도달한 정보들은 통합되어 최종적으로 사용자 주변 환경을 모델링하게 된다. 그리고 이러한 정보는 cave 내부에 있는 디스플레이를 통해 사용자에게 보여지게 된다.

Cave 사용자에서 이동 사용자로 가는 정보의 경우, 유비쿼터스 네트워크는 사용하지 않고 오직 LTE 네트워크만 사용하도록 한다. 사용자가 cave 안에 서 있는 위치가 cave 안에서 보여 주는 환경과 정합되어 3차원 좌표를 인식한 후, 이동 사용자에게 영상, 음성, 몸짓 정보 등과 함께 보내게 된다.

네트워크 신호 흐름도와 각 단계별 설명은 다음과 같다.

1. 단말이 모바일 네트워크에 attach request를 한다.
2. 모바일 네트워크는 주변의 센서 네트워크가 무엇이 있는지 WPAN을 통해 pilot 신호를 보내 체크한다.
3. WPAN을 통해 해당 센서 네트워크는 사용자 주변에서 운영이 가능함을 알려준다.
4. 모바일 네트워크, 센서 네트워크, Packet merging 네트워크 간 시간 동기를 NTP 서버를 통해 맞추어 준다.
5. Time Sync에 대한 acknowledge를 보내준다.

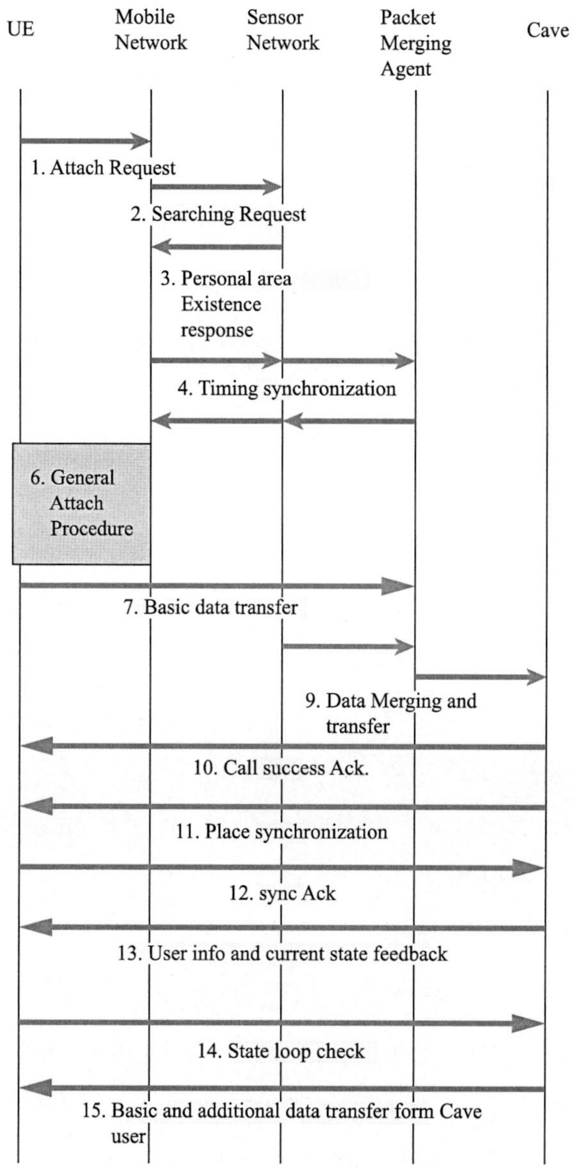

그림 8.7 가상현실 이동통신 네트워크 신호 흐름도

6. 단말과 모바일 네트워크 간에 기본적인 호처리 과정이 진행된다.
7. 단말에서는 Cave 앞단에 있는 Packet merging Agent에 기본적인 자신의 영상, 음성, 단말의 카메라로 감지되는 주변 환경의 시각 정보와 잡음 정도만 전달한다.
8. 유비쿼터스 센서 네트워크에서 감지한 주변 상세 정보들은 바로 Packet Merging Agent로 전달된다.
9. Packet Merging Agent에서는 모바일 네트워크 및 유비쿼터스 센서 네트워크의 정보를 취합하여 Cave에 전달할 가상현실 데이터를 통합해 준다.
10. Cave에 데이터가 제대로 전달되면 success ack를 단말로 보낸다.
11. Cave에서 단말 측으로 데이터를 보내게 되면, GPS에 기반한 3D 좌표가 단말과 Cave가 계속 일치할 수 있도록 동기화를 실시한다.
12. 단말에서는 Cave로 Ack를 보내준다.
13. Cave에서는 사용자 정보와 현재 가상현실 상태 피드백을 단말로 보내 sync를 계속 맞출 수 있도록 한다.
14. 13번의 목적이 계속 달성될 수 있도록, 단말과 Cave간 looping이 계속 이루어지도록 한다.
15. Cave 사용자의 데이터는 모바일 네트워크만을 통해 단말 사용자에게 전달될 수 있도록 한다.

이상으로 가상현실 시스템 및 그 요소 기술에 대해 알아보고, 가상현실에 필요한 통신 기술과 현재까지 연구되고 있는 내용에 대해 살펴보며, 가상현실 이동통신은 어떻게 구성될지에 대한 예를 시스템 구조 및 동작 원리까지 포함하여 살펴보았다. 5G 이동통신 시대에 가상현실 네트워크, 가상현실 단말 센터, 가상현실 이동통신 네트워크를 개발하게 된다면 사회 및 시장의 경향에 부합한 서비스가 계속 나올 것이다.

8.2 IoT의 세계

사물 인터넷이란 생활 속 모든 사물을 유선 또는 무선 네트워크로 연결해 상호 정보를 공유하는 환경을 말한다. 즉, 핸드폰, 스마트 TV, 냉장고, 보일러, 자동차 등 모든 것이 연결되어 각 사물의 정보를 주고받게 된다. 마치 영화 속 미래의 자동화된 세상을 가능케 하는 기술이다. 온 세상이 인공지능화되어 스스로 알아서 판단하고 문제를 해결하고 인간의 삶을 보다 더 편리하게 해주는 기술이라고도 할 수 있다. IoT는 이미 현대사회에 적용되어 사용되고 있다. 그리고 앞으로는 점점 더 확대될 전망이다. 그리고 여기서 만들어지는 빅데이터는 개개인이 생산하는 모든 정보를 말하며 IoT를 통해서 만들어지지만 또한 IoT가 실현되기 위해 빠질 수 없는 기초 데이터 역할을 한다.

IoT에 대해 글로벌 표준 기관에서 정의한 EU FP7 CASAGRAS에 따르면 IoT는 데이터 수집 및 통신을 통해 물리적인 물체와 가상 오브젝트를 연결하는 네트워크 인프라스트럭처로 정의하였다. 그리고 ITU-T Y.2060에 따르면 IoT는 상호 호환되는 정보 및 통신 기술에 기반하여 물리적인 물체와 가상의 오브젝트를 연결시킴으로써 진화된 기술을 가능케 하는 정보화 사회를 위한 글로벌 인프라스트럭처로 정의된다.

IoT가 나오게 된 배경을 정리하면 다음과 같다.

1. **이동통신 네트워크 환경의 고속화 및 비용 절감, 많은 스마트 디바이스의 보급** : 이동통신 네트워크의 용량이 증대되어 많은 디바이스들을 수용할 수 있게 되었고, 다양한 스마트 디바이스들이 나오게 되어 새로운 서비스가 가능케 되었다.
2. **센서의 다양화와 소형화** : 센서들의 종류가 늘어나고, 그 크기도 소형

화되어 사용할 수 있는 폭이 넓어지게 되었다.

3. 분석 소프트웨어 기술의 진보 : 센서 네트워크를 통해 수집되는 많은 정보들을 해석하는 기술이 발달하게 되어 데이터 분석을 통한 새로운 가치 창출이 향상되었다.
4. 클라우드 컴퓨팅의 보급 : 이러한 데이터들을 클라우드 컴퓨팅을 통해 더욱 효율적으로 수용하고 분석할 수 있게 되었다.

그러면 여기서 IoT와 빅데이터의 상호 관계를 살펴볼 필요가 있다. 이 둘은 매우 밀접하게 연결된다. IoT는 '현실 세계를 데이터화'하는 역할을 한다. 센서, 스마트 디바이스 등을 통해 데이터를 수집하여 플랫폼으로 전송하면 이렇게 모인 데이터들은 빅데이터 영역에서 현실 세계를 가시화하고 분석하게 된다. 이러한 데이터는 많은 부분이 비구조화(텍스트, 이미지, 동영상 등) 데이터에 해당한다. 그래서 비즈니스 차원에서 가치를 창출하고, IoT 영역으로는 기기를 제어하며 IoT 기기가 더욱 진화된 형태로 운영되거나 업그레이드될 수 있도록 지원하게 된다. 이렇듯 IoT와 빅데이터를 통해 사물이 지금까지 없던 광범위/고밀도로 연결되어 새로운 가치를 창출하게 되는 것이다.

그러면 이러한 IoT 서비스를 지원하는 IoT 전용망에 대해 알아보자. 전용망은 사물 인터넷 기기들을 인터넷에 연결해주는 인프라인데, 크게 NB-IoT와 LoRa를 들 수 있다. 먼저 LoRa에 대해 살펴본다.

'로라'는 IoT 서비스에 최적화된 통신 기술인데 기존 이동통신 기지국의 통신 반경이 2~3 km인 반면 로라 기지국은 10 km에 달해 더 먼 거리까지 서비스할 수 있다. 또 LoRa에 연동되는 IoT 기기는 위치 추적이나 가스 밸브 잠금 등 주로 단순한 기능만 하기 때문에 전력 소비가 덜해 수 년 동안 배터리를 교체하지 않아도 된다. 이런 장점 덕분에 로라망을 구축하는 나라가 빠르게 늘고 있다. 2015년 3월 31개 회원사로 출범한 로라 국제 연합체에는 현재 전 세계 통신·통신장비·IT 업체 400여개가 참여하고 있다. 국내에서는 SK텔레콤이 지난 2016년 6월 최초로 로라 전국망을 구축했다.

[표 8.5] NB-IoT와 LoRa 비교

LoRA	NB-IoT
LoRa Alliance	3GPP
Unlicensed spectrum	Licensed frequency bands
Lower cost per device (but gateway needed)	Higher cost per device (but no gateway needed)
Longer battery life	Shorter battery life
High latency/less frequent data transfer	Low latency/more frequent data transfer
7 to 10 mile range	11 to 13 mile range
Better rural/remote performance	Better urban/dense performance
Lower data rates	Higher data rates(10× LoRa's rates)

(출처 : Blue Signal – http://www.bluesignal.com/2017/07/13/ nb-iot-vs-lora-its-an-ecosystem-not-a-race)

*그 뒤 2017년에는 KT와 LG유플러스가 공동으로 'NB(NarrowBand·협대역)-IoT'라는 기술로 IoT 전용망을 구축하였다. 로라와 NB-IoT는 둘 다 저전력 장거리 무선통신 기술이다. 아주 작은 데이터만 주고받아도 충분하고, 온도 측정, 습도 측정, 위치 파악 등 1~2개 기술에 특화돼 있어 전력이 많이 필요 없다. IoT 기기는 배터리 하나만으로도 최대 10년 동안 사용할 수 있다.

로라가 먼저 IoT 전용망으로 주목받는 이유는 저렴한 비용이라는 장점

덕분이다. 반면 NB-IoT는 LTE 기반 기술인데 별도로 기지국을 설치할 필요 없이 LTE 기지국에서 소프트웨어 업데이트만으로도 서비스를 할 수 있다. 최대 다운로드 속도는 초당 150킬로비트(Kbps)로 로라(10kbps)보다 빠르다. 또한 면허 대역 주파수를 사용하는 LTE 기반이기에 음영지역 없이 전국 대부분 지역에서 서비스가 가능하다

IoT는 실생활에 밀접하게 연관되어 있기에 재미있는 분야이기도 하다. 다양한 IoT의 사례들이 있는데 예를 들어 보면, 유명한 칫솔 브랜드 오랄비는 스마트 칫솔 '지니어스(GENIUS)'를 선보였다. 치아를 닦으면서 스마트폰을 통해 어느 부분이 제대로 닦이지 않았는지 등을 확인할 수 있다. 구석구석까지 더 정확하고 쉽게 골고루 양치할 수 있도록 돕는 것이다. 사용자는 치아에 가해진 압력과 칫솔질 소요 시간 등 구강 내 각 위치의 세정 상태에 대한 정보를 즉각적으로 받을 수 있다.

아울러 국내 통신사업자들이 제공하는 IoT 서비스들로는, 실내 운동용 자전거를 연결시킨 서비스로서 화면 속에 오르막 경사가 나타나면 바이크 페달에 부하가 반영돼 실제 야외에서 자전거를 타는 것 같은 효과를 내도록 한 것이 있다. 이를 통해 운동을 하는 동안 칼로리 소모량과 이동 거리 등 자신의 운동량을 실시간으로 확인하는 것도 가능하다.

그리고 보일러, 제습기, 에어컨, 도어록, 김치냉장고, 공기청정기, 밥솥 등을 기반으로 한 다양한 서비스가 있고, 도어록, 가스 밸브 조절기, 열림 감지 센서, 에너지 미터 등도 가정용 IoT 서비스에 포함되기도 한다. 굳이 스마트폰을 통하지 않고도 '불 꺼' '가스 잠가' '문 열어' 등 말만 하면 기기가 작동하는 음성 명령 기능도 가능하다.

이렇듯 편리하고 다양한 IoT 서비스들이 우리의 일상생활에 다가오게 될 것이다.

8.3 빅데이터와 머신러닝

현재 정보의 홍수 속에서 데이터가 넘쳐난다. 그러한 데이터를 보면 가치 있는 것들도 있지만, 그렇지 않은 것들도 생각보다 많다. 넘치는 데이터 중에서 가치 있는 정보를 바르게 찾아내어 의사를 결정하는 것은 매우 중요하다고 할 수 있다. 다음 그림을 보면 세계 2차대전 때 적진에서 임무를 마치고 돌아온 군용기가 나와 있다. 그런데 빨간 점으로 표기된 부분은 이 군용기가 적의 대공사격을 받아 생긴 탄흔이다. 당시 미군은 적진으로 임무를 갔다가 돌아오는 조종사의 생환율을 높이기 위한 방법을 고심했었는데, 아래 그림과 같은 데이터를 보고 적의 공격이 집중되는 빨간점으로 표기된 탄흔 부분을 보강하여 이 부위에 철갑을 입히는 방안을 고려했다고 한다. 하지만, 아브라함 왈드(Abraham Wald)라는 통계학자가 다른 의견을 내 놓았는데, 실제로 위의 빨간 점으로 표기된 부분은 군용기에 그다지 치명적이지 않은 포인트 이므로 이 부분에 공격을 받은 군용기는 무사히 돌아올 수 있었고, 오히려 빨간 점으로 표기 되지 않은 부분에 공격을 받은

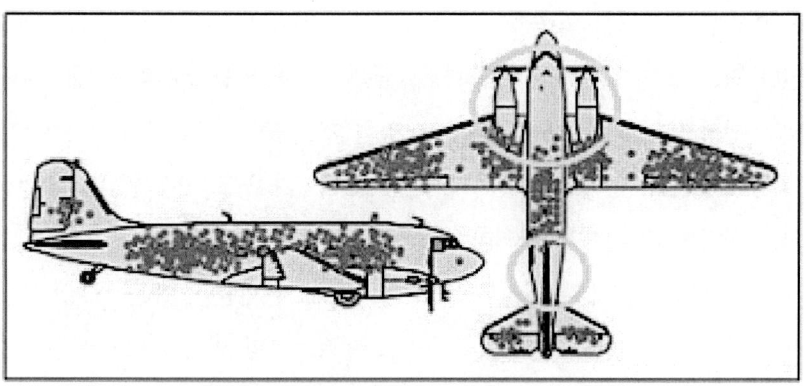

| 그림 8.8 | 2차 세계대전 당시 군용기의 피탄 위치(Cameron Moll 자료)

군용기는 적진에서 추락했을 것이기 때문에 철갑은 빨간 점으로 표기되지 않은 부분에 입혀야 한다는 것이었다. 이렇듯 당연한 얘기지만 데이터를 제대로 보고 제대로 해석하는 것이 매우 중요하다고 할 수 있다. 그렇지 않을 경우 엉뚱한 결과가 나올 수 있기 때문이다.

그럼 빅데이터란 무엇일까? 검색해 보면 상당히 많은 다양한 정의가 나오는데, 한 마디로 말하면 데이터를 이용하여 예측 모델을 만들고 이를 통해 의사 결정을 해나가는 과정이라고 할 수 있다. IDC는 빅데이터 기술을 '아주 빠른 속도의 포착, 발견, 분석을 통해 다양한 수많은 데이터에서 경제적으로 가치를 추출할 수 있는 새로운 세대의 기술과 아키텍처'로 정의한다.

* 빅데이터는 데이터를 수집·관리하는 IT 기술에서 시작한다. 실시간으로 들어오는 방대한 데이터를 효율적으로 모으고 관리하는 것이다. 다음으로는 '데이터 분석' 기존 통계와 같은 방식과 컴퓨터 공학에서 기계 학습법과 같은 데이터 마이닝을 통해 새로운 인사이트를 찾는 게 목적이다. '지식 발견(knowledge discovery)' 단계로 부른다. 그 다음은 '의사 결정 단계'다. 방대한 데이터를 바탕으로 수학적 알고리즘을 통해 최적의 의사 결정을 내리는 기술이다

빅데이터 시대에는 정보통신의 주도권이 데이터로 넘어가게 된다. 그리고 이러한 데이터를 이용하여 정보를 수집, 발굴, 분석하는 개념으로 확대된다. 또한 스마트폰, SNS 활성화, 사물인터넷 확산 등으로 많은 데이터가 새로 생성된다. 앞에서 보았던 4차 산업혁명의 공장은 데이터 센터가 되고, 이 데이터 센터 안에서 애플리케이션과 데이터가 서로 선순환하면서 급속히 진화하게 된다는 것을 의미한다.

빅데이터는 웹 내부와 외부 등 모든 장소에 존재한다. 예를 들어, 소셜 미디어는 지속적인 업데이트, 좋아요, 코멘트로부터 빅데이터를 생성한다. 비즈니스 시스템도 빅데이터를 생성한다. 구매, 의료 기록 업데이트 등 각

종 트랜잭션에서 빅데이터가 만들어진다. 사물인터넷(IoT)은 센서나 머신이 생성한 데이터에 해당한다. 이중에는 고객 판매 기록, 마케팅 조사 결과와 같은 구조화 데이터로서 쉽게 처리할 수 있는 형식으로 저장될 수 있지만, 수많은 IoT 데이터, 비디오, 음성 녹음, 문서, 이메일처럼 쉽게 액세스할 수 있는 형식이 아닌 비구조화 데이터도 존재하며 그 비중이 더 크다고 할 수 있다.

빅데이터의 5대 요소는 다음과 같다.

1. Variety(다양성) : 형태의 다양성, 소스의 다양성을 의미한다. 현재 약 80%의 데이터는 비정형 데이터이라고 할 수 있다. 그리고 여러 소스에서 나온 데이터이어야 한다.

   다양한 빅데이터를 이용하려는 기업의 입장에서 보면 외부에 있는 무수히 많은 데이터 중 정말 필요한 데이터가 무엇인지 규명하고 어디에서 구할 수 있는지 찾게 된다.
2. Veracity(정확성): 질 높은 데이터 활용으로 정확도를 높일 수 있다. 빅데이터 프로젝트 추진 시 수집된 데이터 중에서 실제로 충실한 데이터가 많지 않음을 발견하게 되는 경우도 있는데 이런 경우는 빅데이터라고 할 수가 없는 것이다.
3. Volume(방대한 크기) : 국제적으로 합의된 것은 아니지만 IDC에 따르면 대략 100 TB 이상으로 보고 있다. 그러나 진정한 의미의 빅데이터는 동시대의 서버 용량으로는 처리가 불가능한 크기의 데이터를 의미하기도 한다. 그리고 빅데이터 분야는 연간 40%로 증가 추세에 있으며 2020년 예상 데이터양은 약 44 ZB로 예측되고 있다.
4. Velocity(실시간 속도) : 최근 모바일 기기가 생성하는 데이터의 급증으로 인해 데이터의 실시간 유입 속도가 증가하고 있다. 실시간 데이

터가 아니라면 시기를 놓쳐 적시에 가치를 창출할 수 없기 때문에 속도가 매우 중요하다. 참고로 IDC에 따르면 빅데이터의 속도로 통상 60 GBps 이상으로 정의하고 있다.

5. Variability(변동성): 빅데이터는 형태와 의미가 계속 변화하는 특징을 가지고 있다.

위와 같은 빅데이터의 특성을 고려하여 처리하기 위해 몇 가지 문제가 해결되어야 하는데, 그중 비중이 큰 문제는 바로 디스크 I/O 성능(throughput)이다. 메모리 용량을 크게 상회하는 데이터를 다룰 때는 디스크 I/O가 직접적으로 영향을 받게 된다. 그런데 기업에 축적되는 텍스트, 이미지, 동영상과 같은 비정형 데이터의 비중이 계속 증가할 것으로 예상되는데 기존 DB 시스템으로는 이러한 비정형 데이터 분석이 어렵고 이를 타개하기 위한 혁신적인 솔루션이 필요하게 되었다. 그래서 하둡과 같은 빅데이터 처리 솔루션이 나와 빈번하게 쓰이게 되었다. 하둡이라는 용어는 더그 커팅이라는 개발자가 자신의 아들이 가지고 놀던 코끼리 인형의 이름을 따서 하둡을 주창하게 된다(참고로 코끼리 인형 이름을 사용한 것에 특별한 의미는 없다고 한다).

하둡은 대량의 데이터를 처리하기 위한 병렬 분산 처리 소프트웨어이다. 여기서 병렬 분산 처리는 하나의 처리를 복수의 서버로 동시 처리하는 것을 말한다. 마치 앞의 장에서 언급한 OFDM에서 반사파를 해결하기 위해 송신단이 하나의 고속 전송을 여러 개의 저속 전송으로 바꾸고 수신단은 이러한 여러 개의 저속 전송을 다시 하나의 고속 전송으로 복원하는 것에 비유해 볼 수 있다.

하둡에서는 10대에서 4000대에 해당하는 서버를 하나의 클러스터로 구성하여 대용량 데이터를 저장하고 처리한다. 즉 가상화의 하이퍼바이저 기술은 한 대의 서버를 파티셔닝하여 여러 개의 서버로 만들어 주지만, 반대로 하둡은 여러 개의 서버를 묶어서 하나의 클러스터로 구성하고 대용량 데이터를 저장하고 처리하게 된다. 그리고 하둡은 크게 두 가지 구성 요소로 이루어져 있는데 하나는 대용량 데이터를 복수의 서버에 저장하는 구조의 분산 파일 시스템(HOFS)이고, 또 하나는 병렬 분산 처리를 실현하는 프레임워크(YARN)이다. 이 두 가지가 연계되어 높은 처리속도를 구현하게 된다.

그럼 5G 이동통신 네트워크가 빅데이터를 어떻게 지원하게 될까? 아래 그림의 좌측 하단부와 같이 5G 이동통신 인프라가 수용하는 수많은 IoT/IoE 디바이스들이 생성하는 데이터가 수집되어 빅데이터 분석이 이루어지고, 이를 통해 상황 인식 기반의 서비스가 가입자에게 제공될 수 있다. 이렇듯 물건을 고르는 고객의 속마음부터 대중의 소비 패턴까지 시시각각 변화하는 현상을 읽고 예측하는 것이 가능해 진다. 또한 기후와 농산물 시장에 대한 빅데이터 분석이 어떤 작물을 심고 어떻게 관리해 출하할 것인지 결정하는데 도움을 주기도 한다.

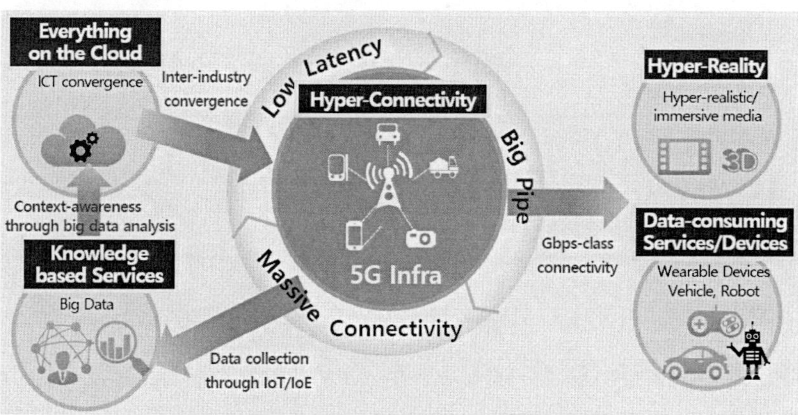

| 그림 8.9 | ICT Megatrend(5G 포럼, 융합서비스분과위원회)

이어서 머신러닝과 인공지능에 대해 잠시 살펴보기로 한다. 머신러닝에 들어가기 앞서 먼저 AI의 출발점이 무엇인지 생각해 볼 필요가 있다. AI의 출발점은 바로 슈퍼컴퓨터와 '인간의 지능 모방'이라고 할 수 있다. AI 프로그램은 단순히 연산만 하지 않는다. 프로그래머가 더 많은 데이터를 공급하면, 이를 학습해 적용해야 할 규칙을 파악한다.

이런 규칙을 만드는 프로세스를 머신러닝(Machine Learning)이라고 한다. AI 프로그램은 계속 바뀌고, 지속적으로 증가하는 빅데이터에 대응하기 위해 스스로 학습을 하는 방식으로 사람의 지능을 모방한다. 즉 앞으로 컴퓨터를 프로그래밍하기 보다는 훈련시켜 스스로 학습하는 방향으로 간다는 것이다.

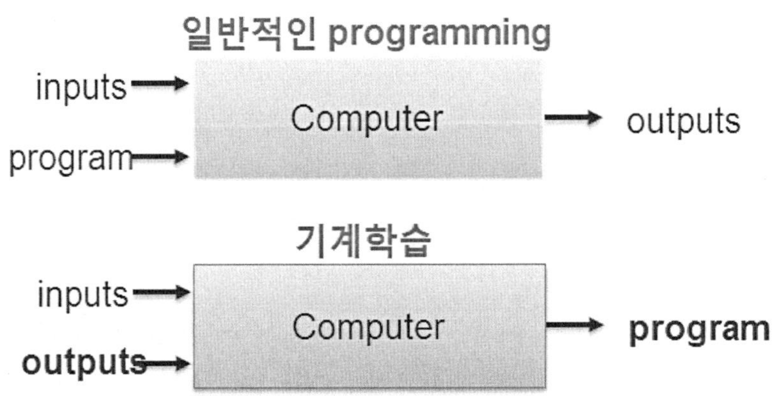

| 그림 8.10 | 일반적인 프로그래밍과 머신러닝의 차이

그럼 AI는 무엇인가? 인공 지능(AI)은 기계가 나타내는 지능을 의미한다. 즉 환경을 인식하고 원하는 목표 달성의 기회를 극대화하는 유연하고 합리적인 개체라고 할 수 있다.

인공지능의 역사를 살펴보면, 이미 1920년대부터 인공두뇌학에 대한 연구가 시작되었는데, 1956년 미국 다트머스의 한 학회에서 존 매카시가 인공지능이라는 용어를 사용하면서 시작되었다고 할 수 있다. 그리고 많은 연구가 있어왔는데 최근 몇 개년 간 서서히 빛을 보게 된 것은 아무래도 알고리즘의 진화, 데이터의 폭증, 그리고 전자부품 및 서버장비의 비약적인 발전 이 세 가지가 충족되었기 때문이다. 특히 사람이건 인공지능이건 경험을 많이 할수록 판단할 수 있는 연결고리가 많아지는 것처럼, 인공지능은 데이터가 많을수록 똑똑해지는 특징이 있다.

이러한 의미에서 5G 이동통신 네트워크는 AI의 발전에도 기여를 하게 될 것이다.* 그동안 클라우드와 빅데이터가 데이터 분석의 진화를 이루었다면, 저렴해진 수많은 센서들이 들어가는 5G 이동통신이 보급되면서 언제 어디서나 모바일 기기로 기계 간 통신(Machine to Machine)이 가능해져 사람이 필요한 정보를 손쉽게 찾을 수 있고, 역으로 모바일 기기를 통해 데이터가 실시간으로 수집되어 빅데이터 생성이 더욱 활성화된다. 그리고 이로 인해 머신러닝이 더욱 발전하고 인공지능이 진화할 수 있는 선순환을 그리게 되는 것이다.

5G 이동통신 네트워크가 도입되면서 AI와 빅데이터가 연관된 다양한 산업에 더 큰 파급 효과가 있을 것이다. 5G 이동통신 네트워크가 사람과 사물 및 사회에 대한 데이터를 수집하는데 더욱 중요한 역할을 할 것이다. 이렇게 수집된 데이터들이 클라우드 상에 모이게 되고 AI가 이로부터 비즈니스적인 가치를 창출하게 될 것이다.

참고로 아래 그림을 보면 인공지능, 머신러닝, 딥러닝의 관계를 볼 수 있다. 머신러닝은 위에서 설명한 바와 같이 과거의 데이터로부터 임의의 함수를 도출하는 것이 목표이다. 즉 기계가 자동으로, 대규모 데이터에서, 중요한 패턴과 규칙을 학습하고 의사결정 및 예측을 수행하는 기술이다. 머신러닝은 10~15계층(Layer) 수준인데, 학습방법으로는 지도학습(Supervised Learning), 비지도학습(Unsupervised Learning), 그리고 강화학습(Reinforcement Learning) 등이 있다. 지도학습은 정답(레이블)이 이미 있는 데이터로 학습하는 것이고 분류(Classification), 회귀(Regression) 등이 있다. 비지도학습은 레이블을 고려하지 않고, 데이터에 내재된 패턴, 특성 및 구조를 학습을 통해 발견하는 것이다. 군집화(Classification), 차원축소(Dimension reduction) 등이 있다. 강화학습은 시스템의 동작이 적절성에 대한 피드백에 따라 이루어지는 학습이다. 즉 소프트웨어 에이전트가 환경 내에서 보상이 최대화되는 일련의 행동을 수행하도록 하는 학습방법이며, 행동 선택(action selection), Planning, Policy Learning 등이 있다.

그럼 딥러닝은 무엇인가? 딥러닝은 deep neural network를 통해 학습하는 것을 의미하는데, 여러 비선형 변환 기법의 조합을 통해 높은 수준의 추상화를 시도하는 머신러닝 알고리즘의 집합이다. 현재 머신러닝에 비해 더 많은 152계층(Layer)까지 나온 상태이다. 다른 방법론들까지도 받아들여 적용할 수 있는 유연성이 있으며, 성능개선에 도움이 되는 새로운 아이디어가 있을 때 그 아이디어를 신경망 계층의 형태로 구현할 수 있다면 딥러닝 틀 속에서 통합이 가능하다.

아래 그림에서 보듯이, 딥러닝은 머신러닝의 한 부분이지만, CNN(Convolutional Neural Network)과 같이 feature Extraction(특징 추출)을 뉴럴 네트워크가 스스로 학습한다는 차이점이 있다.

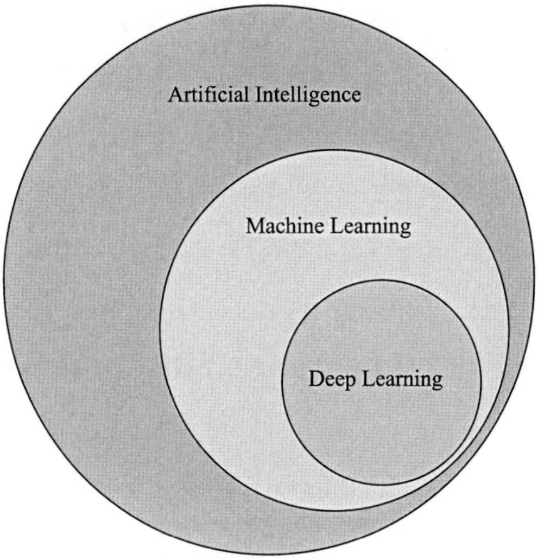

▌그림 8.11▐ 인공지능, 머신러닝, 딥러닝의 관계

8.4 5G 이동통신에 연결된 자율주행차

자율주행차 하면 친숙하게 떠오르는 것이 1980년대 TV에서 방영되었던 '전격Z작전'의 '키트'라는 자동차이다. 이 키트에는 인공지능이 탑재되어 있어 운전자의 음성을 인식하고 대화하며 직접 소통하는 것은 물론 운전자 없이도 스스로 주행까지 하는 획기적인 차였다. 키트의 주인공인 '마이클'(데이비드 핫셀호프 분)이 스마트 워치 비슷한 디바이스로 "키트, 도와줘!" 하고 교신을 하면 키트가 주인공이 있는 위험한 지점으로 자율주행으로 달려오던 장면이 떠오른다. 다만 키트는 이동통신 네트워크와 연결된 커넥티드카는 아니었다는 게 현재 등장하는 자율주행차와 다른 차이점 중 하나인 것이다.

*자율주행차는 자율주행 시스템을 탑재한 차량이다. 자동차 및 인프라(도로와 ICT 등)의 모든 요소를 유기적으로 연결하여 자동차 스스로 주변 환경을 인식함으로써 위험을 판단하고 주행 경로를 계획하는 등 운전자의 주행 조작을 최소화하며 스스로 안전 주행이 가능한 자동차이다.

*또한 차량이 도로의 정보를 수집해 분석하고, 운전대와 브레이크, 가속 페달을 제어해 스스로 목적지를 찾아가는 자동차를 말한다. 자율주행차는 고성능 GPS와 3D 지도를 이용해 차량의 정확한 위치를 찾아내고, 레이저 스캐너와 레이더, 카메라 등 고정밀 센서로 수집한 정보를 기반으로 주변 차량과 보행자 등 장애물을 파악한다. 차량에 탑재된 인공지능이 정보를 분석하여 최적 경로를 생성하고 주변 상황을 통합하여 안전한 자율 주행이 이루어지게 된다. 그리고 네트워크에 접속된 커넥티드카로서 5G 이동통신 네트워크를 통해 주행에 필요한 많은 정보를 주고받으며, 운전자가 필요로 하는 정보 및 엔터테인먼트를 받을 수 있게 된다. 자율주행에는 여러 가지 이점이 있다. 대표적인 것이 인간의 실수로 발생하는 교통사고를 줄일 수 있다는 점이다. 예를 들면 도로상에서 쉽게 끊이지 않는 음주 운전이나 졸음 운전, 운전자의 판단 오류 등으로 발생하는 사고들을 인공지능 기반의 자율주행을 통해 없앨 수 있을 것이다.

자율주행에는 V2X 기술이 중요하다. V2X는 Vehicle to Anything을 의미하는데 이 용어의 X에 해당하는 것으로는 하이패스, 도로 상태 정보 등을 교류하는 차량과 도로 주변 인프라의 통신인 V2I(Infrastructure), 차량이 통신 네트워크에 연결되는 V2N(Vehicle to Network), 차량이 주변 보행자에게 어떤 차량이 접근하고 있다는 알림이나 경고를 보내거나 주변 보행자가 차량에게 알림을 보내는 V2P(Vehicle to Pedestrian), 그리고 차량과 차량 간에 충돌/추돌 등을 방지하는 안전 운행 정보를 교류하고 구급차와 같은 긴급 차량의 접근 등을 알려주며 군집 운행을 위한 교신을 하는

V2V(Vehicle to Vehicle) 등이 있다.

자동차가 이처럼 고도화된 기능을 갖추기 위해서는 이동통신망 및 IT와의 결합이 필수적이다. 차량에 내장된 장치 안에 담긴 한정된 정보를 벗어나 사물인터넷 형태로 외부의 무궁무진한 정보와 콘텐츠를 주행하는 자동차에 연결해야 한다.

*실제로 자율주행차에 장착한 첨단 센서의 인식 범위는 200 m 안팎이다. 3~4 km 앞 도로에서는 무슨 일이 발생하는지 파악이 어렵다. 갑작스러운 기상 변화나 사고와 같은 상황에 즉각 대처가 어려우므로 자율주행차 안정성과 효율성을 높이기 위해 더 넓은 범위에서 정확한 정보를 연속적으로 제공해야 한다.

자율주행차 하면 기존의 내연기관 자동차보다 전기 자동차를 떠올리게 된다. 전통적인 내연기관 자동차는 엔진 안의 실린더에서 휘발유나 경유 같은 화석연료를 태워 발생하는 높은 온도와 압력의 기체로 피스톤을 위아래로 움직여 엔진을 작동시킨다. 하지만 전기 자동차의 경우, 배터리에 전기 에너지를 충전하여 모터를 돌려 자동차를 움직이게 한다. 전기차의 에너지 효율은 약 80%로 내연자동차(25%)보다 높다. 그리고 전기 자동차는 모터제어로 가속이나 감속이 비교적 용이하기 때문에 자율 주행에 유리하다. 이렇게 전기 자동차 기반의 자율 주행과 ICT 기술이 접목되어 자동차는 더 이상 이동 수단에서 그치지 않고 사무가 연속되는 공간, 생활 공간의 연장으로 바뀌게 될 것이다. 즉 기존의 운전 공간에 IT 기술이 들어가 UX(사용자 경험)와 HMI(인간-기계 인터페이스)를 지원하게 된다. 그리고 차량 외부와는 V2X를 통해 교류하게 되며, 차량 전체에 대한 안전 제어가 가능해 지고, 운전자에 대해서도 생체 인식, 운전자 상태 정보의 주기적 체크가 가능해진다.

그러나 내연기관에서 전기 자동차로 전환하는 것은 짧은 시간에 이루어지기 어렵다. 몇 가지 당면 과제들이 있는데, 먼저 현재 전기차의 주행 거리가 더 늘어나야 한다. 이를 위해서는 먼저 배터리 용량이 증대되어야 한다. 또한 가격이 더욱 내려가야 할 것이고, 모터의 성능도 더욱 향상되어야 한다. 그리고 현재 부족한 전기차를 위한 충전 인프라가 늘어나야 한다.

그럼 자율주행차의 기술에 대해 살펴보자. 그리고 주요 구성 모듈에는 무엇이 있고 그 요소 기술들은 어떻게 구현될까? 자율주행차도 결국 인간의 운전을 스마트하게 대체하는 것이므로 기본적인 운전의 3요소, 즉 조향, 제동, 구동이 포함된다. 그리고 이 모든 것은 자율주행차의 두뇌인 DCU의 정확한 상황 판단을 통해 통합 제어가 된다.

자율주행의 프로세스는 크게 인지, 판단, 그리고 제어로 구성된다. 자율주행차가 주변을 인지하기 위해서는 디지털맵과 같은 정밀지도, V2X를 통한 주변 환경과의 통신, 그리고 레이더/라이다/카메라와 같은 인지 센서가 있어야 한다. 이를 통해 경로를 탐색하고 주변 지형지물을 인식하며, 인접 차량 및 보행자를 감지할 수 있게 된다. 그 다음은 판단의 단계인데 주행중 발생하는 다양한 상황을 스마트하게 판단하여 최적 경로를 생성하거나 주행 제어 관련한 의사를 결정할 수 있다. 그 다음은 차량을 제어하는 단계로 차량의 가속 및 감속, 방향 조정 등을 제어하여 차량을 실질적으로 통제하게 된다.

그럼 자율주행차의 주요 구성 모듈을 살펴보도록 한다.

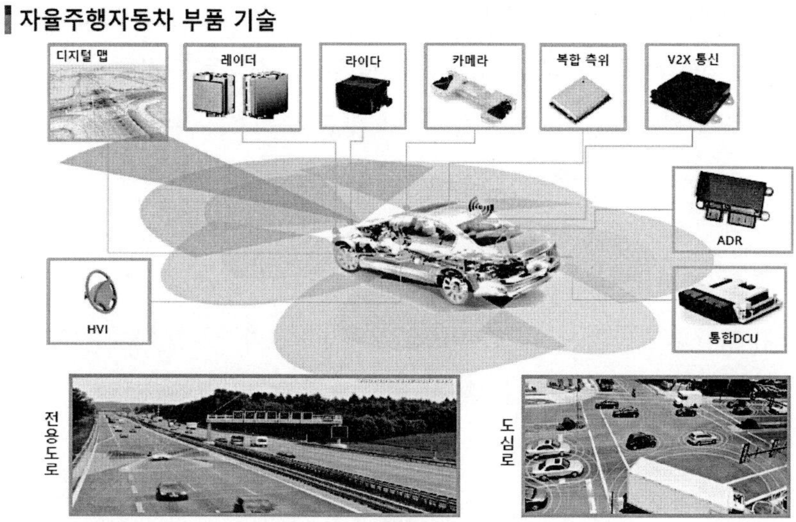

그림 8.12 자율주행차 주요 구성 모듈(출처 : 산업기술평가관리원)

1) 라이다 센서는 전방향/일부방향 정밀 측정용으로 쓰이는 빛을 이용한 거리측정 센서이다. 구성은 프론트 레이저 라이다, 좌우 사이드 레이저 라이다가 있다. GPS와 연동해 차 위치를 정확하게 파악하고, 레이더 센서와 연동해 차 이동 경로를 계산한다. 인식 범위는 반경 100 m이다. 라이다는 측정 각도가 넓으며 주변을 3차원으로 인지할 수 있다.
2) 레이더 센서는 원거리 레이더, 중거리 레이더로 구성된다. 원거리 레이더는 전방 차량 속도와 거리를 감지해 차 간 거리 유지, 속도 제어 및 정차와 출발 등을 결정한다. 중거리 레이더는 측후방 안전 확보용으로 쓰인다. 후방 레이더 센서는 후측방 접근 차량을 감지하게 되며, 차량 차선 변경을 위한 정보를 전달하게 된다. 원거리 레이더의 인식 범위는 전방 200 m 정도, 중거리 레이더는 60 m 정도이다. 레이더는 어두운 밤이나 악천후에서도 사용 가능하다.

3) 카메라 시스템은 운전자의 눈과 같은 역할을 한다. 앞유리에 카메라를 장착하며, 인식 범위는 좌우 카메라로 신호등 위치를 파악하고, 중앙 카메라는 신호등 색상을 인식해 교통 신호를 파악한다. 기존 차선 유지 지원 시스템 적용하여 차선과 보행자를 인식한다. 카메라는 레이더와 달리 형태 인식이 가능하지만 악천후나 저녁 시간에 제약을 받을 수 있다.
4) 정밀 지도인 디지털맵도 반드시 필요한 요소다. 디지털맵에는 차선뿐만 아니라 신호등과 표지판의 위치, 건물의 형태, 도로의 표시, 가드레일 등 세밀한 정보가 들어 있다
5) 자율주행 두뇌 역할을 하는 것이 DCU(Domain Control Unit)이다. 각종 센서로 수집된 정보로 주행 방향, 멈춤과 출발을 결정한다. '자율주행차의 두뇌'인 통합제어시스템은 각종 센서를 통해 수집된 정보를 계산해 각종 결정을 내리는 역할을 한다. 라이다, 레이더, 카메라에서 얻어진 각종 교통 정보를 종합적으로 분석해 차의 주행 방향과 속도, 멈춤·출발 등을 결정한다. 사람이 실제로 판단하는 것과 같이 교차로에 진입했을 때 신호가 노란색으로 바뀌면 주행을 하고, 교차로 진입 전이라면 브레이크를 작동시켜 멈추게 하기도 한다.

그 외에 자신의 정확한 위치를 파악하는 측위 모듈은 기준국의 보정신호를 이용하여 고정밀 복합 측위를 하여 터널이나 지하 구간에서도 자차 위치를 파악할 수 있다. 그리고 HMI(Human Machine Interface)는 자율주행차에서 운전자-차량 시스템 간 상호작용을 하기 위한 모듈인데 영상, 음성, 생체, 디스플레이를 포함한 입출력 장치와 SW로 구성된다. 이를 통해 운전자의 졸음 및 온열 상태도 감지가 가능하며 음성인식 시스템을 통해 운전자의 명령을 수행할 수 있게 된다.

국제자동차공학회(SAE)는 자율주행 자동차의 발달 수준을 아래와 같이 레벨 0부터 레벨 5까지 6단계로 나눴다.

- **레벨0**- 자율주행 기능 없는 일반 차량의 레벨이다.
- **레벨1**- 자동 브레이크, 자동 속도 조절 등 운전 보조 기능이 지원되며 이미 양산중이다. 커넥티드카로서 V2X 기능이 포함되기 시작하는 단계이기도 하다. 레벨 0~1의 경우 유럽의 ADAS(Advanced Driver Assistance Systems - 첨단 운전자 지원시스템)에 해당하는데 주행 중 안전 경고 서비스를 제공하거나, 조향과 가감속 중 한 가지만이 자동으로 제어 된다.
- **레벨2**- 부분적으로 자율주행이 가능하지만, 운전자의 상시 감독이 필요하다. 자율 발렛 파킹 기능이 제한적으로 지원 가능하며 이미 양산중이다. 레벨2 이상이면 우리나라의 자율주행 시스템에 해당하며 주행 중 조향과 가감속 두 가지가 동시에 자동으로 제어되는 시스템에 해당한다.
- **레벨3**- 운전자가 몇 초간 경고를 받으면 바로 운전해야 하는 시스템이다. 조건부 자율주행이 가능하고, 자동차가 안전 기능을 제어하지만, 탑승자 제어가 필요한 경우 신호로 알려 준다. 일부 개발 중이다. 그리고 레벨3이 되면 주행 중 운전자가 특정 조건에서는 눈을 떼는 것이 가능해 진다.
- **레벨4**- 고도 자율주행, 주변 환경에 관계 없이 운전자 제어 불필요. 큰 도로와 같이 특정 구간에서는 운전자의 모니터링이 필요 없는 시스템이다. 운전자 없는 노선버스의 주행을 예로 들 수 있다.
- **레벨5**- 완전 자율주행이 가능하며, 사람이 타지 않고도 움직이는 무인 주행차이다.

	Level 0	Level 1	Level 2	Level 3	Level 4
	No Automation	Function Specific Automation	Combined Function Automation	Limited Self-Driving Automation	Full Self-Driving Automation
	운전자에 의해 완벽하게 제어되는 차량	1개 이상의 특정 제어기능을 갖춘 자동화 시스템	2개 이상의 특정 제어기능을 갖춘 자동화 시스템	가속, 주행, 제동 모두 자동으로 수행하는 자동화 시스템 (필요 시 운전자 개입)	100% 자율주행
운전자 역할	직접 운전	직접 운전 (운전 보조장치)	운전자 주행상황 항상 주시	운전자 자동운전 결정	운전자 목적지 입력까지만
대표 기능		크루즈컨트롤, 전자식안정화컨트롤, 차선 인식 등	장애물 회피, 브레이크 제어, 주차보조기능 등	교통혼잡시 자동차 스스로 저속주행, 운전자 조작없이 고속도로 주행, 자동 차선변경 등	
	Now			2020+	2025+

▌그림 8.13▐ 자율주행 기술 수준 단계(출처 : 2017년 ICT 10대 주목 이슈, KT경제경영연구소/한국인터넷진흥원 /ROA Consulting)

그런데 이러한 레벨의 관점에서 자율차의 완성이 어디까지인지에 대해 글로벌 관련 업체들의 입장에 좀 차이가 있다. 전통적인 고급차 업체들은 운전이란 인간이 누려야 할 권리로 인식하여 레벨4 정도를 가장 적절한 단계로 보고 있다. 교통사고를 줄일 수 있고, ADAS(Advanced Driver Assistance Systems - 첨단 운전자 지원시스템)가 계속 진화하며, 시간을 절약하고 공간 및 프라이버시가 보장되는 장점들을 내세운다. 그리고 자율주행차는 단지 운전자를 더 훌륭한 드라이버로 만들어 준다고 생각한다.

하지만 레벨5를 진정한 자율주행차로 인정하는 시각이 있다. 구글, 우버, 리프트와 같은 업체들인데, 운전자가 없는 자율주행을 지향하며 전통적인 소유 개념의 자동차가 아니라 서비스로서의 자동차를 생각한다(Car as a Service). 이런 관점에서 볼 때 자동차는 어떤 운전자보다도 뛰어난 존재인 것이다.

[표 8.6] 2 Autonomous Driving Strategies

Focus	Level 4 Vehicles	Level 5 Vehicles
Autonomy Levels	• Self-driving car mode • Human driving mode	• Driverless car mode only • No driving controls
Business Models	• Traditional car ownership • Car-as-a-Product(CaaP)	• Car-as-a-Service(CaaS) • Some car ownership
Proponents	• Mercedes-Benz • Other luxury brands • Volume OEMs	• Google, Uber, Lyft, Didi, Ola • Fleet operators(taxi etc.) • Some OEMs(Ford, GM)
Advantages	• Fewer accidents • Time, space & privacy* • Evolution from ADAS	• Fewer accidents • Mobility to anyone • Mobility to anything
Implications	• Driver license for HDC • Some degree of CaaS?	• No driver license needed • CaaS for nerarly all people
Summary	• Cars to make drivers better	• Cars are better than drivers

(출처: IHS Automotive(Autonomous Driving Portal))

이렇게 자율주행에 대한 조금은 다른 관점 차이가 오히려 이상적인 자율주행차로의 진화를 더욱 촉진시키게 될 것으로 보인다.

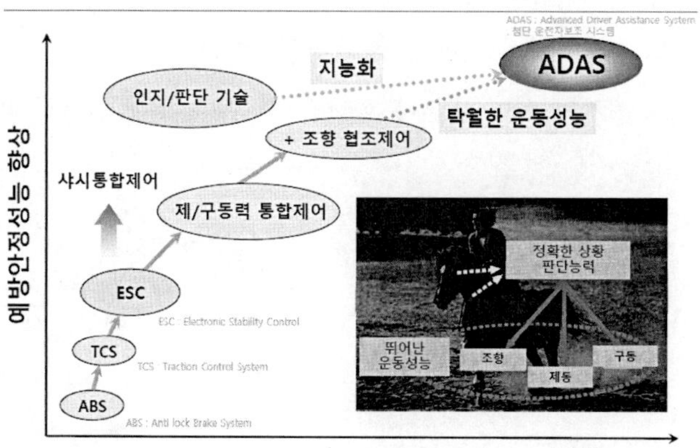

❙ 그림 8.14 ❙ 자율주행차 기술의 요건(출처 : 산업기술평가관리원)

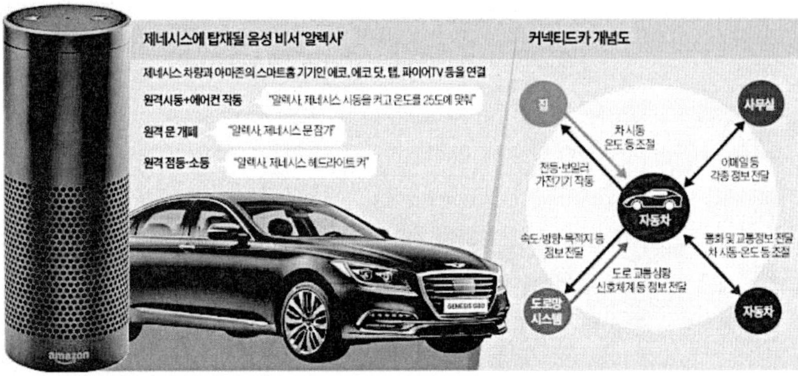

| 그림 8.15 | '알렉사'가 탑재된 현대자동차 제네시스 G80, G90(출처 : 2017년 ICT 10대 주목 이슈, KT경제경영연구소 /한국인터넷진흥원 /ROA Consulting)

자율주행차를 현재 4G LTE 네트워크 기반으로 구현한다면 여러 가지 문제에 걸리게 된다. 대표적인 것이 지연 시간인데, 현재 이동통신의 end-to-end 지연 시간으로는 시속 100 km/h로 달리던 자동차가 긴급 상황 발생 시 현재의 네트워크를 통해 정지 신호를 받게 되면 대략 3미터 정도 더 전진하게 된다. 하지만 5G 이동통신 네트워크일 경우 그 수준이 1/10으로 줄어들 수 있게 되어 좀 더 안전한 자율주행을 지원할 수 있다. 그리고 앞에서 언급한 자차의 카메라, 레이더, 라이다뿐만 아니라 5G 이동통신 네트워크를 통해 다른 차량의 카메라, 도로상의 스마트 신호등 및 CCTV와 연동되어 자율주행차의 인지 범위가 확장될 수 있어 주행 안전성 및 효율성을 더욱 높일 수 있다.

Reference

[1장]

클라우스 슈밥 : 4차 산업혁명

임일 : 4차 산업혁명 인사이트

[네이버 지식백과] OTT [over the top] (한경 경제용어사전, 한국경제신문/한경닷컴) 및 밀리미터파 [millimeter wave] (두산백과)

5G Forum 백서

[2장]

http://cloud-standards.org

NIST Cloud Computing Reference 아키텍쳐 (Special Publication 500-292)

NIST Cloud Computing Standards Roadmap (Special Publication 500-291, Version 2)

[3, 4장]

ICIC :

[1] "LTE-Advanced 표준기술동향", 전자공학회지 제36권 제1호, Jan. 2009

[2] '3G Evolution - HSPA and LTE for MobileBroadband(2ndEdition)

[3] "셀룰러 시스템의 셀간 간섭 관리에 대한 진화 및 표준화동향", ETRI, 4세대 이동통신을 위한 적응 무선접속 및 전송기술연구,

[4] "LTE – The UMTS Long Term Evolution (From Theory to Practice)", Wiley

[5] ITU-R WP 5D, "Report on requirements related to technical system performance for IMT-Advanced Radio interface [IMT-TECH]", January 2008

[6] "Cooperative Communication and Relay for LTE-Advanced," LG전자 4G Technical Research Gr

[7] 3GPP TS 36.300, E-UTRA and E-UTRAN; Overall description; Stage 2 (Release 9)

MIMO :

[1] 이상근, 조봉열 외 1인, “3G/4G 이동통신 시스템”, 홍릉과학출판사, 2009년

[2] Erik Dahlman, Stefan Parkvall, Johan Skold and Per Beming, '3G Evolution - HSPA and LTE for Mobile Broadband (2nd Edition), Academic Press, 2008년

[3] Behrouz Farhang-Boroujeny 외 2인, “Markov Chain Monte Carlo Algorithms for CDMA and MIMO Communication Systems”, IEEE, 2006년

[4] Xuehong Mao, Peiman Amini, and Behrouz Farhang-Boroujeny, “Markov Chain Monte Carlo MIMO Detection Methods for High Signal-to-Noise Ratio Regimes”, University of Utah, 2007년

[5] Haidong (David) Zhu 외 2인, “On Performance of Sphere Decoding and Markov Chain Monte Carlo Detection Methods”, IEEE, 2005년

[6] 전은성, 양장훈, 김동구, “MIMO iterative 수신기에서 계층적 변조 특성을 이용한 낮은 복잡도를 가지는 후보 리스트 발생 기법”, 한국통신학회, 2009년

CAC :

[1] QoS-Aware Single Cell Admission Control for UTRAN LTE Uplink (M. Anas외 5인) 2010년 3월

[2] 패킷 지연 보장을 위한 LTE 시스템의 호 수락제어 알고리즘 (배성재 외 4인) 2009년 6월, 한국통신학회 논문지

[3] Self-Optimizing CAC for LTE downlink (K. Spaey외 2인) 2010년 6월

VoLTE :

[1] 3G Evolution - HSPA and LTE for Mobile Broadband (2nd Edition)

[2] 3GPP TS 23 216

Scheduling :

[1] '3G Evolution - HSPA and LTE for MobileBroadband(2ndEdition)

[2] New Frequency-Time Scheduling Algorithms for 3GPP/LTE-like OFDMA Air Interface in the Downlink (M. Assaad1, A. Mourad2)
[3] 3G/4G 이동통신 시스템 (이상근외 2인)

기타 :
[네이버 지식백과] 2.5세대 이동 통신 [2.5 Generation mobile, 二點五世代移動通信] (IT용어사전, 한국정보통신기술협회)

[5장]

Network Functions Virtualisation – Introductory White Paper
Network Functions Virtualisation – White Paper #3
ETSI GS NFV-INF 001 V1.1.1
Network Functions Virtualisation (NFV); Infrastructure Overview
ETSI GS NFV-MAN 001 Network Functions Virtualisation (NFV); Management and Orchestration
ETSI GS NFV 002 V1.2.1 Network Functions Virtualisation (NFV); Architectural Framework
ETSI GS NFV-IFA 010 (v2.2.1): Network Functions Virtualisation (NFV); Management and Orchestration; Functional requirements specification

[6장]

베어메탈 : Stadtmueller, L. Bare Metal Cloud: A Non-Virtualized Cloud Option for Performance-SensitiveWorkloads.Frost&Sullivan,2014,

데이터센터 : 1 Worldwide and Regional Public IT Cloud Services 2013–2017 Forecast. IDC (August 2013)
http://www.idc.com/getdoc.jsp?containerId=251730
2 IDC's Digital Universe Study, sponsored by EMC, December 2012
http://www.emc.com/collateral/analyst-reports/idc-the-digital-universe-in-2020.pdf

오픈스택 :
https://www.openstack.org/ 및 Openstack Administrator Guide
https://ko.wikipedia.org/wiki/%EC%98%A4%ED%94%88%EC%8A%A4%ED%83%9D
Mirantis Openstack version 5.0 Terminology Reference
http://naleejang.tistory.com/92 [Nalee의 IT이야기]

컨테이너 :
클라우드 컴퓨팅을 향한 VM 웨어의 여정 시리즈
서비스 체이닝 기술 및 표준화 동향 : 이승익, 신명기 한국전자통신연구원 표준연구센터
[네이버 지식백과] 도커 : 오픈소스 진영의 샛별 (용어로 보는 IT) - 제공 블로터 이지현 기자 (http://jisiks.com/220119035288)

[7장]
5G 네트워크 슬라이싱 및 네트워크 관리기술 표준화 동향 (ETRI, 이승익 선임연구원 외 2명)
[네이버 지식백과] 밀리미터파 [millimeter wave] (두산백과)
3GPP TS 23.501 ; System Architecture for the 5G System
3GPP TS 23.502 ; Procedures for the 5G System
3GPP TS 38.201 NR; Physical layer; General description
TS 38.300 NR; Overall description; Stage-2
TS 38.401 NG-RAN; Architecture description
TS 38.410 NG-RAN; NG general aspects and principles
5G NR The Next Generation Wireless Access Technology (Erik Dahlman, Stefan Parkvall, Johan Sko¨ld 공저), Chapter 5. 61페이지~63페이지, 65~67페이지, 69페이지~71페이지

[8장]
[1] Second Life: A computer Mediated Environment for Communication and E-business Management (Sharma Gajendra, Wenjun Sun)

[2] e-Manufacturing을 위한 가상현실 기술 (조동식, 손욱호, 전자통신연구원)

[3] 가상현실을 이용한 멀티미디어 통신서비스 (류성원, 박상규, 이의택)

[4] Virtual Reality Telecommunication System-A person to person multimedia communication system (Ryoichi Komiya)

[5] Collaborative and Multimodal Communications System using Immersive Virtual Reality Environment over Ultrahigh-Speed Network (Tomoyuki, Akihiro Miyakawa ,Yoshitaka Shibata)

[6] [네이버 지식백과] 자율주행차[self-driving car] (한경 경제용어사전, 한국경제신문/한경닷컴

[7] http://biz.chosun.com/site/data/html_dir/2016/11/10/2016111002201.html#csidx8b6eb3fa694bd8688c2c58df33e140f

저 자 약 력

LG정보통신 (現 에릭슨-LG)에 입사하여 2.5세대 이동통신부터 4G 이동통신 시스템까지 연구개발 및 상용화에 종사해왔고, 아울러 클라우드 차세대 인프라 업무 및 5G 협력연구과제를 수행해 왔습니다. 현재는 5G Senior Solution Architect 로서 국내 5G 상용화 업무에 종사하고 있으며, 4차 산업혁명의 대동맥인 5G의 역할에 대해서도 관심을 갖고 있습니다.
연세대학교에서 전파공학 학사를 마쳤고, KAIST 전기및전자공학부 석사를 마쳤습니다.

번역서로는 '5G NR – 차세대 무선접속기술'(홍릉과학출판사)이 있습니다.

정가 28,000원

5G 이동통신 입문 4차 산업혁명의 대동맥

2018년 5월 21일 초 판 1쇄
2019년 9월 1일 수정판 1쇄
2021년 1월 14일 수정판 2쇄
2021년 7월 14일 수정판 3쇄
2022년 4월 12일 수정판 4쇄

저자와의 협의하에 인지생략

저 자 : 전창범
발행자 : 송 준
발행처 : 홍릉과학출판사
주 소 : 서울시 강북구 인수봉로 50길 10
01093
등 록 : 1976년 10월 21일 제5-66호
전 화 : (02) 999-2274~5, 903-7037
팩 스 : (02) 905-6729
e-mail: hongpub@hongpub.co.kr
http://www.hongpub.co.kr
ISBN: 979-11-5600-593-3